三岔湖环境承载力与生态修复

贾滨洋　唐　亚　著

中国环境出版集团·北京

图书在版编目（CIP）数据

三岔湖环境承载力与生态修复/贾滨洋等著. —北京：
中国环境出版集团，2019.9
ISBN 978-7-5111-3479-0

Ⅰ.①三… Ⅱ.①贾… Ⅲ.①湖泊—环境承载力—
研究—资阳②湖泊污染—污染防治—资阳 Ⅳ.①X524

中国版本图书馆 CIP 数据核字（2017）第 325349 号

出 版 人　武德凯
责任编辑　葛　莉
责任校对　任　丽
封面设计　彭　杉

出版发行　中国环境出版集团
　　　　　（100062　北京市东城区广渠门内大街 16 号）
　　　　　网　　　址：http://www.cesp.com.cn
　　　　　电子邮箱：bjgl@cesp.com.cn
　　　　　联系电话：010-67112765（编辑管理部）
　　　　　发行热线：010-67125803，010-67113405（传真）
印　　刷　北京中科印刷有限公司
经　　销　各地新华书店
版　　次　2019 年 9 月第 1 版
印　　次　2019 年 9 月第 1 次印刷
开　　本　787×1092　1/16
印　　张　21.25
字　　数　420 千字
定　　价　125 元

中国环境出版集团郑重承诺：
中国环境出版集团合作的印刷单位、材料单位均具有中国环境标志产品认证；
中国环境出版集团所有图书"禁塑"。

序

作为一个简阳人，我一直关注家乡的发展变化。2016 年 5 月，国务院及四川省政府批准简阳市由成都市代管，简阳市的社会经济发展进入快车道。2017 年，成都市提出"东进"战略，在龙泉山以东规划建设天府国际空港新城和现代化产业基地，开辟经济社会发展"第二主战场"。按规划，到 2040 年，龙泉山以东区域城市建设用地将达到 300 km^2，总人口达到 380 万人（其中城市人口 300 万人）；预测到 2022 年、2030 年、2040 年龙泉山以东区域 GDP 至少将分别达到 0.17 万亿元、0.46 万亿元、1.17 万亿元。但"东进"战略面临着环境资源的巨大挑战，如"东进"区域水资源量不足，水资源总量为 11.13 亿 m^3，总用水量 8.84 亿 m^3，占水资源总量的 80%，远超世界公认的 40% 的水资源开发利用率警戒线。如何更好地保护水环境、更有效地利用现有水资源，是该区域发展亟待破解的难题。

三岔湖水面面积 27 km^2，库容量达 2.24 亿 m^3。成都的第二机场以及"东进"战略的重点发展区域——天府国际空港新城就位于三岔湖东侧。作为简阳市的重要水源地，三岔湖，不仅在"东进"战略实施中能够发挥重要作用，而且还具有维持区域生物多样性、蓄水防洪、调节地表径流和气候等功能。因此，研究三岔湖水质和富营养化状况及其影响因子，分析沉积物污染物状况及对水质的潜在影响；研究控制水污染和维护水环境的生态工程措施，提升湖滨湿地生态系统功能；梳理三岔湖水质变化历史及其与社会经济发展的关系，总结水环境保护的经验教训等，不仅有利于控制污染、改善三岔湖水质、提高水环境质量、改善区域的生态环境，充分发挥三岔湖在"东进"战略中的作用，而且可为四川省及其他湖泊水环境治理提供重要的参考。

　　本书主要作者贾滨洋是唐亚教授和我在四川大学培养的博士生，这本书是在她博士论文的基础上，对近年工作的总结扩展而成。本书包括湖泊的环境变化及其对人类活动的响应、湖泊的环境容量与环境承载力，以及生态修复等内容。作为一名基层环保科研工作者，贾滨洋能以地方社会经济发展对环境保护的需求为研究导向，将现实问题与环境研究的前沿和热点相结合，扎实工作、不断进取，研究结果对三岔湖的可持续开发和管理提供了重要的科学支撑。唐亚教授在生态环境保护领域工作多年，他对本书作了全面的审核，我非常感谢二位作者的辛勤工作。

　　希望作者今后能在现有的研究基础上对三岔湖区域进行持续、系统的研究，进一步研究如何从体制、机制上做到水资源保护优先、节约用水优先，实施水资源分质利用，做好湖区生态功能规划，发挥政府主导、多部门协同保护，建设更加美丽的三岔湖区，为成都东进发展战略做出更大的贡献！

　　以此作序。

　　　　　　　　　　　中国工程院院士　魏复盛

　　　　　　　　　　　　　　　　　　　2018.8月于成都市.

前 言

　　湖泊是具有较为清晰边界的自然地理单元，一旦积水成湖，就会受到外部自然和人为因素的影响，加上湖泊内部的各种过程，湖泊在不断演变。准确分析湖泊环境变化的各种过程与规律，特别是定量刻画人与自然相互作用下的湖泊环境响应过程与驱动机理，是当今环境科学领域的研究热点之一。水库是一类重要的人工湖泊，受人类活动的影响强烈，为研究湖泊环境变化与人类活动关系提供了一个重要的媒介。

　　四川三岔湖水库是四川省一个重要的人工湖泊，是重要的灌溉和饮用水水源，自建成以来，库区人类活动及水库利用方式等发生了很大的变化。研究表明，湖泊环境变化与人类活动的强弱相一致。1977 年建库初始，三岔湖水环境良好，而后水质的富营养化程度却不断加剧，水质由Ⅲ类恶化为Ⅳ类、Ⅴ类。在湖泊环境不断恶化的过程中，人类活动起到了关键作用。1978—1985年，在政府主导下有序开发三岔湖水利资源，水库水体处于贫营养化状态；1986—1990 年，三岔湖水库开发强度加大，水库水质下降；1991—2000 年，随着入湖污染物不断增多，三岔湖水库水质下降日益明显，呈富营养化状态；2001—2010 年，三岔湖水库持续恶化，2005 年前后达到最顶点。之后随着政府对湖区开展整治，各项水质指标波动改善。

　　本研究工作始于 2008 年，当年 4 月，成都市人民政府和资阳市人民政府达成协议合作开发建设三岔湖合作区域。如何在开发过程中加强对资源和环境的保护，使得区域的发展保持在一个合理的范围内，是各级政府和开发者都非常关心的关键问题。我们从摸清三岔湖水质现状和富营养化特征入手，查明区域的主要污染物来源，提出有效的水质污染控制对策，为区域环境保护工作指明方向。在解决现实的环境问题之余，我们也深入思考，如果把沉积物、水体及湖中生物体作为一个生态系统，这个生态系统对人类活动作用的响应体现在哪些方面？沉积物的性质、物质赋存形式与人类活动有什么关系？人类活动对三岔湖水体富营养化和生物多样性的影响体现在哪些方面？如何在三岔湖的开发建设过程中贯穿环保理念、如何选择适合三岔湖湖滨的生态修复方案，以及如何在未来的水库管理中加强对资源和环境的保护，促进整个区域的可持续发展？如此等等。本书就是我们这些年的工作与研究成果集结而成。全书共分为四部分，第一篇简单介绍了三岔湖的自然地理与社会人文情况；第二篇是我们利用 ^{210}Pb 和 ^{137}Cs 对湖泊沉积物进行精确定年，结合沉积物（底泥）与湖水的物理化学与生物指标，采用横向和纵向比较分析的方法，探索湖泊环境对人类活动的响应；第三篇是通过核算三岔湖的环境容量与区域水环境承载力，为三岔湖的总体规划和开发提供可支撑的量化数据；第四篇是我们在湖泊生态修复的理论与实践方面的尝试。

本书的出版有助于阐明湖泊污染物的来源、输送、积累与再生等过程和研究湖泊内源污染治理及水体富营养化发生机制，探索地—水—气—生界面的生物地球化学过程，认识湖泊环境变化过程中人类活动所起的作用，可以为改善湖泊水质、制定合理的湖泊水环境治理和保护对策提供科学依据，为富营养化湖泊进一步的污染治理奠定一定的基础，可以为湖泊保护与可持续利用提供基础数据和科学指导。

本书第1章、第2章由王雅潞、王照丽、贾滨洋撰写；第3章至第8章由贾滨洋、唐亚、黄仁豪（Jen-How Huang）、王雅潞撰写；第9章、第10章由张倩、贾滨洋、昝晓辉撰写；第11章、第12章由张楠、康鑫、张彦、张倩、贾滨洋撰写；第13章由张远、贾滨洋撰写；第14章、第15章由欧阳莉莉、贾滨洋、李晶、康博撰写。全书由唐亚、贾滨洋统稿。尹德生、王雅潞、张倩等对本书的排版、图表编辑和校对做了大量工作。

　　罗鸿兵、吴艳宏、夏威岚、于静、王科、王文国、李世广、黄飞、艾小艳、刘沛灵、石有香、邸海建、田丽艳、周俊等在样品的采集、分析过程中给予了支持与帮助。参与本书编写工作的还有覃雪、钟一然。

　　本工作得到了四川省生态环境厅和四川三岔湖建设开发有限公司的大力支持。向所有的参考文献作者及为本书出版付出辛勤劳动的同志们表示感谢。

　　限于作者的水平，书中难免存在偏颇与谬误之处，恳请读者批评指正。

目　录

第四篇　三岔湖生态修复的理论与实践

第一篇

三岔湖基本概况

第 *1* 章

自然概况

三岔湖属大（二）型水库，位于成都市简阳市三岔镇，是都江堰龙泉山灌区水利工程的大型囤蓄水湖泊，也是四川省第二大人工水库。三岔湖又称三岔水库、三岔湖水库等，本书统一称作三岔湖。

水库主坝位于原金河、蔡河、肖家河汇合处，截流并引都江堰岷江水源成湖。因建湖前湖心有三岔镇而得名，流域面积 896 km² （图 1-1）。

1.1 三岔湖区域自然地理概况

1.1.1 地形与地质构造

三岔湖区属龙泉低山和浅丘过渡地带，整个地形北高、南低，属低山浅丘地形，海拔 400～450 m，相对高差 30～50 m，冲沟开阔，库容大，蓄水条件好。地势西北高、东南低，自龙泉山由西北向东南倾斜，耕地分布海拔 440～460 m，水库出水海拔为 448～452 m，自流灌溉条件优越（图 1-2）。湖区出露地层除少量第四系散岩石外，全为上侏罗系、白垩系红色地层，玉成—三岔—仁寿高家场一线以西为白垩系地层，以东为上侏罗系地层，属内陆河湖相沉积。上侏罗系地层主要岩性为砂质黏土岩、粉砂岩、砂岩，间夹薄层砾岩、泥砾岩凸镜体。白垩系地层为砖红—淡紫色砂岩及砾岩。湖周边主要由半坚硬岩石组成，岸坡平缓，岩石渗透性弱，不存在浸透和严重坍岸问题。由于强度较低、易风化，尤其砂质黏土岩更易风化剥落，是湖泥沙等侵蚀物、剥蚀物的主要来源。

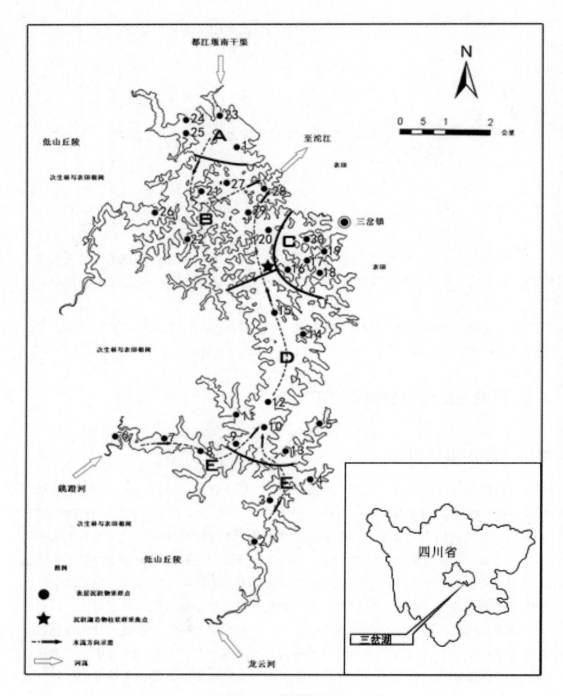

图 1-1 三岔湖地理位置

图 1-2　三岔湖及周边地区影像图

资料来源：Google Earth。

坝区属浅丘，相对高差 10～40 m，坝址位于原三岔河与原永胜河汇合口的弯道处，右岸谷坡约 40°，左岸谷坡约 15°（图 1-3）。坝址表层覆盖为第四系残积、坡积冲积层，主要有黏土、亚黏土（层厚 5～11 m），沙砾石及沙卵石层（层厚 0.5～2.5 m）坝址基岩上部为白垩系，下部为目上侏罗系。

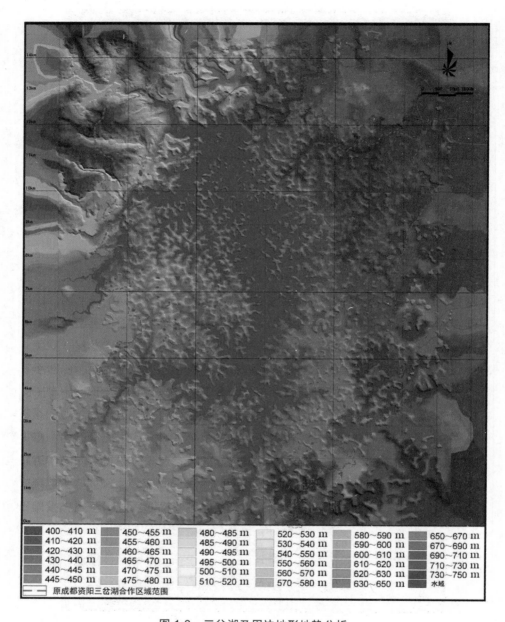

图 1-3　三岔湖及周边地形地势分析

资料来源：《四川省三岔湖合作区域总体规划（2009—2020）》，上海同济城市规划设计研究院。

　　三岔湖地区地貌特征丰富，有湖泊、港汊、岬湾、湖滩、山丘、谷地、半岛、岗地、平原等，其走向分布和格局构成融洽的自然景观。山、水、岛交相辉映，相得益彰；湖水清澈，游鱼戏于碧波；湖周悬崖幽谷，层峦叠嶂，山光水色，蔚为壮观（图 1-4）。

　　地震基本烈度采用 6 度、设防烈度为 7 度。

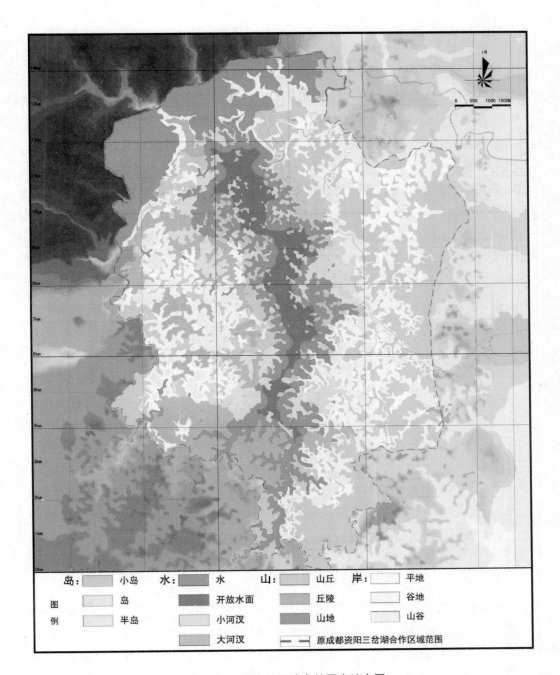

图 1-4 三岔湖及周边自然要素综合图

资料来源：《四川省三岔湖合作区域总体规划（2009—2020）》，上海同济城市规划设计研究院。

1.1.2 气候气象

三岔湖区域属中亚热带湿润性季风气候，气候温和，热量丰富，雨量充沛，四季分明，冬无严寒，夏无酷热，无霜期长，霜雪较少，平均风速小，有利于农作物生长。但冬、春常有干旱，夏有旱涝，秋多绵雨。冬季盛行来自内陆的干冷气流，水气稀少，构成了三岔湖区冬季少雨的特点。

（1）气温

据统计，三岔湖区域年平均气温 16.9℃，最热月（8 月）平均气温 26℃，最冷月（1 月）平均气温 6.4℃，极端最高温是在 1953 年 8 月 18 日和 1972 年 8 月 14 日，均为 38.7℃，极端最低温是在 1963 年 1 月 14 日，为 −5.4℃，平均无霜期为 300 d（图 1-5）。

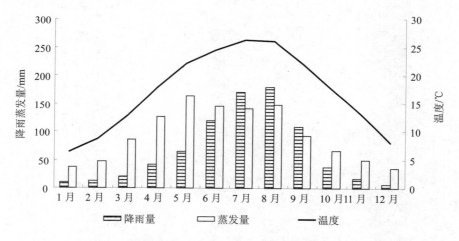

图 1-5   三岔湖区域累年各月平均气温及平均降水量（1971—2010 年）

（2）降水

三岔湖区域主导风向为西北风和东南风，年平均风速为 1.8 m/s。多年平均降水量约为 787 mm（1971—2010 年），全年降水量分布不均，冬半年（11 月至次年 4 月）降水少，约占全年降水量的 13.8%；夏半年（5 月至 10 月）降水多，约占全年降水量的 86.2%。从四个季度来看，降水量集中在第二、第三季度，特别是 6—9 月的降水量约占全年的 73%。

（3）蒸发量和相对湿度

三岔湖区域年平均蒸发量（水面）为 767 mm 左右（1971—2010 年），年最大蒸发量为 908 mm，最小蒸发量为 646 mm；陆面蒸发量为 500～700 mm。三岔区域多年平均相对湿度为 78%（1971—2010 年），最大月（9 月）相对湿度为 83%，最小月（5 月）相对湿度为 70%。

1.1.3　土壤植被与动物资源

三岔湖区域土壤类型主要为紫色土、黄壤、冲积土和水稻土 4 个土类。湖区农耕土壤养分较为丰富（表 1-1）。

表 1-1　三岔湖区农耕土壤养分情况

土壤类型	占耕地比重/%	有机质含量/ （μg/g）	有效氮含量/ （μg/g）	有效磷含量/ （μg/g）	有效钾含量/ （μg/g）
紫色土	67.36	0.962	63	7	108
水稻土	27.25	1.561	80	9	111
黄　壤	3.45	1.175	68	6	99
冲积土	1.94	1.074	64	11	78

三岔湖区域地带性植被属亚热带常绿阔叶林带，森林植被与农田植被相间分布，山坝差异明显。现状植被以亚热带常绿阔叶林、针叶林与落叶阔叶林为主。植物种类较多，其中乔木 38 余种，灌木 10 余种，经济林木 26 种。龙泉低山区以柏木、桤木纯林或柏木-桤木混交林、马尾松青冈混交林为主，丘陵以柏木纯林、马尾松青冈混交林为主。河坝、四旁多栽植竹类及麻柳、千丈、榆树、泡桐、洋槐等 80 余种树种。经济林木品种丰富，有木本油料油桐、乌柏、核桃，药用乔木杜仲、五角枫，水果类有柑橘、桃、李、苹果、梨、樱桃、柿子、杏、石榴、枇杷、枣等，以及茶、桑、棕等其他经济林木（图 1-6）。

龙泉山和浅丘地一些土层瘦薄的土壤，原生及次生林被破坏后，疏林、残林荒坡较多，难以恢复，多以马桑、黄荆、蔷薇灌丛茅草取代原有森林植被。

三岔湖区域内野生动物种类丰富，是白鹭、夜鹭、绿头鸭等冬候鸟的主要栖息地，还有 30 余种水禽、40 余种其他小型鸟，其中有十余种鸟类属国家二级重点保护动物。

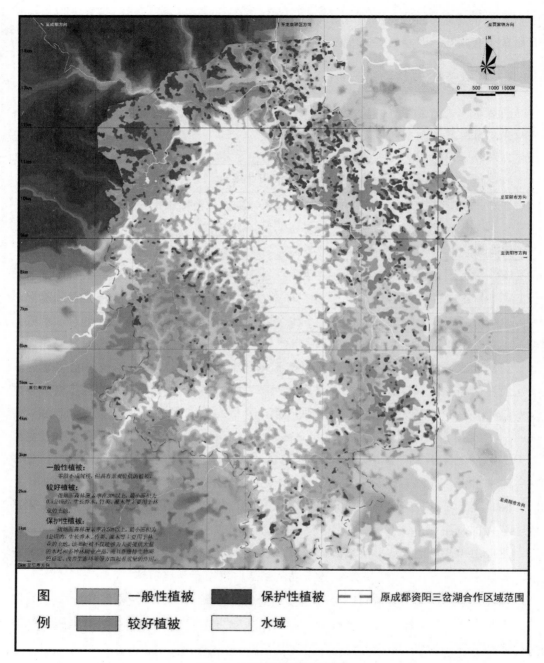

图 1-6 三岔湖周边植被特征

资料来源：《四川省三岔湖合作区域总体规划（2009—2020）》，上海同济城市规划设计研究院。

1.2　三岔湖水文及湖泊形态特征

1.2.1　水库定义

　　水库是以防洪、供水、发电、灌溉、航运为主，兼顾旅游、水产养殖等项目的水利枢纽工程。一般建在河流上，通过挡水建筑物拦蓄上游来水，由坝和两岸高地形成能储蓄大量水的天然仓库，又叫人工湖。水库环境状态介于河流和湖泊之间，在水库形态学、水文、物理、化学以及生物学等方面具有独有的特征：①水库流速一般较小，但又不是静止水的湖泊，由于定期或不定期的注水与排水，库水处于经常交换状态，有利于营养物质的流通和循环，有利于水温、溶解性气体及各种营养物质等均匀分布；②水库存在不同程度的淤积。水库的淤积主要是汛期随洪水带来上游泥沙等悬浮物沉降堆积在库底。轻微的淤积对底栖生物和水生生物是有利的，但是严重的淤积会影响底栖生物生存，长时间堆积会导致库容减少、水面退缩；③死水位与死库容。水库在正常运用情况下，允许消落到的最低水位，称死水位，又称设计低水位。死水位以下的库容称为死库容，也称为垫底库容。死库容的水量除遇到特殊的情况外（如特大干旱年），它不直接用于调节径流。

　　按照水库地理特征、库容和水面面积大小，可以把水库分为不同的类型。

　　（1）按地理特征分类

　　① 山谷河流型水库。它是建在山谷河流上的水库，库周群山环抱，岸坡陡峭，坡度常在 $30°\sim40°$，洄水延伸距离大，库汊水深，敞水区小。多岛屿，水深不均，一般水深 $20\sim40$ m，上下层水温变化较大，表底层间营养物质和热量交换差，水生植物及底栖动物发育较差，浮游生物比较丰富，鱼类组成比较简单。

　　② 平原湖泊型水库。它是在平原或高原台地河流上或低洼地上围堤筑坝而形成的水库。平原湖泊型水库的特点是，水面开阔，敞水区大，沿岸线较平直，少库湾，库容变化小，消落区大，库底平坦、多淤泥，最大水深在 10 m 左右，通常无跃温层，上下水层交换良好，水生生物从种类到数量发育较好，天然渔产力较好。

　　③ 丘陵湖泊型水库。它是建在丘陵地区河流上的水库。丘陵湖泊型水库的特点是库区山丘起伏但坡度不大，岸线较曲折，库湾多，洄水延伸距离不大，敞水带常集中在大坝前一块或几块地区，有跃温层，库底不平，消落区较大，天然渔产力较好。

　　④ 山塘型水库。它是为农田灌溉而在洼地上修建的微型水库，与池塘相似。

　　（2）按库容与水面面积大小分类（王志良，2005）

　　水利部门一般按照库容大小划分，大型库容在 1 亿 m^3 以上；中型库容在 1 000 万～1

亿 m³；小型库容在 1 000 万 m³ 以下。水产部门按水面面积大小划分，巨型：10 万亩以上；大型：1 万~10 万亩；中型：0.1 万~1 万亩；小型：1 000 亩以下。水利部门划分的水库类型具体见表 1-2。

表 1-2 水库类型

水库类型		总库容/m³
小型水库	小（二）型	10 万~100 万
	小（一）型	100 万~1 000 万
中型水库		1 000 万~1 亿
大型水库	大（二）型	1 亿~10 亿
	大（一）型	大于 10 亿

1.2.2 三岔湖水文特性

（1）来水情况

三岔湖水主要引自岷江，入水口位于三岔湖北端，三岔湖主坝的西北方向。由张家岩水库引出的南干渠为三岔湖主要的来水通道，南干渠往南延伸，可向资阳市老鹰水库补充水源，也可汇入绛溪河，最终流入沱江（图 1-7）。

三岔湖积雨区多年平均径流深为 275 mm，多年平均径流量为 4 441.6 万 m³，湖面降水 2 449.8 万 m³，多年年平均从岷江引水 11 779 万 m³，湖面年蒸发量多年平均为 2 316.2 万 m³。地面径流多年平均年输沙量为 20 万 t，是三岔湖泥沙的主要来源。

三岔湖通过上游张家岩水库分出的南干渠引水，引水量占水库总库容的 80%，另有 20% 左右来自天然降雨和两条小溪（跳蹬河和龙云河），进水量每天为 11~22 m³，最大量为 28 m³，每年的 3—7 月为农灌时间，每天放水量约为 200 万 m³。水库年调节水量为 1.845 亿 m³。水体有前进运动和升降运动两种，库区水体除进出水时期流速较快以外，风力较大时也会出现增、减水现象。该湖位于中纬度地带，一年四季均不结冰，表层水温一般为 8.5~29.5℃。

（2）绛溪河简介

绛溪河发源于龙泉山东麓仁寿县境内，流经简阳市，在简阳城北汇入沱江。绛溪河上游蜿蜒于低山中谷之中，河谷较深。下游流经浅丘，河岸多台地。上游水面宽 20~50 m，下游宽 50~150 m。干流在简阳市境内长 71.5 km，流域面积 899.9 km²。平均流量 2.59~5.42 m³/s。

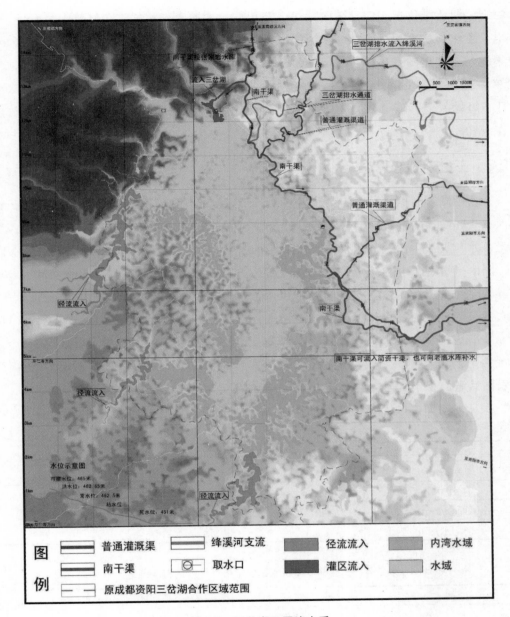

图 1-7　三岔湖及周边水系

资料来源：《四川省三岔湖合作区域总体规划（2009—2020）》，上海同济城市规划设计研究院。

　　绛溪河在三岔湖坝址以上分为三支，干支河长 20.3 km，河道平均降比 6.8%，其支流海螺河平均流量 2.15 m³/s、赤水河平均流量 0.68 m³/s。河流在三岔湖以上流经山区和丘陵区，流域内植被较差，因此，汛期洪水浑浊，有似绛色泥浆，故取名为绛溪河。

绛溪河流域位于川中丘陵区西部，与川西平原龙泉山相邻。在气候上具有冬干、春旱、夏热、秋雨的特点。绛溪河流域多年平均降雨量为 893 mm，雨量在年内分配极不均匀，多集中在 6—9 月，占全年降雨量的 73.3%。7 月、8 月占全年降雨量的 42.3%。农田需水的 4 月、5 月降雨较少，占全年降雨量的 13.8%。冬季 12 月至次年 2 月降雨量占全年降雨量的 3.5%。11 月至次年 4 月为枯水期，降雨量占全年降雨量的 13.6%。

1.2.3　三岔湖湖泊形态

三岔湖湖区面积 27.25 km²，湖岸曲折，形态复杂，湖周长 240 km、南北长 18 km、东西宽 7 km。湖区有岛屿 113 个、半岛 160 多个三岔湖死水位 451 m，防洪限制水位（汛期最高水位）460 m，正常高水位（给水期最高水位）462.5 m，可能最大降雨洪水位 464.4 m，丰水期和枯水期落差 3～4 m。三岔湖总库容 2.67 亿 m³，其中死库容 3 900 万 m³（表 1-3）。三岔湖主要由都江堰供水，多年来水量平均约为 11 779 万 m³，另外，还有部分当地径流，坝址以上流域面积 161.25 km²，多年平均当地径流量约为 4 441 万 m³。三岔湖为农业灌溉用水，建库时灌区范围有三岔、镇金、石板、平泉等 6 个区、36 个乡、271 个村、2 242 个组，设计灌溉面积 53.07 万亩（其中田 20 万亩），现状承担农田灌溉面积十多万亩。三岔湖 2001—2010 年每月平均进出库流速见表 1-4。

表 1-3　三岔湖湖泊特征

项目	数值	项目	数值
水位/m	462.5	最大水深/m	32.5
容积/10⁸m³	2.24	岸线长/km	240
面积/km²	27.25	入湖水量/（10⁸m³/a）	1.867
平均水深/m	8.3	出湖水量/（10⁸m³/a）	1.852

表 1-4　三岔湖 2001—2010 年每月平均进出库流速

月份	进库平均流速/（m³/s）	出库平均流速/（m³/s）
1	151.9	73.3
2	84.2	70
3	2.9	235.5
4	71	308.4
5	118	741.1
6	168.9	451.3
7	317.6	167.2
8	492.7	132.5
9	545.8	116.5

月份	进库平均流速/（m³/s）	出库平均流速/（m³/s）
10	383.9	192.2
11	93.9	102.1
12	0	0.7

　　三岔湖多年平均水量平衡见表1-5。三岔湖水位、水面面积和库容对照见表1-6、图1-8。

表1-5　三岔湖多年平均水量平衡表　　　　　　单位：万 m³/a

出入湖方式	入湖水量	出湖水量
湖面降水量	2 449.8	
湖区地表径流量	4 441.6	
东风渠引水量	11 779	
湖面蒸发量		2 316.2
农灌用水量		15 545.9
渗漏水量		708.3
合计	18 670.4	18 670.4

表1-6　三岔湖水位、水面面积和库容对照表

水位/m	水面面积/km²	库容/万 m³	备注
430.0	0.00	0	
440.0	0.62	320	
445.0	2.30	1 100	
448.0	4.35	2 200	低放口高程
452.0	8.40	4 700	高放口高程
453.0	9.60	5 650	
454.0	10.85	6 648	
455.0	12.25	7 620	
456.0	13.75	8 950	
457.0	15.55	10 420	
458.0	17.55	12 330	
458.5	18.55	13 200	
459.0	19.55	14 200	
460.0	21.90	16 276	溢流堰顶高程
461.0	23.90	18 400	
462.0	26.01	21 065	
462.61	27.50	22 750	
464.0		26 728	

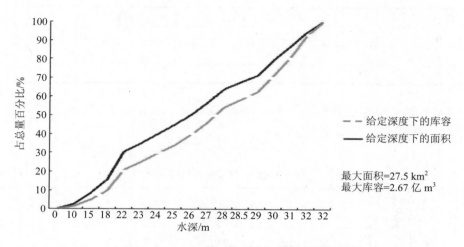

图 1-8   三岔湖的面积、库容量与水深变化

三岔湖中原绛溪河的河道为湖泊的较深处，最深处在三岔湖大坝附近。详见图 1-9。

图 1-9   三岔湖湖底地形模拟

　　三岔湖水库为分层型水库,从图 1-10~图 1-12 可以看出,三岔湖水库冬季温度几乎没有分层现象,库表水温与库底水温相差不到 0.1℃;夏季温度分层明显,最大温差达 12.7℃,春秋季也有分层现象,一般温差为 1.4~9.0℃。三岔湖水库温度分层现象有助于促进水体富营养化的产生,底层溶解氧减少,也有利于底泥磷的释放,并在春秋两季随着水体的混合,也会使底部释放的营养物质得以向上层扩散。

　　全年库表水温与库底水温差为 0.1~12.8℃,库表水温主要受气温影响,8 月最高,为 29.50℃,2 月最低,为 9.0℃;库底水温常年保持在 13.7℃左右。

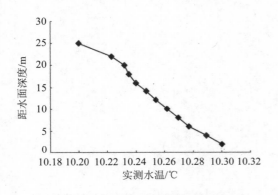

图 1-10　冬季分层示意图（1 月）

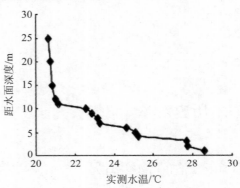

图 1-11　夏季分层示意图（7 月）

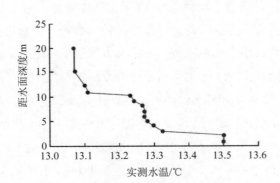

图 1-12　春秋季水温分层示意图（4 月）

第 *2* 章

社会经济概况

2.1 历史沿革

2.1.1 三岔湖修建情况

早在 1972 年 2 月，龙泉山引水工程批复中就提到"在完成引水枢纽及南北干渠工程的同时，应力争尽快建成蓄水配套工程"（三岔区志领导小组，1986）。1973 年 3 月，四川省水利主管部门对蓄水方案又提出"要求经济、合理，重新进行规划选点，以加快建设步伐"。1973 年 8 月引水咽喉工程——龙泉山隧道竣工通水后，简阳市各乡镇原有小型水利设施，虽然能够满足一时用水需求，但无法抵御夏季干旱。于是简阳市相关乡镇在反复调研勘探龙泉山东侧区域后，提出大、中、小三种建设方案，①修建中型加小型水库 3 座，库容 1.46 亿 m^3，占地 2 626 亩，工程量 1 500 万 m^3，投资 2 400 万元；②修建小型水库 43 座，库容 1.46 亿 m^3，占地 3 360 亩，工程量 1 837 万 m^3，投资 1 400 万元；③修建三岔水库 1 座，库容 1.6 亿 m^3，占地 2 400 亩，工程量 350 万 m^3，投资 1 560 万元。经过反复比较，修建三岔水库优势明显，一是库容大，灌溉保证率高，可抗大干旱保丰收；二是位置适中，高程适当，可充分利用南干渠引水充库和送水到田，自流灌溉面积占比可达 70%以上；三是工程量小，容积大，效益高；四是坝区地质情况良好，坝高 30 余 m，库区来水量仅占 1/5。同年，四川省水利局听取报告后，选定三岔水库建设方案。1974 年 6 月 14 日，四川省计委（现省发改委）、建委批复："同意初设，要求抓紧进行设计，争取尽早上报审批"。经四川省水利勘测设计院（队）进一步勘测设计、上报，于 1975 年 1 月经国家水利电力部正式批准建设。

三岔湖工程特性如表 2-1 所示。

表 2-1　三岔湖工程特性表

序号及名称	单位	数量	备注
一、水文			
1. 流域面积			
全流域	km^2	896	
坝址以上	km^2	161.25	
2. 多年平均降雨量	mm	891	
3. 多年平均年径流量	万 m^3	4 441.6	
4. 都江堰年来水量	万 m^3	17 067	
5. 代表性流量			
调查历史最大流量	m^3/s	1 820	
涉及洪水标准及流量（P=1%）	m^3/s	1 720	
校核洪水标准及流量（P=0.05%）	m^3/s	2 836	
可能最大洪水流量	m^3/s	5 050	
施工导流标准及流量（P=2%）	m^3/s	1 480	
6. 洪量			
设计洪量（3 日）	万 m^3	5 170	
校核洪量（3 日）	万 m^3	7 595	
可能最大洪量（1 日）	万 m^3	12 845	
7. 泥沙			
多年平均输沙量	万 t	20	
多年平均含沙量	kg/m^3	1	
二、水库			
1. 水库水位			
校核洪水位	m	462.65	
涉及洪水位	m	461.89	
可能最大降雨洪水位	m	464.39	
正常高水位	m	462.5	
防洪限制水位	m	460.0	
死水位	m	451.0	
淤沙高程	m	448.2	
2. 正常高水位时水库面积	万 m^2	2 725	
3. 回水长度	km	18.8	
4. 水库容积			
总库容（校核洪水位以下）	万 m^3	22 870	
调洪库容（校核水位至防洪限制水位）	万 m^3	6 598	
调节库容（正常高水位至死水位）	万 m^3	18 450	
其中共用库容（正常高水位至防洪限制水位）	万 m^3	6 080	
死库容	万 m^3	3 900	

序号及名称	单位	数量	备注
5. 库容系数		0.59	
6. 径流利用系数		0.31	
7. 调节性能		年调	
三、工程效益			
1. 坝			
坝型		黏土斜墙石渣坝	
坝顶高程	m	465.0	防浪墙顶高层 466.0 m
最大坝高	m	35.5	从斜墙底算起
坝顶长度	m	1 030	
最大坝底宽度	m	251	
上游平均边坡		1∶3.7	
下游平均边坡		1∶3.2	
坝基地质		白垩系地层	
2. 溢洪道			
型式		闸门正堰	
溢流堰顶高程	m	460.0	
溢流孔数或溢流长度	m	3×6	
闸门型式及尺寸（宽×高）	m	6×3.5	平面定轮钢闸门
单宽流量	$m^3/(s \cdot m)$	8.47	
消能方式		消力池	
设计泄洪流量	m^3/s	89	
校核泄洪流量	m^3/s	152.6	
四、水库淹没			
迁移人口	人	23 433	
迁移户数	户	5150	
迁移房屋	间	27 810	
淹没田	亩	12 072	
淹没土（旱地）	亩	15 222	
五、工程量及主要建材			
土石方开挖	万 m^3	100.8	
土方填筑	万 m^3	73.97	
石渣料填筑	万 m^3	114.86	
反滤料填筑	万 m^3	4.36	
浆砌条块石	万 m^3	4.18	
干砌块石	万 m^3	8.79	
混凝土及钢筋混凝土	万 m^3	1.35	

序号及名称	单位	数量	备注
灌浆	m	13 036	
钢材	t	1 599	
木材	m³	10 108	
水泥	t	10 374	
炸药	t	467	

资料来源：三岔湖设计资料。

2.1.2 三岔湖周边行政沿革

三岔镇是一个新兴的移民镇，原来为三岔区建国公社，1992年撤区并乡，将兴隆乡、建国乡并入三岔镇至今。原三岔镇总规将三岔镇定位为简阳市的二级中心城镇，是以发展旅游、商贸及绿色食品加工为主的旅游服务型城镇，预计2020年人口规模为2.8万人，建设用地控制在240 hm² 以内。

2008年，成都市人民政府和资阳市人民政府达成协议，合作开发"两湖一山"（三岔湖、龙泉湖、龙泉山）。2008年4月双方共同组建合作区域管委会和股份制公司，合作开发建设三岔湖合作区域。

三岔湖及周边原属的简阳市原由资阳市管辖。2016年5月，经国务院及四川省政府批准简阳市由成都市代管。2017年4月，经成都市委、市政府研究决定，三岔湖及周边12个乡镇委托成都市高新区管委会管理，中共成都市委、成都市人民政府授权成都市高新区党工委、管委会对托管区域行使党务、经济、行政和社会事务管理。

2.2 社会经济概况

三岔湖流域涉及的行政单元有四川省眉山市仁寿县的中坝乡、三峨乡和高家镇，以及简阳市的丹景乡、新民乡和三岔镇（图2-1）。

2009年以前，三岔湖流域内的各个乡镇基本上从事第一产业，以农业为主，渔业为辅。农业以种植水稻、小麦、玉米、花生、西瓜、优质水果等经济作物为主，渔业主要发展名、优、特、新品种鱼；第二产业基础薄弱；第三产业整体落后，其中主要是旅游业。

2009年，三岔湖流域内（集雨区）总人口为11.6万人，人口密度为720人/km²，区域总产值56 282万元，其中农业产值45 379万元，工业产值167万元，第三产业为10 736万元，第三产业中旅游业产值约占50%，即5 000万元。

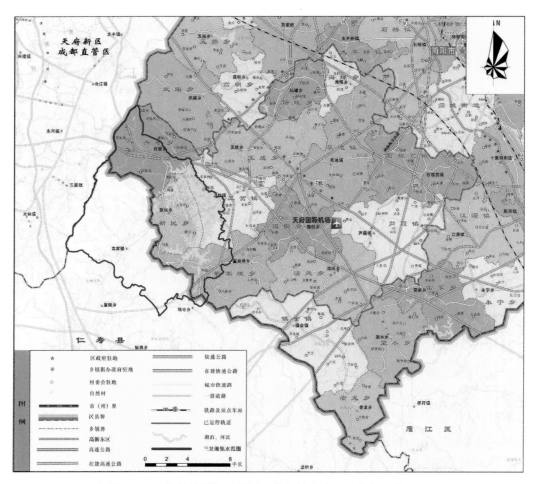

图 2-1   三岔湖流域行政区划（蓝色线内为三岔湖集雨范围）

2.3   三岔湖入湖污染源概况（2001—2010 年）

建库以来，三岔湖水质由贫营养化逐渐过渡到中富营养化，水质发生明显变化。引起三岔湖水质变化的污染源包括以下几类：流域生活废水形成的污染负荷、流域非点源污染负荷、东风渠来水形成的污染负荷、库区内渔业养殖形成的污染负荷及降雨引起的湿沉降等。

（1）点源

三岔湖流域生态经济主要以旅游业和渔业养殖为主，湖库周围有丹景山三国遗迹、牛角寨等 20 多个景点。2010 年，成都—丹景山—三岔湖—龙泉湖—成都旅游大环线建成通车，三岔湖区内的主要道路基本硬化，有规模不大的接待中心、停车场、公厕等基础设施。根据调查，2010 年库区内建有 11 家大型宾馆、度假山庄及 12 家大型农家乐，共有床位上千铺，各类旅游船上百只，日可接待游客上千人。经计算，三岔湖沿湖居民生活污水点源排放量污染物 COD_{Cr} 为 90.7 t/a，生活废水（点源）中总氮、总磷含量分别为 138.43 t/a 和 4.29 t/a。

（2）径流污染（农村面源污染）

径流污染是指溶解物和固体的污染物从非特定地点，在降水或融雪的冲刷作用下，通过径流过程而汇入受纳水体并引起有机污染、水体富营养化或有毒有害污染等。在三岔湖周边，目前的径流污染主要是农村面源污染，包括农村生活污染源（含散养畜禽污染）、集约化养殖污染源和农田径流污染源三个方面。经计算三岔湖库区农田径流污染物 COD_{Cr} 入湖量约为 160.2 t/a，总磷入湖量约为 2.93 t/a，总氮入湖量约为 130 t/a。

（3）东风渠来水污染物浓度和负荷

东风渠来水污染物浓度和负荷估算：根据上游张家岩水库历年出水水质监测确定东风渠来水污染物浓度。结合历年三岔水库水位数据表中记录的东风渠来水量计算污染负荷：COD_{Cr} 约为 799.2 t/a、总氮约为 159.4 t/a、总磷约为 3.65 t/a。

（4）网箱养殖

三岔湖从 20 世纪 80 年代开始发展网箱养殖，2005 年养殖规模达到顶峰，2009 年三岔湖全面取缔网箱养殖，但保留大湖养鱼。

2005 年三岔湖全库共有养殖户 709 户，网箱 7 290 箱。我国水产行业管理规定设置网箱的规模是 1‰，也就是 1 000 亩的水域只能用 1 亩来养鱼[①]。三岔湖水域面积约为 2.6 万亩，按规定只能有 26 亩（17 342 m²）的养殖面积，而三岔湖按养殖有网箱 7 000 个计算，约 378 亩的养殖面积，2005 年网箱养鱼的养殖强度超过规定标准的 15 倍。

网箱养鱼对水体污染主要来自残饵及粪便，散失到水体中的污染物负荷与湖区网箱养鱼年产量、饵料有关（王福表，2002）。三岔湖网箱养殖年投饵料 6 000～7 500 t。在饲喂网箱鱼的过程中，每天须大量投入颗粒饲料，前期还需投喂微粒饲料。我国饲料普遍存在悬浮性、保形性较差的缺点，致使没有被鱼摄食的饲料颗粒及粉末沉入库底，加上许多网箱由于饲喂技术水平低、超量投喂饲料、投饵前没有筛选饲料粉末等技术失误，更多的残余饲料沉积到湖库底部。网箱养鱼的大量代谢物、网箱鱼的粪便等排出后沉积到湖底，这也形成了大量的有机质污染。在养殖过程中只有 10% 的氮和 7% 的磷被利用，其他都以各种形式进入环境中，大部分沉积下来（Funge-Smith，et al.，1998）。据估算，2000—2009 年网箱养鱼造成的污染负荷平均约为磷 46.5 t/a、氮 324 t/a。

---

① 资料来源：《淡水网箱养鱼通用技术要求》（SC/T 1006—1992）。

2.4 相关规划简介

2.4.1   三岔湖及周边规划现状

　　三岔湖及周边是市域重要的湖泊生态保护区，面向国际的高端服务承载地。环三岔湖区域应加强生态保护控制，优化发展旅游休闲、会议展览、文化交往、高端居住、综合服务五大职能。

　　三岔湖周边区域分为 4 个片区，其规划均已通过简阳市规委会审查，建设用地性质以住宅、商业为主，分别为《天府新区三岔湖起步区控制性详细规划》（编制完成时间：2012 年）、《天府新区中坝组团控制性详细规划》（编制完成时间：2014 年）、《三岔湖合作区域起步区董家埂片区控制性详细规》（编制完成时间：2014 年）、《简阳市三岔镇城乡总体规划》（编制完成时间：2012 年）（图 2-2）。

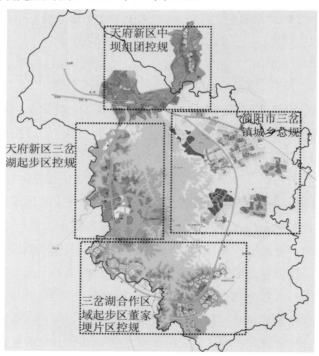

图 2-2   环三岔湖区域控规拼图

2.4.2   成都市"东进"战略

　　2017 年 4 月，成都市第十三次党代会提出，今后 5 年全市将围绕"建设全面体现新发展理念的国家中心城市"总体目标,建设"五个城市",实施"东进、南拓、西控、北改、中优"。"东进"承担了开辟成都市社会经济发展第二主战场使命,将沿龙泉山东侧,在金堂县、简阳市、龙泉驿区及青白江区和天府新区龙泉山区域内(区域面积 3 976 km^2),规划建设天府国际空港新城和现代化产业基地,发展先进制造业和生产性服务业,开辟城市可持续发展新空间,打造创新驱动发展新引擎(图 2-3)。

图 2-3 东进区域鸟瞰图

资料来源:《成都市"东进"区域战略总体规划》,中国城市规划设计研究院,成都市规划设计研究院。

"东进"区域是都市功能新区,是全市经济社会发展的"第二主战场",其战略定位是国家向西向南开放的国际空港门户枢纽、成渝相向发展的新兴极核、引领新经济发展的产业新城、彰显天府文化的东部家园。"东进"区域的核心职能是面向"一带一路"的国际门户、辐射西部的现代服务和消费中心、国家级前沿产业基地、成都城市功能的核心承载地。

"东进"区域的总体目标是国际门户之城、成渝产业新城、山水公园城市、人本活力之城、天府魅力之城、高效智慧之城。"东进"区域"三步走"战略目标如下:2020年,初步建成国家级国际航空枢纽,基本形成东部城市新区基础设施框架,具备承载城市核心功能和培育新经济的能力；2035 年，基本建成国家向西向南开放的国际空港门户枢纽、成渝相向发展的新兴极核、引领新经济发展的产业新城；2050 年，成为全球航空网络中的重要节点、国际级创新型产业发源地、独具天府文化魅力的家园城市、成都建设世界城市的核心支撑。

截至 2035 年，"东进"区域规划总人口为 530 万人，其中龙泉山以东为 380 万人。2035 年，"东进"区域城市建设用地控制在 470 km² 以内，其中龙泉山以东区域控制在 300 km² 以内。

"东进"区域的空间结构为"一带四轴、一极五片"。一带指龙泉山城市森林公园，"四轴"指东西城市轴线、龙泉山东侧新城发展轴、蓉欧开放驱动轴和天府新区拓展轴，"一极"指空港新城发展极，"五片"指淮州新城、简州新城、简阳城区、龙泉驿和金堂五个产城融合、生态宜居的城市片区。

2.4.3 三岔湖环湖生态专项规划

为高品质、快速统筹推进三岔湖生态保护和区域规划建设，在成都市生态守护控制规划、成都市天府新区总体规划、成都天府空港产业新城总体规划、龙泉山城市森林公园规划等上位规划的指引下，成都市高新区管委会在 2017 年组织制定了三岔湖生态保护专项规划，主要划定了三岔湖区域生态保护空间，明确了区域管控要求（表2-2）。

表2-2   上位规划功能指引

规划名称	生态保护	功能指引	规模指引
成都市生态守护控制规划（在编规划）	制定管控要求，加强对生态绿隔区内建设的管理控制，包括总量控制、功能控制、空间控制	—	重要生态绿隔区拆二建一，一般生态绿隔区总量不增
天府新区总体规划（2015 年版）	保护生态空间，严控开发规模	休闲度假、会议展览、文化交往、高端居住，以及新机场配套服务	总规模＜19.5 km²
龙泉山城市森林公园规划（在编规划）	对生态敏感区域严格保护森林植被、维护生态涵养功能、提高风景资源质量	国际度假、酒店住宿、观光、国际会议	两个特色小镇各 2 km²
成都天府空港新城总体规划（在编规划）	修复、建设、加强三岔湖-龙泉山区域原生生态系统	文化休闲、观光度假、跨境医疗、旅游服务、综合服务	—

按照上位规划定位，三岔湖环湖区域是成都市范围内重要的湖泊生态保护区，是面向国际的高端服务承载地，因此，环三岔湖区域应加强生态保护控制，优化发展旅游休闲、会议展览、文化交往、高端居住和综合服务五大职能。

综合考虑上位规划的生态保护要求、规划区生态敏感性评估、相关法律规范要求、

]
第一篇 三岔湖基本概况 **27**

生态廊道控制要求，划定生态保护分区。分区范围如表2-3和图2-4所示。

表2-3　三岔湖环湖区域生态保护分区

分区	管控空间	面积/km²
严格管控区	①三岔湖水体和岛屿 湖岸："462 m 常水位线后退 60 m 以内用地"与"462.5 m 设计洪水位淹没线以下用地"叠加区域 ②高程大于 550 m 及坡度大于 25°的山体 ③三岔湖溃坝淹没风险区 ④市政交通基础设施防护走廊（第二绕城高速道路中心线两侧 50 m，双简路、环湖路道路中心线两侧 30 m）	75.6 （49.5%）
限制建设区	①"462 m 常水位线后退 60～200 m 用地"去除"462.5 m 最高水位淹没线以下用地"区域 ②市政交通基础设施生态廊道（第二绕城高速道路中心线两侧 50～500 m） ③其他生态廊道（生态缓冲区域）	39.1 （25.6%）
一般管控区	规划控制范围内可建设开发区域	38.1 （24.9%）

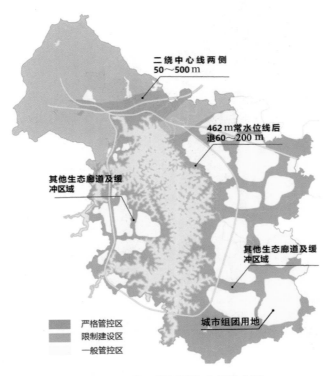

图 2-4　三岔湖环湖区域生态保护分区

资料来源：《三岔湖环湖生态保护专项规划》，高新东区管委会。

三岔湖环湖区域分区管控要求如下：

1）严格管控区：禁止一切与生态保护区无关的开发建设活动，必要的市政基础设施、休闲游憩设施必须依法进行审批。与保护无关的建构筑物应择期搬迁。严格管控区内用地主要由水域和生态绿地构成（表 2-4 和图 2-5）。

表 2-4　严格管控区建设指引

	严格管控区	建设指引
三岔湖及临湖区域	① 三岔湖水体与岛屿 ② 湖岸："462 m 常水位线后退 60 m 以内用地"与"462.5 m 设计洪水位淹没线以下用地"叠加区域	加强对水体周边的林地、绿地的保护，维护水源涵养功能； 加强水质保护，禁止向湖区排放不达标水体
丹景山及临山区域	高程大于 550 m 及坡度大于 25°的山体	加强植被培育和水土流失治理，维护生物多样性保护功能
生态廊道控制区域	① 市政交通基础设施防护走廊（二绕两侧 50 m、环湖路两侧 30 m） ② 溃坝淹没风险区	禁止在市政交通基础设施防护走廊、溃坝淹没风险区内布局建设用地

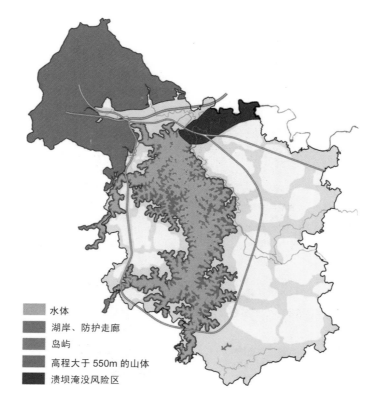

水体
湖岸、防护走廊
岛屿
高程大于 550m 的山体
溃坝淹没风险区

图 2-5　三岔湖周边严格管控区分布

资料来源：《三岔湖环湖生态保护专项规划》，高新东区管委会。

2）限制建设区：禁止与生态保护功能相冲突的建设项目。限制建设区内用地除生态绿地外，允许布局适量配套服务设施用地及旅游休闲等高端服务业建设用地（表 2-5）。

表 2-5　限制建设区建设指引

限制建设区		建设指引
三岔湖及临湖区域	"462 m 常水位线后退 60～200 m 用地"去除"462.5 m 设计洪水位淹没线以下用地"区域	执行《成都市生态守护控制规划》重要绿隔区的建设控制要求，即现状建设用地拆二建一、先拆后建的土地管理政策
生态廊道控制区域	生态廊道均纳入限制建设区	执行《成都市生态守护控制规划》一般绿隔区的建设控制要求，即建设用地总量不增加

3）一般管控区：合理引导开发建设行为，布局休闲度假、会议会展、文化交往、科研教育、高端居住等功能，禁止建设各类工业、仓储物流、采矿项目。

用地布局应依山就势、组团化布局，留出连接湖岸的公共进出通道和视线通廊。

依托成都天府空港新城及龙泉山城市森林公园建设，建设四个特色小镇，以承载高端服务和公共功能为主，居住比例不宜超过 18%，建筑高度将顺应地势由中心地区往湖边逐渐降低（湖岸为最低），建筑以多层、低层为主。四个特色小镇分布见图 2-6。

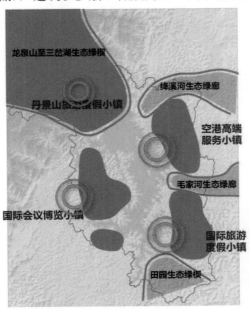

图 2-6　环三岔湖区域功能结构图及特色小镇分布

资料来源：《三岔湖环湖生态保护专项规划》，高新东区管委会。

空港高端服务小镇：发展航空配套、旅游服务、文化体育、跨境医疗、高端居住、商业服务，建设用地规模不大于 8 km^2。

新民国际会议博览小镇（龙泉山城市森林公园规划高端服务业小镇）：发展会议博览、休闲度假。

三岔国际旅游度假小镇（龙泉山城市森林公园规划高端服务业小镇）：发展国际度假、酒店住宿、观光休闲。

丹景山旅游度假小镇：发展旅游休闲、文化体验，建设用地规模不大于 1.5 km^2。

参考文献

三岔区志领导小组. 简阳县三岔区志[Z]. 三岔区志领导小组，1986.

王福表. 网箱养殖水污染及其治理对策[J]. 海洋科学，2002，26（7）：24-26.

王志良. 现代水库管理理论与实践[M]. 黄河水利出版社，2005.

第二篇

三岔湖环境变化及其对人类活动的响应

第 **3** 章

研究进展

3.1 人类活动对水库（人工湖泊）环境的影响

3.1.1 人类活动的定义

人类活动是人类为了生存发展和提高生活水平所进行的一系列不同规模、不同类型的活动，包括农、林、渔、牧、矿、工、商、交通、观光和各种工程建设等（Cai et al.，1996）。随着科学技术的巨大进步，人类对自然系统加以开垦、搬运和堆积的速度已经逐渐等于自然地质作用的速度，对生物圈和生态系统的改造有时也会超过自然生物作用规模（Crutzen et al.，2000）。人类活动已经成为地球上一种巨大的力量，迅速而剧烈地改变着自然界，反过来又影响到人类自身的利益。目前，人类活动影响研究已渗透到全球变化研究的各个分支领域（Crutzen et al.，2000），如何判别在环境演化过程中人为活动的影响，建立起人类活动的指标，已经成为环境科学研究的重点和热点（Soto-Jiménez et al.，2003）。

3.1.2 水库（人工湖泊）的主要环境问题

水库是指在山沟或河流的狭口处建造拦河坝形成的人工湖泊，是介于河流和湖泊之间的半人工水体（焦恩泽，2011）。水库一般分为河流区域、过渡区域和湖泊区域，水域面积较大，很宽且很长，受人类影响的范围也较大。水库因生命周期短且易受生物、非生物因素影响，其受人为因素的影响较天然湖泊更大。水库环境和人类活动共同作用会对水库的水质、生态系统和沉积物产生影响（金相灿等，2007）。

（1）富营养化定义与成因

水库水环境的主要环境污染问题包括氮、磷等营养盐过量输入引起的水体富营养化问题；工业废水和生活污水的排放导致重金属、有机化合物等有毒物质污染；大气酸沉降和矿山废水导致水体酸化；不合理的人为开发活动，如肥水养殖等，对水库环境带来不良的影响，使其自净能力降低等（周怀东等，2005）。其中富营养化问题是目前最为广泛，也是最为突出的问题（Istvánovics，2009）。富营养化的英文 eutrophication 一词来自拉丁语，基本含义就是营养盐过剩。富营养化过程可以用如下公式表示：

$$106CO_2+16NO_3^-+HPO_4^{2-}+122H_2O+18H^++能量+微量元素\rightarrow$$
$$(CH_2O)106(NH_3)16(H_3PO_4)+138O_2$$

富营养化是由于湖库接纳过多的营养盐类而引起生产力水平异常提高的过程（屠清瑛等，1990）。但是从湖泊的环境变化来看，富营养化是湖泊演化过程中的一种自然现象，是湖泊随着所处区域自然环境的变迁，必然要经历从发生、发展、衰老到最终消亡的过程。在自然条件下，湖泊也会从贫营养状态过渡到富营养状态，沉积物不断增多，不过这种自然过程非常缓慢，常需几千年甚至上万年（金相灿，2008）。然而在现代文明社会中日益加剧的人类活动影响下，湖泊富营养化演化过程大大加快，人类活动几十年的富营养化过程甚至相当于过去几万年的进程（周怀东等，2005）。由于人类不合理或过度的渔业、养殖、排污等活动而使水体接纳过量的氮、磷等营养性物质，使水体中藻类以及其他水生生物异常过度繁殖（魏丽萍等，2008；吕昌伟等，2007），引发水体透明度下降、水体中的溶解氧含量降低（杨漪帆，2008），产生异味、藻毒素等一系列水质恶化的现象（Paerl，1988；Paerl et al.，2001）。富营养化可能威胁水域生态系统的动态平衡（Smith et al.，2009），影响饮水安全和水产养殖（Skulber et al.，1984），影响周边居民生活和旅游业（Kimio et al.，2004）；富营养化会导致大量的漂浮植物（如水葫芦）大量繁殖，从而影响旅游和航运。水体富营养化后，即使切断外界营养物质的来源，也很难在短期内自净和恢复到正常水平（魏丽萍等，2008）。

水体富营养化会导致藻类大量繁殖而形成水华（谢平，2007），水华暴发会导致水体溶解氧降低、鱼类死亡，并产生异味与一些毒素等，在影响湖库水环境功能的同时，给人们的生产和生活也带来严重危害，造成巨大的经济损失（Le et al.，2010），甚至危及流域的生态安全（Smith et al.，2009；张宝等，2009）。淡水藻类的大部分门类都有形成有害水华的种类，包括属于真核藻类的绿藻、甲藻、隐藻、金藻等，以及属于原核生物的蓝藻（王晟等，2003），其中以蓝藻水华的发生范围最广、危害最大（谢平，2007）。由于治理困难，水体富营养化被形象地称为"生态癌"（王晟等，2003）。

（2）我国湖泊的富营养化现状

人为引起的水体富营养化问题是伴随着大工业革命产生的，所以最先出现在欧美等国（Istvánovics，2009），但是其作为一种环境污染问题被发现于 20 世纪中期的欧洲和北美的湖泊及水库中（Rodhe，1969）。我国由于湖泊富营养化而引起的水环境安全问题日益突出，已成为水华暴发最严重的国家之一（金相灿，2008）。在过去的 10 多年中，全国许多地区出现河道断流、水体污染、富营养化等问题。环保部门的统计表明，目前全国富营养化和中富营养化湖泊已达 88.6%（李燕子等，2011）。我国大多数湖库的富营养化问题开始于 20 世纪 80 年代，已经造成了巨大的经济损失（Le et al.，2010）。根据 2017 年环保部发布的《2017 中国生态环境状况公报》，2017 年，在 112 个重要湖泊（水库）中，Ⅰ类水质的湖泊（水库）6 个，占 5.4%；Ⅱ类 27 个，占 24.1%；Ⅲ类 37 个，占 33.0%；Ⅳ类 22 个，占 19.6%；Ⅴ类 8 个，占 7.1%；劣Ⅴ类 12 个，占 10.7%。主要污染指标为总磷、化学需氧量和高锰酸盐指数。在 109 个监测营养状态的湖泊（水库）中，贫营养 9 个，中营养 67 个，轻度富营养 29 个，中度富营养 4 个，而且我国的大中型水库也都相应地出现了富营养化问题，尤其是一些有水产养殖功能的水库（高桂青等，2011）。

洱海于 1996 年暴发蓝藻，水质恶化，变为富营养化湖泊。究其原因，是引种太湖银鱼、网箱养鱼、围湖滩养鱼过度发展等，导致湖泊生态系统食物链和食物网遭到严重破坏，生物多样性丧失（杜宝汉，1997）。人类活动导致的环境污染使生境单一化，从而引起生态系统多样性丧失的现象，也发生在昆明滇池地区，伴随富营养化的发展，滇池湖滨地带的生物圈层几乎全部丧失（郑世英，2002），污染引起生境改变，使生物丧失了生存的环境，昆明滇池从 20 世纪 50 年代到 90 年代，水体污染导致富营养化，高等水生植物种类丧失了 36%，鱼类种类丧失了 25%，整个湖泊的物种多样性水平显著降低，生态系统的结构趋于单一（郑世英，2002）。网箱养鱼对水质的影响十分显著，如三峡库区的网箱养鱼造成水体污染、水体的富营养化进程加速，以及藻类大量生长、物种趋于单一等（熊洪林等，2006）。

3.1.3　人类活动对湖泊环境影响的研究热点

针对人类活动对湖泊环境的影响，以下问题将成为研究的热点：如何将宏观的湖泊营养化治理与微观的微生物氮磷代谢过程相结合，深入研究湖泊营养元素的生物地球化学循环和富营养化机制，推动富营养化控制及治理进程（Istvánovics，2009；Le et al.，2010）；以恢复生态学的基本理论与方法为指导，借鉴湿地恢复的成功经验（Wan et al.，2006；尹丽等，2009）及相关原理（次生演替理论、自我设计理论、入侵理论）（李燕子等，2011），发展水生植物群落恢复重建关键技术及蓝藻水华的控制（谢平，2007）。

3.2　湖泊（水库）水质（富营养化）评价及模型应用

3.2.1　湖泊（水库）水质（富营养化）评价的主要方法

湖泊（水库）水质（富营养化）模型是在河流水质模型的基础上建立起来的（Malmaeus et al.，2004）。运用湖泊（水库）水质模型，可以模拟和预测污染物水环境行为、规划湖泊水质管理、评价湖泊水质、设计湖泊水质监测网络等（蔡庆华，1997）。对湖泊（水库）水质（富营养化）的研究，始于 20 世纪 60 年代中期，经过了半个世纪的发展历程，湖泊水质（富营养化）模型已经逐渐成熟完善起来，取得了很多成果。模型结构从最简单的零维模型发展到复杂的水质-水动力学-生态综合模型和生态结构动力学模型（刘永等，2005），在理论上发展了许多新的理论，如随机理论（谢平，2004）、灰色理论（冯玉国，1996）和模糊理论（李如忠，2006）等，在研究方法上也结合运用了计算机新技术，如人工神经网络（ANNS）（赵显波等，2007）和地理信息系统（GIS）（张治国，2007）等。这些成果极大地推动了湖泊水环境管理技术的现代化（郭劲松等，2002）。利用 GIS 技术，人们不仅可以处理海量的数据，使输入、输出变得非常容易，还能对水质计算结果进行空间分析，使对复杂模型的理解变得容易，并得到很多有价值的信息，从而辅助决策。

水体富营养化评价是对湖库水体富营养化阶段状况的描述，主要目的是通过对一些指标的调查分析，判断湖库水体的营养状态，是水体富营养化预测与治理方法选取的基础（李祚泳等，2002）。20 世纪五六十年代以来，各国学者已经提出多个划分和评价湖泊水体营养状态的标准。主要是利用理化指标来分析水体营养物质浓度，常用的有藻类所含叶绿素 a 的量、水体透明度以及溶解氧等，主要的评价方法有沃伦威德负荷量标准（Horikawa et al.，1992）、吉村判定标准（程丽巍等，2007）、捷尔吉森湖泊营养类型判定标准（邓大鹏等，2006）、相崎守弘湖泊营养程度评分标准（梁婕等，2006）、卡森营养状态指数法（Aizaki，1981）等，其中卡森营养状态指数法最常用（李祚泳等，2001）。

卡森营养状态指数法是美国科学家卡森于 1977 年提出来的，这一评价方法克服了单一因子评价富营养化的片面性，综合各项参数，力图将单变量的简易性与多变量综合判断的准确性相结合。卡森指数是以湖水透明度（SD）为基准的营养状态评价指数。其表达式为：

$$TSI（SD）=10（6-\ln SD/\ln 2）\tag{3-1}$$

$$TSI（chla）=10[6-（2.04-0.68\ln chla）/\ln 2]\tag{3-2}$$

$$TSI（TP）=10（6-\ln 48/TP/\ln 2）\tag{3-3}$$

式中，TSI——卡森营养状态指数；

SD——湖水透明度值，m；

chla——湖水中叶绿素 a 含量，mg/m³；

TP——湖水中总磷浓度，mg/m³。

3.2.2　富营养化模型的发展历程

富营养化模型能够将理论分析与实验结果有机地结合起来，是重要的决策管理工具。国外对富营养模型的研究较早，Vollenweider 于 20 世纪 60 年代提出了第一个与富营养化相关的模型（Vollenweider，1975）。在此以后，出现了大量用来描述分析水体富营养化的模型（李燕子等，2011；鲁杰等，2008）

早期的富营养化模型是建立在大量水质和生物数据统计基础上的简单回归模型，主要用来描述两个因子之间的关系，如叶绿素 a 与磷或透明度之间的关系，主要有 1974 年 Dillon 建立的用于描述湖泊中叶绿素和磷之间关系的模型（Dillon et al.，1974），Kauppila 等于 2002 年提出的描述表层沉积物中硅藻的量与总磷浓度的方程等（李燕子等，2011；Kauppila et al.，2002；梁婕等，2006）。这类模型可反映湖库水质的大致变化趋势，对水质进行快速评价，是一些不熟悉数学模型的规划人员和决策者的良好工具（鲁杰等，2008）。

20 世纪 70 年代初期，Vollenweider 首次提出描述湖泊营养物质负荷的箱式水质模型（Vollenweider，1975），并运用这个模型模拟了湖泊中磷的变化。一般条件下，淡水环境中的碳、氮、磷的比例为 106∶16∶1，氮、磷是富营养化形成的限制物质，其中磷是绝大多数湖泊和水库富营养化形成的最关键的限制物质。Vollenweider 提出的模型反映了湖水中总磷浓度变化规律：

$$V\frac{\mathrm{d}p}{\mathrm{d}t} = W - Qp - v_a Ap \tag{3-4}$$

式中，V——湖泊容量，m³；

p——总磷浓度，mg/m³；

t——时间，a；

W——磷年负荷量，mg/a；

Q——湖水流出量，m³/a；

v_a——沉积速率，m/a；

A——湖泊表面积，m²。

该模型成功地描述了北美大湖的富营养化情况，并成为此后大多数湖泊水质模型的先驱。在以后的研究中，许多研究者对该模型进行了进一步的发展（Malmaeus et al.，2004），其中 Kirchner 和 Dillon（Kirchner et al.，1976）引入滞留系数 R_c，代替了 Vollenweider

模型中的停留在湖泊内的污染物的比例，解决了难以确定沉降速度常数的问题。Snodgrass 又在此基础上提出了分层箱式水质模型（Snodgrass et al.，1984）。Malmaeus 等在综合考虑影响湖泊水质的各种因素的基础上建立了一个综合描述湖泊动态变化的 LEEDS（Lake Eutrophication，Effect，Dose，Sensitivity）模型，分别对湖泊上层水体、深层水体和沉积区中的不同磷形态的动态变化进行了描述，综合考虑了水体中包括浮游植物吸收磷和排泄等 10 个物理、化学和生物过程（Malmaeus et al.，2003；2004）。

20 世纪 70 年代中后期的湖泊生态模型开始转入揭示湖泊生态系统动力学变化（Nyholm，1978），尽管这些研究目的仍主要是为湖库的富营养化治理服务，但已经开始用复杂模型来模拟湖泊中物理、化学、生物生态和水动力等重要过程。如 Cerco 等在 1993 年用 CE-QUAL-ICM 三维动态富营养化模型模拟了美国东部 Chesapeake 湾复杂的富营养化水质变化过程和水体底质之间的交换过程（Cerco et al.，1993），该研究应用浮游植物生长动力学构建富营养化模型，反映了浮游植物动力学变量之间的相互作用关系。Pilar 等（1997）利用 WASP5 模型对水库中浮游植物、氮磷等营养盐、有机物、溶解氧等环境因子的相互影响进行了模拟（Pilar et al.，1997）。目前较为常用的富营养化模型为 WASP5，它包括两个模块，一是模拟常规水质的 EUTRO5 模型，另一个是模拟有毒物质污染的 TOXI5 模型。

近年来，以数理统计为基础的系统分析方法发展很快。目前已采用的方法有模糊数学运算法（曹斌等，1991；陈守煌等，1999）、灰色聚类法（冯玉国，1996）、灰色局势决策法（李祚泳等，1990）、灰色层次决策法（史晓新，1996）、Fuzzy-Grey 决策法（李祚泳，1990）。蔡庆华在评价武汉东湖的营养状态时，选择了 NO_3-N、NO_2-N、NH_4-N、TN、PO_4-P、TP、SiO_2 共 7 种主要的营养盐，应用层次分析法确定因子权重，结合模糊聚类分析把湖泊分为贫、中、富、极富等层次，提出了一个适合我国湖泊营养类型的划分标准（蔡庆华，1988）。冯玉国分别采用模糊评价模型和灰色评价模型对我国 18 个主要湖泊进行评价，结果与实际情况基本相符（冯玉国，1996）。陈守煌等应用数学评价模型在富营养化评价的排序中，取得了较好的效果（陈守煌，1994）。刘首文、李祚泳等应用 B-P 网络对我国大型湖泊的富营养化类型进行了划分和评价（刘首文等，1996；李祚泳，1995）。这些方法均比较客观地反映了湖泊富营养化程度，与实际情况比较相符，但也存在一些问题，如有的方法计算比较烦琐、评价结果趋于均化、分辨率较低等（段焕丰等，2005）。

多年来，遥感技术、地理信息系统和全球定位系统的一体化系统集成的 3S 技术（刘震等，1997）与富营养化模型广泛结合（Ranft et al.，2011；贾海峰等，2011；Kuo et al.，2006），可以实时、动态地应用模型分析和评价湖库富营养化（Kyeong et al.，2006），使模型的可靠性、实用性和实时性进一步提高（Kuo et al.，2006）。天津环境遥感实验研究所（蔡伟等，2005）采用光谱辐射计和地物光谱仪等传感器对不同类型水体进行光谱反射率的测试，建立了不同水体的光谱反射曲线，据此定性地确定水体的污染程度和污染类型。喻欢等采用航空遥感与地面同步测量相结合的方法，对武汉东湖的水体污染状况进行了分析，较快地、半定量至定量地确定水体类型、营养状态和稀释扩散方向（喻欢等，2007）。杨一鹏等利用 Landsat/TM 数据进行太湖富营养化评价，提出一种与常规湖泊富营养化评价方法（综合营养状态指数法）接轨的遥感评价新方法，并建立了太湖富营养化遥感评价模型（中国湖泊营养状态指数模型 TSI_c），利用 Landsat/TM 数据定量反演出的太湖 chla 浓度作为 TSI_c 模型的输入变量，计算出太湖营养状态 TSI_c 值，最后按照湖泊富营养化评价分级标准将太湖营养状态分为 5 级（杨一鹏等，2007）。

虽然富营养化模型为研究者和决策者提供了很好的帮助（Malmaeus et al.，2004；Kuo et al.，2006），但由于生态系统是一个灵活的、有自适应性的结构体系，目前的富营养化模型仍存在一定的缺点，如模型的结构太固定等（梁婕等，2006）。随着对湖泊富营养化进一步的深入研究（王国祥，2002）、对其认识进一步的提高，湖泊富营养化模型将会向越来越准确和适用的方向发展（鲁杰，2008；Ranft et al.，2011）。

3.3　人与自然相互作用的湖泊沉积响应研究

3.3.1　湖泊环境响应过程与驱动机理的研究意义

湖泊广泛分布在自然环境中，具有较为清晰的边界，构成相对独立的自然环境体系。湖泊的空间分布并不具有地带性，但是湖盆的形成在区域上常常具有同步性和事件性，一旦积水成湖，就会受到外部自然因素和内部各种过程的持续作用而不断演变（沈吉等，2010）。地质因素（构造运动）可能更多地表现在长时间尺度上对湖泊影响；气候对湖泊影响明显，既可与地质因素（构造运动）组合表现在长时间尺度（10^6～10^4 年）上，也可以与人类活动组合体现在较短尺度（10^2～10^1 年）上产生影响。湖泊的环境演变不仅是自然因素作用的结果，并且也受到人类活动的驱动和影响（Crutzen，2002）。湖泊作为全球环境变化的重要载体，受到全球、区域、局部等多个因素的影响，湖泊环境的变化有不同时间尺度上的规律与驱动机制可以寻求。如何准确地分析湖泊环境变化的各种过程与规律，特别是定量刻画人与自然相互作用下的湖泊环境响应过程与驱动机理，是当今环境科学领域的研究热点（李世杰等，2004；姚书春等，2008）。

3.3.2　湖泊沉积物的"汇/源"效应

对湖泊（水库）水环境变化的研究多数从湖泊的外源输入入手（Holbrook et al.，2006；

王丽伟等，2007），研究直接入湖（如湖区降水、降尘、人工投饵、岸边水面废物和直接排入湖泊的排放口），或间接入库（即点源和非点源产生的污染物经排水渠或流域地表汇入湖泊和水库的支流，最后再进入湖泊和水库）两种污染物的输入方式对湖泊水质的影响。近年来，环境学领域的研究者逐渐认识到沉积物在湖泊水质变化和富营养化过程中的重要作用。

沉积物在湖泊生态系统中是一个庞大的贮存库，记录着湖区环境变化的丰富信息，具有沉积连续、速率大、分辨率高、信息量丰富的特点（范成新等，2007）。沉积物是水体中的有机质、矿物质颗粒等通过沉淀、吸附、生物吸附等物理、化学和生物作用直接或首先形成水体悬浮物再沉积至水体的底部区域的松散矿物质颗粒或有机质，包括砾石、砂、黏土、灰泥、生物残骸等（金相灿等，1992）。沉积物是湖泊生态与环境系统中最重要的组成部分之一，是湖泊集水区域内一切来源物质的汇，是水圈、岩石圈和生物圈交互作用的活跃圈层，既对外界水、气、生物质具有容纳、储存能力，又是表层及近表层物质积极转化与交替的场所（Azcue et al.，1998）。水体沉积物是水体生态系统的重要组成部分，是水体的各种营养物、污染物的源（Source）和汇（Sink）（Forstner，1978），在物质的生物地球化学循环过程中扮演着重要的角色。

沉积物对上覆水中营养元素的"汇/源"效应，对水体富营养化有着重要影响。由于人类活动的影响，与沉积物直接接触的受污染水体因不断接纳超过其净化能力的污染物量（蔡庆华等，2006），并通过吸附、交换及物理、化学和生物的沉积使上层沉积物具有污染特征。作为湖泊系统中固体介质的代表，沉积物积极参与水体中各类物化反应和生物作用，对水环境和水生生物产生影响（Webb et al.，1964）。水体沉积物不仅是磷、氮等重要的蓄积库，同时也是磷、氮等重要的污染源（叶常明，1997）。输入湖泊的营养盐，在环境等因素的影响下，经过一系列化学、物理及生物的变化，其中部分在搬运、絮凝、沉淀等作用下蓄积于湖泊沉积物中，成为营养盐的内负荷（王立群等，2007）。湖底沉积物并不是简单堆积，在永久埋藏前都要发生吸附/解吸、溶解/沉淀等生物地球化学变化（万曦等，1997；万国江，1990），储存于沉积物中不同种类和数量的污染物，通过在环境中的暴露、沉积物-水界面的释放等过程，可能对湖泊水环境和生态系统构成潜在的环境风险（Xu et al.，2003）。

3.3.3 湖泊内源污染的研究进展

长期以来，人们对外源氮、磷负荷给予了足够的重视，认识到大量来自点源和面源的营养盐是湖泊富营养化的直接原因，世界各国采取了各种措施削减和控制氮、磷营养向湖泊水体的排放（金相灿，2001），如日本琵琶湖的综合开发计划（1972—1997年），在25年间投资了15 248亿日元，用于工业及城乡污水的处理等。20世纪80年代前后（彭近新等，1988），日本、瑞士等许多国家和地区就已采取了"禁用或限用"含磷洗涤用品的措施。然而当外源营养被控制时，沉积物营养盐的季节性释放就成为水体中可溶态无机磷的主要来源，湖泊富营养化发展趋势依然不能得到有效的控制（Schindler et al.，1988），致使内源污染成为主要污染源之一。

然而当入湖营养盐减少或完全截污后，沉积物营养盐的释放作用仍会使水质继续处于富营养化状态，甚至出现"水华"（Sondergaard et al.，1992），其中磷是造成湖泊水质富营养化的关键性限制性因素之一（David，1998）：1975 年和 1978 年，芬兰 Vesijarvi 湖的外源磷负荷量被成功削减了 93%，使湖水中磷浓度由原来的 0.15 mg/L 降到 0.05 mg/L，在如此严格的情况下，蓝藻水华依然肆虐了十多年；荷兰的 Loosdrecht 湖群自 1984 年后，磷的输入降到历史最低水平，富营养化程度仍未见缓解；瑞典的一个湖泊研究表明，湖泊中 99% 的养分在夏季时来源于沉积物（Rydin et al.，1998）。由此可见，湖泊沉积物营养盐的内源释放已逐渐成为威胁水体营养状态的关键因素，水体在外源输入被截断一段时间后，沉积物中营养的释放仍能持续发挥作用，可能使水体继续保持富营养化状态（Sarazin et al.，1995；Sas，1989）。

20 世纪 60 年代初，英国的 Webb 等（Webb et al.，1964）对北爱尔兰、英格兰和威尔士的水系沉积物进行了系统的地球化学测量和研究，并于 1973 年出版了北爱尔兰地球化学实验图集（Webb et al.，1973）。美国、加拿大、日本、德国、意大利、芬兰等国也广泛开展了水系沉积物的区域地质—地球化学调查与研究（Thomton，1983）。1989 年，德国学者 Forstner 出版了专著《污染沉积物》，详细介绍了水体沉积物的各种性质、污染状况、评价方法和基准研究等（Forstner，1989）。多数定量获得湖泊内源负荷的方法主要有：孔隙水扩散模型法（Tohru et al.，1989）、表层沉积物模拟法（Austin et al.，1973）、柱状芯样模拟法（Boers et al.，1988）和水下原位模拟法（Markert et al.，1983）。

湖泊沉积物是人为源重金属的一个重要汇。国外学者陆续开展了莱茵河、洛杉矶湾、死海、日耳曼湾等水体中重金属污染的研究（Florian et al.，2011），许多学者对沉积物中的重金属与自然背景值做了对比研究。研究发现，在北美的伊利湖和安大略湖，大面积区域内湖泊沉积物 Pb 的含量高达 100～150 μg/g（Mudroch，1995）；澳大利亚的 Jackson 港海水沉降颗粒物中 Pb 的含量高达 365～750 μg/g，Zn 的含量高达 700～1 100 μg/g，Cu 的含量高达 170～280 μg/g（Taylor et al.，1996）。印度和德国学者对恒河的研究揭示，在流经新德里等都市的河段沉积物中，重金属含量与自然背景值相比，Cr 和 Ni 的富集超过 1.5 倍，Cu、Zn、Pb 的富集超过 3 倍，Cd 的富集超过 14 倍（Santschi et al.，1990）。Karuppiah 等研究了 Chesapeake Bay 的两条支流 Wicomico 河和 Pocomoke 河沉积物中重金属含量及毒性的年际变化，结果表明：与背景值比较，近 20 年来重金属含量及毒性都在增长（Karuppiah et al.，1998）。近年来，不少学者还对重金属含量及分布特征进行了研究。Swennen 和 Filgueras 等对比利时和卢森堡的河流冲积物研究表明，冲积平原表层重金属含量和其他污染物急剧增长（Swennen et al.，2002）。Landajo 对西班牙北部 Bilbao 河口表面沉积物中 As、Cd、Cr、Cu、Fe、Mn、Ni、Pb 和 Zn 的含量测定和分析表明，其表面沉积物中重金属分布具有空间和季节变化特征（Landajo et al.，2004）。

1952 年，我国国家地球化学探矿研究室建立（谢学锦，2002），并在 20 世纪五六十年代开展了一些关于水系沉积物的调查。20 世纪 80 年代以后，随着湖泊富营养化和环境污染加剧，我国学者对长江（口）、黄河（口）、淮河、辽河、珠江、鸭绿江、太湖、巢湖、滇池、渤海湾、胶州湾等水体进行了环境地球化学调查，营养盐和重金属污染是主要的研究内容（金相灿等，1995）。

我国在内源氮、磷污染方面的研究主要集中在内源氮、磷的赋存形态（程南宁等，2007）、迁移释放行为及其影响因素（范成新等，2007）、生物有效性（韩沙沙，2009）等内源氮、磷污染机理方面。朱广伟（2004）、董黎明（2011）、连国奇（2009）、吕伟昌（2007）对不同湖泊磷的形态进行了研究；黄廷林（2010）对水体沉积物多相界面磷循环转化中微生物的作用进行了实验研究；焦念志（1989）、李创宇（2006）、刘晓瑞（2004）等对内源磷的地球化学行为进行了研究。研究发现，安徽巢湖磷的年释放量高达 222.38 t，占全年入湖磷负荷量的 20.90%（汪家权等，2002）；南京玄武湖磷的释放量占全年排入量的 21.5%（徐洪斌等，2004）；而杭州西湖 1988 年 7 月至 1989 年 6 月沉积物释放的磷占外源输入磷负荷的 41.5%（韩伟明等，1990），由于内源负荷磷的影响，西湖引水工程的效果在停机（停止运行）10 d 后即消失（吴根福等，1998）。

在内源的重金属污染方面，余中盛等开展了松花江水系沉积物重金属元素背景值调查，测定了松花江水系沉积物中重金属的含量，对沉积物中重金属污染物的运移机理及沉积速率进行了深入的研究（中国科学院长春分院《松花江流域环境问题研究》编辑委员，1992）。金相灿等对河流沉积物中重金属的迁移规律进行了研究（金相灿等，2007；金相灿等，1992；全国湿地水环境保讨研讨会论文集，2011）；陈静生等则对我国东部 20 条河悬浮物与沉积物的地球化学特性及重金属污染物在沉积物中的化学行为和地理分布规律性进行了研究（陈静生等，1992）；郭鹏然等对湖泊、河流沉积物中重金属的含量进行了分析（郭鹏然等，2010；Filgueiras et al.，2002）。

3.3.4　人类活动对湖泊沉积环境影响的研究热点

人类活动在湖泊演变中起着重要作用，但目前对湖泊沉积物受人为因素影响的研究正处于起步阶段（韩美等，2003），缺乏系统的理论指导及科学有效的研究方法，亟须发展一系列判别指标和方法，深入分析人类活动对湖泊沉积环境的影响机制。今后的研究热点可能有：湖泊沉积物中重金属的浓度与工业、交通等人类活动的关系（Florian et al.，

2011；朱维晃等，2010；路永正，2010）；人为引渠或筑坝所导致的湖面高低的变化会给环境系统带来什么影响（Tetra，2007）；湖泊沉积速率的变化与植被破坏、水土流失的关系等（叶崇开，1991）；把人类活动因素间接的转化为数字化的指标，如一定范围内的绿色植被指数、人口增长率、经济增长率、技术变化率等，通过对比实验，把湖泊沉积物中记录的元素含量变化与这些人类活动指标之间建立定量化的数学模式，从而可以根据一些地化元素含量的变化预测一定范围内人类活动的结果（王苏民等，1992）。

3.4　湖泊沉积物的年代学研究方法在环境科学中的应用

3.4.1　湖泊沉积物与沉积物年代学

湖泊沉积物是不同地质、气候、水文条件下各类碎屑、黏土、矿物及有机质等的综合体，是湖盆在自然与人类作用下的产物和信息库，记录着丰富的地球化学信息和人类活动痕迹，是过去环境变化的良好信息载体（曾理等，2009）。以可靠的年代学为基础，进行湖泊沉积物沉降速率、累积通量等研究，追溯全球或区域环境演变和气候变化信息及其与人类活动的相互作用，区分人类活动和气候变化对湖泊环境的影响，进行区域乃至全球环境变化的联系和对比，获得区域和全球环境变化的内在联系，为湖泊环境整治和生态修复提供科学依据。沉积物年代学继 1912 年瑞典人吉尔（DeGeer）首次提出纹泥冰川测年（Nakagawa et al.，2003）以来得到了迅猛发展，目前已成为一门独立的学科（王瑜等，2008）。

湖泊环境变化主要受三个方面的驱动作用机制的影响：地质构造、气候和人类活动。构造驱动可能更多地表现在长时间湖泊环境的变化；气候驱动无时不在地发挥着影响，既可与构造运动组合表现在长时间尺度（$10^6 \sim 10^4$ 年）的变化，也可以与人类活动组合体现在较短尺度（$10^2 \sim 10^1$ 年）的环境波动。气候变化和人类活动对环境的影响是当今环境科学的热点研究内容。随着沉积物定年技术的发展和在环境科学中的应用，建立起相对完善的湖泊沉积年代序列和湖泊环境演变序列，使充分了解湖泊环境发展历史、了解当今环境所处相位、掌握湖泊演变过程成为可能[①]。

3.4.2　湖泊沉积年代学的常用研究方法

较为常用的湖泊沉积物年代学研究方法主要有纹泥定年、^{14}C 定年、^{210}Pb 和 ^{137}Cs 定年及古地磁定年等（表 3-1），不同的定年方法适用于不同的时间尺度（图 3-1）。

---

① "BP" 代表 "在现今之前"，"a" 代表 "年"，"ka" 代表 "千年"，"Ma" 代表 "百万年"。

表 3-1   几种定年方法对比

定年方法	原理	优点	缺点
纹泥定年	在地质学记录中，有韵律的沉积物沉积所形成的细沙、泥沙或黏土纹层带常以层偶形式存在，相对粗的糙纹层与较为细致纹的层带由于不同的年份呈规律性交替变化，称为纹层。纹层作为一种定年手段，可以数出年代间隔，建立一个浮动的年代序列（Reid et al.，1993）	对冰川的季节变化记录详尽，亦可反映湖中沉积和生物量的季节变化（Lotter et al.，1997；Ojala et al.，2003）	受外部扰动大，局部点位的因素可以导致不准确的年龄估计，而且很难建立起各纹泥序列间的联系（交叉定年）（Reid et al.，1993）
^{14}C 定年	^{14}C 是 C 的放射性同位素，平均寿命有 8 270 年左右。生物体在活体性可吸收一定量的 ^{14}C，生物死亡后，吸收碳的过程中止，但有机组织中 ^{14}C 的衰变仍在继续，这就是放射性碳的"计时功能"（Libby，1952）	精确度高，在距今 5.5 ka 尺度上仅有±50 年的标准偏差（Otlet et al.，1986）	"老碳"或"年轻碳"混入（Wohlfarth et al.，1995）、碳库效应（Olsson et al.，1986）以及硬水效应（Stiller et al.，2001）等，严重影响 ^{14}C 年代结果的精确性和可靠性
^{210}Pb 和 ^{137}Cs 定年	^{210}Pb 定年技术是以该核素（自然产生）随沉积物深度增加而逐渐衰变作为依据。^{137}Cs 是人工核试验的产物，最主要的来源是 20 世纪 50 年代初开始的大气层核实验，1963 年前后是核武器试验的高峰；1986 年切尔诺贝利核电站核泄漏事件所释放出来的大量放射性微粒和气态残骸，迄今仍能在北半球的海洋、湖泊底泥中检测出来（Pennington et al.，1976）	^{210}Pb 和 ^{137}Cs 两种方法相互补充，有可能较好地重建近 200 年来湖泊沉积物的年代序列（王小林等，2007）	由于风浪、生物、人为清淤等干扰，使建立沉积物时间序列非常困难和复杂（郧海健等，2010）
古地磁定年	湖泊沉积物中矿物的剩余磁性记录着沉积物形成时地球磁场的极性特征。基于保存于岩石和沉积物中地球磁场的变化，利用等值地层标志定年（万国江，1997）	古地磁定年方法通常用来确定沉积地层的上下关系，对照地磁极性年表，可建立起较长时间尺度的湖泊沉积年代序列（张家富等，2007）	鉴别短期的极性事件极为困难。由于古地磁标志不能稳定地区分背景"噪声"（Thomsen et al.，1991），古地磁定年法误差较大

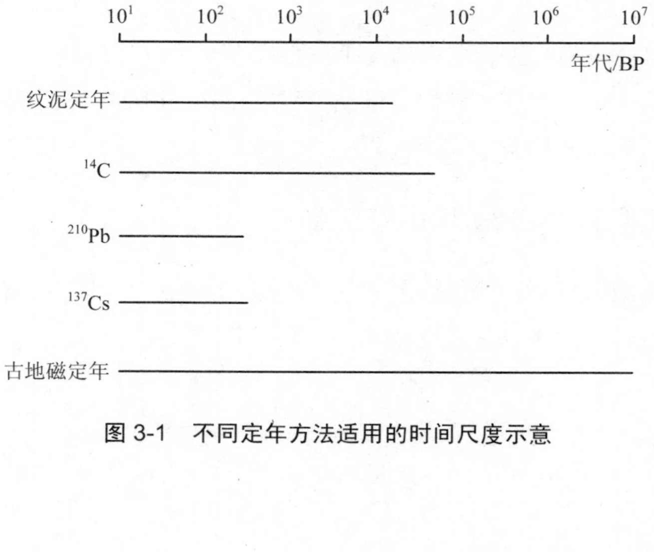

图 3-1   不同定年方法适用的时间尺度示意

（1）纹泥定年

该法是通过由上而下计算纹泥粗细相间的层次而测定沉积年代，常与 ^{14}C 测年等结果对比，以校正其他测年法的结果（Lotter et al.，1997）。纹泥的应用主要集中于纹泥计年、纹泥厚度变化和纹泥沉积物分析三个方面，其中纹泥年代学是一切应用的基础，是高分辨率研究近代全球环境变化的重要手段。通过纹泥年代学等综合研究建立精确的年龄时间标尺，并追溯区域季节性驱动力对生物学、地球化学、沉积学的影响，获得高分辨率的古环境变化记录（Ojala et al.，2003），极端事件，如洪水（Reid et al.，1993）、火山喷发（Oldfield et al.，1997）等的发生年代。

（2） ^{14}C 定年

^{14}C 定年是通过测定样品中 ^{14}C 浓度以确定沉积年代，适用于距今 300～50 000 年含碳物质的定年，直接采用沉积物有机质 ^{14}C 测年易受"碳库"效应的影响（张家富等，2007），以沉积物中提取的高纯孢粉替代普通有机质测定可以消除这一效应（Zhang et al.，2006），从而提高定年精度，并已成功应用于干旱区湖泊的沉积定年（郑同明等，2010）。

（3） ^{210}Pb 和 ^{137}Cs 定年

^{210}Pb（半衰期为 22.26 年）定年是根据 ^{210}Pb 的半衰期采用适当经验模式计算沉积物的年龄，包括 CRS（恒定补给速率）和 CIC（恒定初始浓度）两种模式（Appleby，1992），CIC 模式假定 ^{210}Pb 的输入通量和沉积物堆积速率恒定，由 Pennington 等（1976）在对 Blelham 湖的沉积物测年中首次得到证实， ^{210}Pb 含量明显受物源影响，沉积物增加会导致 ^{210}Pb 增加（王小林等，2007）；CRS 模式基于 ^{210}Pb 输入通量恒定，而沉积物堆积速率可能发生改变的情况，适用于距今 100～200 年的近代湖泊沉积物的定年和湖泊沉积年代学研究。 ^{137}Cs（半衰期 30.2 年）定年是基于放射性核素在湖泊和海洋沉积物记录中的层位对比，其中 1963 年被广泛用作沉积物计年时标，适合于距今 30～40 年湖泊沉积物的定年（万国江，1999）。 ^{137}Cs 和 ^{210}Pb 定年的前提是它们进入沉积相后，不再受外界扰动，严格按自身的衰变规律随时间放射性衰变（万国江，1997），而不发生其他形式的迁移。事实上，表层沉积物的混合、风浪等物理扰动、地质运动、火山喷发、人类活动等都会影响沉积物的迁移，而且由于缺乏全球范围内系统的研究资料，准确对比不同湖泊区域间的特征和差异，研究环境因素的影响存在一定困难（Florian et al.，2011）。为了降低 ^{137}Cs 和 ^{210}Pb 定年时物理扰动、人类活动和选择定年时标主观性引起的误差，近年来，出现了以 $^{239+240}Pu$ 作为湖泊沉积物定年时标，通过 $^{239+240}Pu$ 比活度及 $^{240}Pu/^{239}Pu$ 原子比率测定，是提高 ^{210}Pb、 ^{137}Cs 测年结果准确性的新方向（Zheng et al.，2008；万国江等，2011）。

（4）古地磁定年

古地磁定年（Lovlie，1989）是根据沉积物中矿物的剩余磁性特征和地磁极性年表来确定沉积年代的方法。地球磁场的强度和方向呈现不规则变化：极性倒转、极性漂移和长期变化。通过湖泊沉积物测试的地磁特征，对照地磁极性年表，可建立起较长时间尺度的湖泊沉积年代序列。通常用古地磁法来确定沉积地层的上下层关系，当古地磁场序列和其他定年方法获得的标准曲线校准时，便可获得沉积岩心的数值年龄。

几种测年方法相互印证（王永红等，2002）使湖泊年代学研究趋于定量化、精确化、简便化和快速化（Ritchie，1990）。

3.4.3　湖泊沉积年代学法在人类活动对环境驱动作用方面的应用

人类活动的驱动是近代地质的范畴，但是其作用强度在局部地区已经超过自然驱动力。全新世以来的环境演变受气候变化和人类活动的双重影响，其中人类活动所占的比重随人类活动加剧显著增强，如何判识环境演化过程中人类活动的影响并建立识别人类活动的指标，一直是目前环境学研究的重点和热点。

3.4.3.1　在沉积通量研究方面的应用

沉积通量是单位时间内单位面积上形成的堆积物质量，是判断沉积物来源变化最直接的指标之一，且湖泊沉积物的沉积通量往往与人类活动、水土侵蚀速率有关，研究湖泊沉积通量的变化，能够帮助我们认识湖泊沉积环境演化过程及稳定性。湖泊沉积定年是提供准确的沉积速率和沉积通量的基础，在获取精确湖泊沉积物沉积通量的基础上，可以获得各元素的沉积通量，根据营养元素间的相关关系、营养元素与来自母岩或土壤母质的常量元素 Al、Fe 等的相关关系，有效区分人为因素造成沉积通量的变化（Ruiz-Fernández A et al.，2002；Aloupi M et al.，2001）。已有的研究显示湖泊沉积物的沉积通量与降雨、森林砍伐和土地开垦等引起的水土流失和排水量增加及环境保护措施等人类活动显著相关，如湖北省龙感湖区域人类活动引起的磷、有机碳和氮的沉积通量分别为 $151.0 \sim 889.4$ mg/（m^2·a）、$4.3 \sim 149.0$ g/（m^2·a）和 $0.5 \sim 18.6$ g/（m^2·a）（吴艳宏等，2006）。太湖梅梁湾近百年来沉积物的沉积通量均低于 300 mg/（cm^2·a），只在近十几年来才明显增加，1993 年以来 TP 含量由 0.05 mg/L 迅速增加到 0.1 mg/L 以上；上游夹浦区域近百年来沉积通量持续增加，1984 年沉积通量达 495 mg/（cm^2·a），之后一直保持约 490 mg/（cm^2·a）；下游草型化胥口湾湖区，1887—1965 年，沉积物的沉积通量呈阶梯状增加，1965 年后又快速下降（朱广伟等，2007）。太白湖 1900—1920 年、1928 年、1937—1942 年、1953—1954 年由于夏季降雨量偏多沉积通量较高，1958—1970 年，太白湖区域围垦使入湖泥沙量增加及湖泊面积减少，沉积通量较高，1983—1993 年耕作的快速发展导致水土流失加重，沉积通量增加（刘恩峰等，2007）。东平湖在过去 2000 年以来，由于湖区经济活动增强，沉积通量逐年上升（陈影影等，2010）。东北西部乌兰泡沼泽在 1819—1928 年，由于大规模开垦，水土流失严重，沉积速率逐步上升；1928—1977 年，该地区的土地资源严重破坏，土地沙漠化发展迅速，导致水土流失严重，沉积速率较高，其中 1951—1967 年由于采用一系列土地沙漠化治理办法，沉积速率相对较低；1977—1987 年沉积速率迅速下降且处于低值段；1987—2005 年沉积速率又呈现上升趋势（翟正丽等，2005）。英格兰北部在约 5000 BP，砍伐森林导致流域土壤侵蚀增加，湖泊沉积速率明显增加（Mackereth et al.，1965），如在苏格兰西北部阿伯丁 Braeroddach 湖，约 5 390 BP，放牧活动导致沉积速率增加了 3 倍，现代农业活动时期（370±250BP），湖泊沉积通量明显增加。密歇根南部 Frains 湖区在 1820 年前，年平均沉积通量为 9 t/km²，森林砍伐和土地耕作使沉积通量增加了 30～80 t/km²。坦桑尼亚中部 Haubi 湖 1835—1902 年沉积速率仅为 0.9～1.6 cm/a，1902—1907 年，由于后期降雨增多，流域侵蚀增强，湖泊沉积速率增加至约 6 cm/a，1907—1972 年，由于流域侵蚀增强及政府出台的土地保护政策的共同作用，沉积速率出现锯齿状波动（Eriksson et al.，1999）。

3.4.3.2 在湖泊营养演变研究方面的应用

以湖泊沉积物定年为基础可以获得准确年代下湖泊有机碳、氮及磷的累积速率，研究湖泊营养演变历史（姚书春等，2004；陆敏等，2004）、湖泊环境演变对人类活动的方式和强度响应的敏感性（Wick et al.，2003；Marion et al.，2012；A. Currása, et al.，2012；杨洪等，2004；Juan et al.，2011；Perren et al.，2012）。已有包括藻型湖泊的巢湖、草藻结合的太湖、草型湖泊的洪湖和龙感湖（陈芳等，2007；张路等，2001；陆敏等，2004；Jin et al.，2006；刘恩峰，2005；陈萍等，2004）、洪泽湖（杨达源等，1995）、东湖及云南滇池等（沈吉等，2004；陈荣彦等，2008）湖泊的营养演变研究。草型湖中有机质增加比藻型湖迅速，人类活动的方式及强度（如围垦、农业活动方式及农药使用等）、森林砍伐、湿地破坏、土壤侵蚀、污染排放以及水利工程建设和底泥营养元素释放是造成湖泊富营养化的主要原因（陈诗越等，2005；Yuan et al.，2003），浅水湖泊沉积物释放的营养物质，尤其是磷，有时远高于外源输入量（Sondergaard et al.，2001）。如龙感湖 20 世纪上半叶人类活动相对较弱，20 世纪 70 年代以来化肥的大量施用、对湖周滩地的改造，导致湿地植被破坏和湿地功能减弱，助长了入湖物质的增加，湖泊营养相对富集，水体发生富营养化，同时龙感湖草型湖的特点，使湖泊沉积环境易于呈氧化环境，生物和地球化学作用削弱了人类活动累积营养盐的变化幅度,而使沉积中营养盐呈平稳上升趋势(陈诗越等，2005；吴艳宏等，2010；薛滨等，2007）。太湖、太白湖营养本底较高，湖泊水体对营养变化缓冲能力较弱，1651 年以来，流域的人类活动（主要为养殖业和农业）逐渐增强导致沉积物营养盐含量升高，湖泊发生富营养化，1690—1800 年达最大，1800—1862 年又逐渐减小（赵萱等，2012；金相灿等，2004；邓建才等，2008）。东湖湖泊营养演化呈现四个阶段（顾延生等，2008）：1900—1966 年人类活动影响较弱，湖泊处于贫营养阶段；

1966—1983 年中期人类活动影响增强，处于中营养阶段；1983—1989 年由于污水排放对湖泊环境产生巨大冲击，湖泊水体富营养化速度加快，湖泊原有的生态系统结构发生改变，高等水生植物及对水体污染敏感的水生动物消失或大量减少；1989—2008 年处于超富营养化阶段。东非乌干达 Wandakara 湖区域人类活动始于公元 1 000 年，并在这段时间导致Wandakara 湖的湖泽生物（包括富营养化）永久性改变，人类活动对 Wandakara 湖地球化学的影响比气候变化的影响大（James et al.，2009）。墨西哥中部 Maar 湖区农业活动始于约 5 700 BP，在约 2 400 BP 加剧，晚全新世日益增强的人类干扰掩盖了气候变化对环境的干扰（Jungjae et al.，2010）。14 世纪初，法国 Pavin 湖区域林地变为耕地，1350—1475年，由于战争和 1348 年的黑死病使人口下降及耕地闲置，耕地又恢复为林地，湖泊营养物含量减少（Martina et al.，2005）。人类活动中化肥使用增加、密集的农业活动、灌溉网络的变化，使输入阿尔巴尼亚 Butrint 湖泊的淡水大量减少，湖与附近 Ionian 海的海水交流加强，湖周围人类居住规模扩大和排水量增多，导致地下水消耗和污染物增多，营养物交汇湖盆、湖泊开始出现富营养化和盐泽化趋势，富营养化导致湖泊缺氧，严重影响了湖泊的生物多样性和生态系统（Ariztegui et al.，2010）。

3.4.3.3　在重金属元素累积判识研究方面的应用

湖泊沉积物长时间接纳并蓄积了大量重金属元素，通过调查沉积物中重金属元素含量及形态赋存特征，阐明典型重金属分布规律，准确评价重金属污染的生态风险，揭示湖泊沉积物中重金属污染的主要来源，为湖泊重金属污染的风险管理和污染治理提供理论依据和决策支持。20 世纪 80 年代以来，通过湖泊沉积物定年和重金属元素分析，许多研究者对我国不同地理区域湖泊近百年来重金属在沉积物中时间、空间分布特征以及可能的来源进行了研究，涉及的重金属元素包括 Fe、Mn、Hg、Cd、Zn、Cu、Cr、As、Ni、Se、Co、Ni 等，并积累了丰富的数据，已对包括太湖流域、巢湖、龙感湖、洪泽湖、滇池等开展了较多研究（李鸣等，2010；向勇等，2006；王素芬等，2009；陈洁等，2007；刘峰等，2010）。研究发现重金属污染最严重的是滇池，As、Cr、Pb、Zn 在这些湖泊中最高。太白湖和巢湖的污染自 1965 年以来一直加剧，巢湖重金属污染具有显著的空间差异，南淝河河口重金属人为污染最重，柘皋河河口，派河、白石山河、杭埠河等河口表层沉积物中重金属元素人为污染程度较弱，西部湖心区 1980 年以来人为污染贡献量显著增加（杜臣昌等，2012）。太湖 20 世纪 70 年代末以来随着人为污染加重，Cu、Mn、Ni、Pb 和 Zn 等元素总量及有效结合态含量升高，重金属的累积主要受人类活动的影响（刘恩峰等，2005；袁和忠等，2011）；对湖北系列湖泊的研究发现，重金属主要来源于城市工业活动（唐阵武等，2009）。洪泽湖下游 1953 年修建三河闸水利工程，使部分重金属重新溶出，加上流域重金属污染，1952 年后各元素含量开始小幅上升，

Pb、Zn、As 等元素均出现明显的累积峰值；1990—2001 年，大规模城乡开发活动使环境污染加剧，重金属元素呈现逐渐增加趋势，Hg 和 Cd 显著上升（何华春等，2007）。国外湖泊沉积物重金属元素分析显示，沉积物中 Pb 主要来源于含铅汽油和煤炭消耗量增加，Zn、Cd、Cu 的累积主要来源于工业污染及污水的直接排放（Heike et al.，1991；German et al.，1976；Ingemar，1986；Abernathy et al.，1984），如 1980 年使用无铅汽油后，美国加利福尼亚州南部的 Santa Barbara 海盆沉积物中的 Pb 显著下降，欧洲煤炭消耗增加导致 Constance 湖沉积物中重金属累积增加。19 世纪早期，工业化的发展和人口增长使瑞士 Zurich 湖重金属累积增加，1960 年，由于污水处理厂的使用和环境保护政策的颁布，沉积物中铜、锌、镉大幅下降（Von et al.，1997）。Erie 湖 Cd、Cu、Pb、Zn 的平均沉积通量分别为 0.4 μg/（cm^2·a），12 μg/（cm^2·a），12 μg/（cm^2·a）和 36 μg/（cm^2·a），主要来自污水排放（Nriagu et al.，1979）。

　　火电厂和重工业生产经常释放一些浓度很高的磁颗粒物，这些磁颗粒物富含不同比例的磁铁矿和赤铁矿。一些地区的研究表明，磁性矿物的沉降同工业史具有很好的一致性，这表明磁学记录是一个重金属污染、颗粒物污染和湖水酸化历史的良好指标。英国 Newton Mere 湖是一个冰川作用形成的封闭小湖，湖区没有径流，近期的湖泊沉积物为富含有机质的腐殖质黑泥。Oldfield 的研究表明，距研究时 70 年是一个重要时间节点，在那之前，来自流域三叠纪碎屑物中的赤铁矿成分较高，而在那之后，现代大气沉降磁性颗粒输入增多（Oldfield，1983）。黏性磁性颗粒一般在土壤或流域土壤来源的物质中较多，而在工业生产或源于家庭生活化石燃料燃烧产生的颗粒物中，则很少发现有黏性磁颗粒。这一变化表明近 70 年来，化石燃料燃烧产生的颗粒物质通过大气沉降到 Newton Mere 湖沉降量的增多。

3.4.3.4　在湖泊持久性有机物累积研究方面的应用

　　进入水体的持久性有机污染物（POPs）大部分被悬浮颗粒物吸附，并迅速进入沉积环境，沉积物中大部分 POPs 还会通过水/沉积物界面的迁移转化作用重新进入水体，在气—水—生物—沉积物等多介质环境生物体系中迁移、转化和暴露，最终对人和动植的生存繁衍和可持续发展构成重大威胁。湖泊沉积年代学应用于 POPs 累积研究，是追溯 POPs 来源、种类、累积年代及评估这些物质的含量是否可能造成环境威胁和是否对周围生物和微生物造成急性或者潜在毒性威胁的基础。我国对水体沉积物中 POPs 积累特征及其与人类活动的关系的研究主要集中在工农业较发达地区的湖泊，研究显示沉积物中的 POPs 主要来自石油、薪柴和煤的燃烧、湖周工业污水排放及水上交通运输（舒卫先等，2008；刘远，2010；王海等，2002），如太湖沉积物中的多环芳烃（PAHs）来自石油、薪柴和煤的燃烧，贡湖沉积物中 PCBs 的浓度为 1.392 2～7.051 6 ng/g，主要来自电力设备中的绝缘油或浸渍油和望虞河的输入（姚威风，2011）。辽河沉积物中总 PAHs 平均浓度为 285.5 ng/g，大辽河沉积物中总 PAHs 平均浓度为 2 238 ng/g，辽河表层沉积物 PCDD/Fs 总含量为 13.75～485.5 ng/kg，总毒性当量浓度为 0.174～14.888 ng/kg（杨敏，2006）。英国 Esthwaite Water 湖泊沉积物中 PAHs 从 1820 年开始持续增加，在 1950—1970 年达到最大为 2 954 ng/（cm^2·a），之后稳定下降（Gordon et al.，1993），而西格陵兰 7 个湖泊沉积物 PCBs 研究显示该区域 PCBs 最有可能来源于远程输送（Carola et al.，2003），加拿大北部 6 个湖区和加拿大不列颠哥伦比亚北部湖泊沉积物中 POPs 的追溯发现，沉积物中的 POPs 主要是 DDT，在人口稠密区 DDT 的累积始于 1950 年，偏远湖区则始于 1970 年，主要来源于区域活动（Dorothea et al.，2001）。

3.4.4　湖泊沉积物年代学在环境科学应用中的发展趋势

湖泊沉积物年代学研究将继续向提高分析测试精度、减少样品用量和建立高精度时间序列和区域化系统研究等方面发展，更加重视各种放射性核素测年方法的综合应用及多种定年方法所得结果的对比研究，取不同种类样品进行对比测年研究，建立高精度时间序列。在取样、分析测试技术方面将得到进一步发展，引入准确性和精密性更高的先进测试仪器和方法，综合多种定年技术，通过所得结果的相互验证提高定年结果的准确性和精密性，缩小时间跨度，提高与历史记录资料的吻合度。加速器质谱法（Accelerator Mass Spectrometry，AMS）测年是其中的代表，其应用前景非常好，应用范围也十分广泛。AMS 测年相较于传统放射性碳素测年法有两大优势，一是在大部分实验室中仅需极少量样品便可以测年，一般只需要 1 mg 或更少的有机碳，而在大多数使用传统测年方法的实验室中，通常需要 5～10 g 的样品；二是 AMS 法更节省时间，其实际样品测定时间仅为数小时，而传统的放射性碳素测年法需数日。因此典型的 AMS 实验室每年可以进行超过 1 000 个样品的测定。

在环境科学应用方面将朝着加强不同区域和类型的湖泊之间的对比研究方向发展，湖泊沉积中保存的环境指标受湖盆的地貌形态、流域地表覆盖状况、流域地质背景、湖内生态系统、补给水特征、人类活动等因素的综合影响，区分哪些是局部的、哪些是区域性的环境变化信息。加强湖泊年代学在湖泊营养累积、重金属、持久性有机污染物累积特征、来源及其与人类活动关系研究中的应用，为湖泊污染治理及预防二次污染提供理论基础。拓宽年代学的应用范围，根据湖泊沉积物累积通量变化、元素化学分析及历史记录的人类活动事件，建立湖泊沉积记录的湖泊环境演变与气候变化因子和人类活动指标的定量数学模式，并结合历史记录资料，确定现代环境气候变化在变化周期中所处的位置，有效预测人类活动影响下的环境发展趋势，推广有利因素，防治不利因素，防患于未然。

第 4 章

研究方法

4.1 水体采样*

4.1.1 湖泊监测点位的布设原则

水质监测点位的布设关系到监测数据是否有代表性,是能否真实地反映水环境质量现状及污染发展趋势的关键。环境监测过程是一个测取数据—解释数据—运用数据的完整过程,而测取数据的第一步则是要确定环境监测的点位(表 4-1)。湖泊、水库监测点位的布设原则如下:

表 4-1　湖泊监测垂线采样点的设置

水深	分层情况	采样点数	说明
≤5 m		1 点(水面下 0.5 m 处)	分层是指湖水温度分层状况
5~10 m	不分层	2 点(水面下 0.5 m,水底上 0.5 m)	水深不足 1 m,在 1/2 水深处设置测点
	分层	3 点(水面下 0.5 m,1/2 斜温层,水底上 0.5 m 处)	有充分数据证实垂线水质均匀时,可酌情减少测点
>10 m		除水面下 0.5 m、水底上 0.5 m 处外,按每一斜温分层 1/2 处设置	

1)湖泊不同水域,如进水区、出水区、深水区、浅水区、湖心区、岸边区,按水体类别设置监测垂线。

2)若湖泊没有明显的功能区别,可采用网络分格法均匀设置监测垂线。

---

* 本节内容节选自:原国家环境保护总局. 水和废水监测分析方法[M].(第四版).北京:中国环境科学出版社,2002.

3）监测垂线上采样点的布设一般与河流规定相同，但对有可能出现温度分层现象时，应作水温、溶解氧的探索性试验后再定。

4）受污染物影响较大的重要湖泊、水库，应在污染物主要输送路线上设置控制断面。

4.1.2　水样的采集与保存

4.1.2.1　水样采集

（1）表层水

在湖泊可以直接汲水的表层水场合，可用适当的容器如水桶进行采样。从桥上等地方采样时，可将系着绳子的聚乙烯桶或带有坠子的采样瓶投于水中汲水。要注意不能混入漂浮于水面上的物质。

（2）一定深度的水

在湖泊中采集一定深度的水时，可用自立式或有机玻璃采水器。这类装置是在下沉过程中，水从采样器中自下而上流过。当达到预定深度时，容器能够闭合而汲取水样。在河水流动缓慢的情况下，采样上述办法时，最好在采样器下系上适宜重量的坠子，当水深湍急时，要系上相应重的铅鱼，并配备绞车。

4.1.2.2　水样采集注意事项

1）采样时不可搅动水底部的沉积物。

2）采样时应保证采样点的位置准确。必要时使用定位仪（GPS）定位。

3）认真填写"水质采样记录表"，用签字笔或硬质铅笔在现场记录，字迹应端正、清晰，项目完整。

4）保证采样按时、准确、安全。

5）采样结束前，应核对采样计划、记录与水样，如有错误或遗漏，应立即补采或重采。

6）如采样现场水体很不均匀，无法采到有代表性样品，则应详细记录不均匀的情况和实际采样情况，供使用该数据者参考。

7）测定油类的水样，应在水面至水的表面下 300 mm 采集柱状水样，并单独采样，全部用于测定。采样瓶（容器）不能用采集的水样冲洗。

8）测溶解氧、生化需氧量和有机污染物等项目时的水样，必须注满容器，不留空间，并用水封口。

9）如果水样中含沉降性固体（如泥沙等），则应分离除去。分离方法为：将所采水样摇匀后倒入筒形玻璃容器（如 1～2 L 量筒），静置 30 min，将已不含沉降性固体但含有悬浮性固体的水样移入盛样容器并加入保存剂。测定总悬浮物和油类的水样除外。

10）测定湖库水 COD、高锰酸盐指数、叶绿素 a、总氮、总磷时的水样，静置 30 min 后，用吸管一次或几次移取水样，吸管进水尖嘴应插至水样表层 50 mm 以下位置，再加保存剂保存。

11）测定油类、BOD、DO、硫化物、余氯、粪大肠菌群、悬浮物、放射性等项目要单独采样。

4.1.2.3　水样保存方法

（1）冷藏或冷冻

样品在 4℃冷藏或将水样迅速冷冻，贮存于暗处，可以抑制生物活动，减缓物理挥发作用和化学反应速度。

冷藏是短期内保存样品的一种较好方法，对测定基本无影响。但需要注意冷藏保存也不能超过规定的保存期限，冷藏温度必须控制在 4℃左右。温度太低（如≤0℃），水样结冰体积膨胀，会使玻璃容器破裂，或样品瓶盖被顶开失去密封，导致样品受玷污。温度太高则达不到冷藏目的。

（2）加入化学保存剂

1）控制溶液 pH：测定金属离子的水样常用硝酸酸化至 pH 1～2，既可以防止重金属的水解沉淀，又可以防止金属在器壁表面上吸附，同时在 pH 1～2 的酸性介质中还能抑制生物的活动。用此法保存，大多数金属可稳定数周或数月。测定氰化物的水样需加氢氧化钠调至 pH 12。测定六价铬的水样应加氢氧化钠调至 pH 8，因在酸性介质中，六价铬的氧化电位高，易被还原。保存总铬的水样，则应加硝酸或硫酸至 pH 1～2。

2）加入抑制剂：为了抑制生物作用，可在样品中加入抑制剂。如在测氨氮、硝酸盐氮和 COD 的水样中，加入氯化汞或三氯甲烷、甲苯作防护剂以抑制生物对亚硝酸盐、硝酸盐、铵盐的氧化还原作用。在测酚水样中用磷酸调节溶液的 pH，加入硫酸铜以控制苯酚分解菌的活动。

3）加入氧化剂：水样中痕量汞易被还原，引起汞的挥发性损失，加入硝酸-重铬酸钾溶液可使汞维持在高氧化态，汞的稳定性大为改善。

4）加入还原剂：测定硫化物的水样，加入抗坏血酸对保存有利。含余氯水样，能氧化氰离子，可使酚类、烃类、苯系物氯化生成相应的衍生物，为此在采样时加入适量的硫代硫酸钠予以还原，除去余氯干扰。

样品保存剂如酸、碱或其他试剂在采样前应进行空白试验，其纯度和等级必须达到分析的要求。

4.1.3 三岔湖采样点位设置

为研究三岔湖水质的空间变化规律，2010 年 6—8 月，对三岔湖进行了实地监测采样，按均匀布点的原则分别布设了 30 个采样点（图 4-1），用麦哲伦 315 型定位仪导航定位。按规范要求分上、中、下水层进行采样（《水和废水监测分析方法》，2002）。

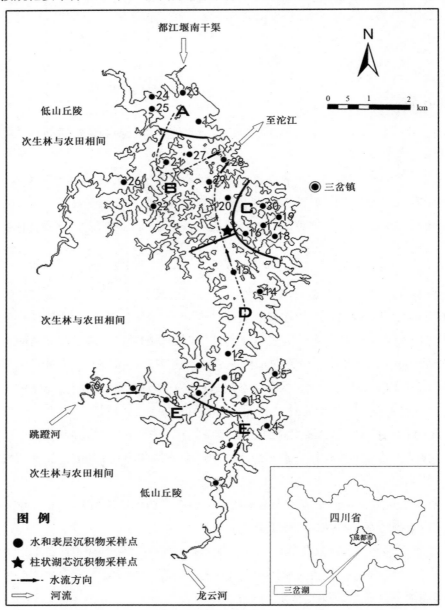

图 4-1 三岔湖水和沉积物采样点位的设置与三岔湖分区图

4.2 沉积物采样*

4.2.1 沉积物采样设计

沉积物样品是指能够代表被测材料的少量实物。对于湖泊沉积物而言，样品是在设定的时间取自湖泊底部指定位置、具有一定环境信息的沉积物底质。采集有代表性的沉积物样品是实施沉积物监测、反映湖泊环境的沉积现状和污染历史的重要环节。湖泊沉积物的采样设计，就是要保障所采集的沉积物样品具有代表性，这就要求对采样断面、采样点位（或站位）、采样时间、采样频率和样品数量做周密设计。

湖泊沉积物并非是均一性高、空间信息平滑性好的自然介质，因此需要调查者通过选择正确的采样方法来满足获得有效信息。湖泊沉积物采样点位的布置应遵循四个基本原则（GB 17378.3—2007）：

1）目标可达性，即采样点位的布置应充分满足沉积物调查评估目标的要求，对于一些研究而言，采样点数量还要保证统计分析要求，以满足后续对项目的分析评估。

2）代表性，即样品的采集要对整个调查区域沉积物的某项指标或多项指标有较好的代表性。尤其是在沉积物性质、蓄积量、水动力和生物环境差异大、受污染影响变异明显的区域，采样的代表性格外重要。

3）可对比性，沉积物采样断面和点位的设置应与水质断面和点位相一致，以便将沉积物的机械组成、理化性质和受污染状况与水质状况等进行对比。

4）经济性，在既保证达到必要的精度，又满足统计分析样品数量的前提下，采样点应尽量少，兼顾技术指标和投资费用。

实际上，以上四个原则是有关联性的。在资金量充分的情况下，采样点设计的目标可达性和代表性只要抓住符合统计分析这个大的主要原则。在样品采集和分析等方面可用资金相对较少，而目标和代表性都有较高要求时，资金将成为限制因素。为获取足够或完整的沉积物数据信息，资金的因素是不应考虑的。但如果调查者遇到资金短缺情况，则需保证以最低的样品量来获得足够的数据。

从采样、样品处理、分析测定、数据的处理分析和评价，到报告撰写等工作操作步骤，都需花费一定量的资金。样品采集的频次大、数量和项目多，也就意味着支出大。在出现资金相对少，而研究内容多和涉及的调查范围大等矛盾时，调查者在样点布设方面受资金的影响就将凸显。一般认为，确定好调查区域，那么代表调查区目标项目的沉积特征就必须得到足够的保证，这也是资金额的最下限，否则该项调查将会

---

* 本节内容节选自：范成新. 湖泊沉积物调查规范[M]. 北京：科学出版社，2018.

失去意义。在这样的基本前提下，布设沉积物调查的点位或站点，将有效覆盖整个项目区域。如果资金和技术可行，采样前虽然只打算取其中一份样品用以分析，但仍应考虑实际现场采集多份平行样品，以便在后续如有了允许资金，补充和完善对一些关键点位样品的分析。

4.2.2 沉积物采样方法

4.2.2.1 采样点确定

一般来说，湖泊沉积物具有很大差异，无论在水平分布还是垂直分布上都是如此。当然，沉积物中部分成分变化较小，因此，在采集样品时应当充分考虑湖泊沉积物的局部差异性。

（1）一般概况调查

进行概况调查时，根据调查湖泊的大小和污染程度选设适当数量的采样点，应包括湖心或其他有代表性的采样点。在主要的河流入湖处和排放口周围增设采样点。

（2）详细调查

详细调查需要在湖中按一定规则划分网格设置采样点。在河口等地方，应根据需要增加采样点，这些地方的沉积物分布状况变化较大。

网格大小的设置应根据沉积物差异情况及分析的目的而定，把研究湖泊分成若干采样区，呈现长方形网络状。每一网格面积越小，样品的代表性越可靠，但采样所需时间、经费及分析工作量也将成倍增加。因此，要选择在样品代表性和经费上都较为合理的采样布点方案。

4.2.2.2 采样时间频率设计

沉积物（尤其是下层）随时间的变化较之水体而言要小得多，但是仍可能发生一定程度的物质迁移，主要会有季节性和年际间的变化，这就需要设计适当的采样时间和频率。采样时间和频率的确定原则可参照海洋沉积物相关规范（GB 17378.3—2007）：①以最小的工作量满足反映环境信息所需资料；②技术上的可行性；③能够真实地反映环境要素变化特征；④尽量满足采样时间上的连续性。

4.2.2.3 采样方法

由于沉积物的不均匀性，可根据需要采集点样品、混合样品及柱状样品。

确定采样点后，利用内径大于 3 cm 的筒式采样器采取沉积物三次，把每次所采的表层 5 cm 的沉积物混合作为此点底泥样品。

在一确定的网格内任选若干点，把各点所采样品混合起来构成混合样品。

柱状样品可使用筒式采样器直接采取，也可通过水下挖样方法采取。

4.2.3　三岔湖沉积物采样点位设置与样品采集

4.2.3.1　表层沉积物

根据湖泊特点和人类活动情况的不同，本节将三岔湖湖区分成五个功能区：水库主要来水区（A）、网箱养鱼高度密集区（B）、邻近人类活动密集区（邻近三岔镇）（C）、大湖围栏养殖相对集中区（D）、水库尾水区域（E）（图 4-1）。2010 年 6—9 月在三岔湖采集了沉积物表层，采样点位与水质采样点位相一致。表层沉积物采集深度 0～5 cm，共 30 个采样点（图 4-1）；用重力采样器（型号：ZH7690，产地中国南京）在每个采样点采 4 个样品，现场混合均匀后存于聚乙烯塑料袋低温冷藏和运输。

4.2.3.2　沉积湖芯物柱状样（样品编号：PP-1）

选择三岔湖内沉积环境较稳定的中部区域，2010 年 7 月用 ZH7690 型重力采样器获取柱状湖泊沉积物岩芯 42 cm，编号 PP-1，采样点水深 24 m，采样点位置：30°17′58.682″N，104°16′29.038″E。样品按 1 cm 间隔分样，所有样品低温冷藏后带回实验室，用冷冻干燥机（型号：Eppendorf 5804R，产地德国）干燥，经研磨过 100 目筛后备用。

4.3　沉积物厚度测量

4.3.1　HydroBox^{TM} 精密水下回声测深仪简介

利用 HydroBox^{TM} 精密水下回声测深仪测量三岔湖沉积物的厚度。该回声测深仪被设计用在滨海等 150 m 以内水深的水域进行水下地层测量，是一种应用回声原理测量水深的仪器（生产商：Chesapeake Technology，Inc.），是一种高精度的轻便的高分辨率的水下地层成像仪器，能够穿透 40 m 的水下地层分辨出 6 cm 沉积层。地层的分辨率为 6 cm，测深精度±0.5%。该型测深仪将水深模拟量一方面供给记录器作模拟记录，另一方面提供给量化器转换成数字显示并从 RS422 端口输出，可与 GPS 接收机及计算机直接进行数据通信。

它的电子单元十分精密，可直接连接到一台标准的笔记本电脑上，加上配套的 Windows 软件便可以组成一台完整测深仪。软件的 Windows 操作界面使操作简单直观，具备导航输入、数据存储、缩放模式、热敏打印输出、自动/手动打标等功能，同时还可以进行声速修正和吃水修正。它分为两个显示区域，左边是控制、信息显示区，包括地理坐标/深度信息、配置按钮、参数调整设置菜单和系统状态指示；右边是回声图显示区，用户可方便地在回声图上打标和添加注释等，该图形显示具有多种模式，可方便放大、缩小或底跟踪。由于整个测深仪的功能是通过电脑虚拟完成的，所以能够充分利用电脑存储空间存储很长时间的测量结果并回放。

该测深仪具有厘米级高分辨率，可输入地理坐标并兼容 NMEA 格式，可通过 RS232 输出实时的测量数据，输出的数据兼容 Hypack 和 HydroPro 软件系统。它功耗很低，可选择单频或双频工作模式。用户可根据需要，选配 TDU 系列热敏打印机和 GPS。

4.3.2　测试过程

在测量时，测深仪声纳系统安装在舷侧，换能器垂直安装在测船中部略靠近船头处，以尽可能减弱测船航行时产生的气泡和旋涡以及螺旋桨产生的干扰噪声对测深精度的影响。测船航行时，通过不间断查看计算机屏幕中实时显示的水深，确保换能器完全浸没水中，并使其辐射面尽可能与水面平行。声纳系统空间位置采用 GPS（型号：Magellan explorist 200）测量定位，该 GPS 接收机水平精度可达 3～6 m。GPS 接收机安置在测深杆顶部，以保证定位和水深测量点位一致。测船在三岔湖内呈"之"字形前进（图 4-2）。为验证测深数据准确性，利用重力采样仪对测船所经路径进行随机采点测深，共测点 30 处，与相同位置测深仪声纳系统采集数据相比（图 4-3），误差介于 1～2 cm，因此可认为所测数据是准确的。

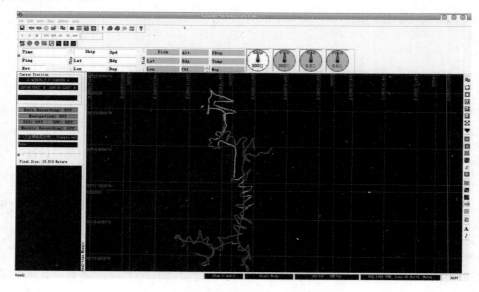

图 4-2　测船在三岔湖的行进线路

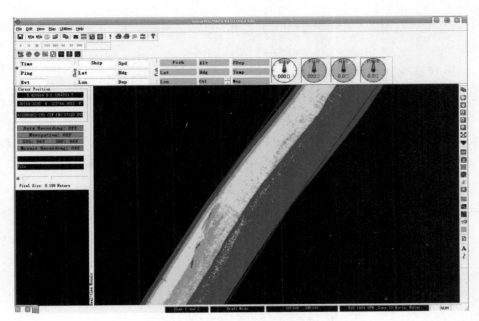

图 4-3　采样线路及沉积物声纳反射

4.4　水样分析方法

现场测定透明度（SD）、溶解氧（DO）、水温和 pH。SD 的测定采用赛氏盘；DO 采用 Hanna-HI9143 型溶氧仪或 YSI26600 型水质仪现场测定，水温可在溶氧仪表盘上自动显示；pH 采用 SHKY E220129 型 pH 复合电极测定。

TN、TP 采用碱性过硫酸钾高温消解后紫外分光光度法和钼酸铵分光光度法测定；氨氮采用纳氏试剂分光光度法；TOC 采用岛津 TOC-V CPN 仪器进行测定；叶绿素用 90% 丙酮提取后分光光度法进行测定（黄祥飞，1999）；水质富营养化的等级评价参照《地表水环境质量标准》（GB 3838—2002）。

4.5　沉积物分析方法

4.5.1　物理指标与基础化学指标

（1）物理指标

① 现场测定沉积物的颜色、气味、pH、氧化还原电位等性状指标，其中沉积物的颜色为肉眼观察，气味为鼻嗅，pH 用 pH 计测定（型号 SDT-300），氧化还原电位

采用便携式 OPR 测定仪（OPR-411 型）测定。含水率用烘箱测定，烧灼率采用马弗炉测定。

② 放射性核素年代测定工作在中国科学院南京地理与湖泊研究所湖泊沉积与环境重点实验室完成。^{137}Cs 和 ^{210}Pb 测定采用 EG&G Ortec 公司生产高纯锗低本底 γ 谱分析系统，标准源及活度标定由中国原子能研究院提供。样品密封于样品瓶 3 周，使其达到放射性平衡，然后分别用 46.5 keV 和 661.6 keV 的 γ 能谱测量 ^{210}Pb 和 ^{137}Cs 的比活度，测量误差小于 5%，采用 CRS（恒定放射性通量模式）法定年（刘恩峰等，2009）。

③ 样品粒度分析在中国科学院南京地理与湖泊研究所湖泊沉积与环境重点实验室完成，分析仪器为英国 MALVERN 公司生产的 Mastersize2000 激光粒度仪，各粒级组分平行分析误差小于 5%。

（2）化学指标

① 样品经冷冻干燥机（型号：Eppendorf 5804R）干燥后，用玻璃棒压散，剔除石砾及动植物残体等杂质，四分法取其 1/4 作实验样品，经玛瑙研钵研细过 200 目尼龙筛后，储于聚乙烯瓶中。

② 重金属元素测定方法：采用 HNO_3-HCl-$HClO_4$ 分解法进行消解，所测样品设 2 个平行样，利用 ICP-AES 法测定沉积物物样中的重金属含量（Pb、Cd、Cu、Zn、Cr、Ni、As），所使用的仪器为 Leeman Labs Profile 多道电感耦合等离子体原子发射光谱仪（ICP-AES），同时各元素加标回收率为 95%～105%，测量分析的相对标准偏差均保持在 10%以内，所有分析结果以沉积物干重计。Hg 的分析利用美国 Teledyne Leeman Labs 生产的 Direct Mercury Analyzer（Hydra-C 型），采用 USEPA（http://www.epa.gov/SW-846/pdfs/7473）的方法进行测定。

③ 总有机碳、总氮和总磷的测定：用岛津 TOC-V CPN 元素分析仪测定总有机碳（TOC），总氮采用碱性过硫酸钾氧化法，总磷采用紫外分光光度计测定法。

4.5.2　沉积物中磷的形态分析

采用连续化学提取法分析磷的形态。

1）Ex-P（交换态磷，正磷酸根）。称取经研磨、45℃烘干的样品各 0.2～0.3 g 沉积物样到 50 mL 离心管中，并各加入 1 mol/L 的 $MgCl_2$ 溶液 30 mL。将上述离心管置入往复式振荡器中振荡 16 h（25℃，250 次/min），后将振荡后的离心管放入离心机中离心 30 min（5 000 r/min）；离心完毕后使用移液枪各取 1 mL 上清液至 10 mL 比色管中，使用去离子水定容至 10 mL，后向比色管中各添加 1 mL 钼锑抗显色剂，显色 30 min 后使用紫外分光光度计测定 Ex-P 含量。

2）Al-P（铝结合态磷）。向提取 Ex-P 后的残渣中各加入 0.5 mol/L 的 NH_4F 溶液（pH 为 8.2 左右）30 mL。将上述离心管置入往复式振荡器中振荡 16 h（25℃，250 次/min），后将振荡后的离心管放入离心机中离心 30 min（5 000 r/min）；离心完毕后使用移液枪各取 1 mL 上清液至 10 mL 比色管中，使用去离子水定容至 10 mL，后向比色管中各添加 1 mL 钼锑抗显色剂，显色 30 min 后使用紫外分光光度计测定 Al-P 含量。

3）Fe-P（铁结合态磷）。向提取 Al-P 后的残渣中各加入 0.1 mol/L NaOH-0.5 mol/L Na_2CO_3 溶液 30 mL。将上述离心管置入往复式振荡器中振荡 16 h（25℃，250 次/min），将振荡后的离心管放入离心机中离心 30 min（5 000 r/min）；离心完毕后使用移液枪各取 1 mL 上清液至 10 mL 比色管中，使用去离子水定容至 10 mL，后向比色管中各添加 1 mL 钼锑抗显色剂，显色 30 min 后使用紫外分光光度计测定 Fe-P 含量。

4）Ca-P（钙结合态磷）。向提取 Fe-P 后的残渣中各加入 1 mol/L HCl 溶液 30 mL。将上述离心管置入往复式振荡器中振荡 16 h（25℃，250 次/min），将振荡后的离心管放入离心机中离心 30 min（5 000 r/min）；离心完毕后使用移液枪各取 1 mL 上清液至 10 mL 比色管中，使用去离子水定容至 10 mL，后向比色管中各添加 1 mL 钼锑抗显色剂，显色 30 min 后使用紫外分光光度计测定 Ca-P 含量。

5）IP（总无机磷）。称取经研磨、45℃烘干的样品各 0.2～0.3 g 沉积物样到 50 mL 离心管中，并各加入 1 mol/L HCl 溶液 30 mL。将上述离心管置入往复式振荡器中振荡 16 h（25℃，250 次/min），将振荡后的离心管放入离心机中离心 30 min（5 000 r/min）；离心完毕后使用移液枪各取 1 mL 上清液至 10 mL 比色管中，使用去离子水定容至 10 mL，后向比色管中各添加 1 mL 钼锑抗显色剂，显色 30 min 后使用紫外分光光度计测定 IP 含量。

6）OP（总有机磷）。将提取 IP 后的残渣转移至 15 mL 坩埚中，后将盛有样品的坩埚置入马弗炉 4 h（450℃），使 OP 经高温加热后转化为 IP。将高温加热后的样品转移至 50 mL 离心管中，并各加入 1 mol/L HCl 溶液 30 mL。将上述离心管置入往复式振荡器中振荡 16 h（25℃，250 次/min），将振荡后的离心管放入离心机中离心 30 min（5 000 r/min）；离心完毕后使用移液枪各取 1 mL 上清液至 10 mL 比色管中，使用去离子水定容至 10 mL，后向比色管中各添加 1 mL 钼锑抗显色剂，显色 30 min 后使用紫外分光光度计测定 OP 含量。

7）TP（总磷）。TP（总磷）为 IP（总无机磷）与 OP（总有机磷）之和。

8）REP（OP）（含有机磷的残态磷）。REP（OP）（含有机磷的残态磷）为总磷减去 Ex-P（交换态磷，正磷酸根）、Al-P（铝结合态磷）、Fe-P（铁结合态磷）以及 Ca-P（钙结合态磷）。

9）REP（残态磷）。REP（残态磷）为总磷减去 OP（总有机磷）、Ex-P（交换态磷，正磷酸根）、Al-P（铝结合态磷）、Fe-P（铁结合态磷）以及 Ca-P（钙结合态磷）。

4.6　数据处理

（1）反距离加权插值法

利用 GIS 中的 ArcGIS 将采样的点位坐标和评价区域的边界坐标加载到图层中，利用 Geostatistical Analyst 工具中的反距离加权插值将采样的单个点位的质量评价转换为整个评价区域的环境质量的评价。具体工作内容如下：

第一步：空间化

根据这 30 个样点的坐标对其进行空间化并进行编码，在其属性库中加入各样点相应的各元素含量，建成样点元素含量空间数据库。

第二步：空间插值

本研究利用反距离加权的方法对区域内不同元素的含量进行空间插值，即两个点离得越近，它们性质越相似，离得越远，相似性就越小。根据插值点与样本点间的距离为权重进行加权平均，离插值点越近的样本点赋予的权重就越大。其一般公式为

$$Z(S_0) = \sum_{i=1}^{n} \lambda_i Z(S_i)$$

式中，　$Z(S_0)$——S_0 处的预测值；

　　　　n——预测计算过程中要使用的预测点周围样点的数量；

　　　　λ_i——预测计算过程中使用的各样点的权重；

　　　　$Z(S_i)$——在 S_i 处获得的测量值。

权重的计算公式为

$$\lambda_i = d_{i0}^{-p} / \sum_{i=1}^{n} d_{i0}^{-p} \qquad \sum_{i=1}^{n} \lambda_i = 1$$

式中，p——指数值；

　　　　d_{i0}——预测点 S_0 与各已知样点 S_i 之间的距离。

（2）数理统计方法

实验数据的统计计算均采用 SPSS 统计软件包（SPSS 公司，版本 13.0）进行，各种数据的相关性分析则采用 Pearson 相关系数的双尾检验进行。

第 5 章

三岔湖沉积物特征及其与人类活动的关系

5.1 三岔湖沉积物分布与人类活动

5.1.1 三岔湖沉积物分布与蓄积量

根据 HydroBox^{TM} 精密水下回声测深仪（图 5-1）和人工采样的监测结果，利用 Geostatistical Analyst 工具中的反距离加权插值法绘制出三岔湖沉积物厚度分布图（见图 5-2 和表 5-1）。

三岔湖沉积物总的分布特征为：全湖沉积物厚度分布不均匀，最厚处沉积物厚度可达 0.46 m，主要位于湖区中西部。湖区北部、东部和南部湖泊边缘处泥层较浅，最浅处不足 5 cm。

三岔湖沉积物平均厚度为 0.26 m，沉积物蓄积量为 7.29×10^6 m^3，其中泥厚小于 0.1 m 的淤泥体积占全湖淤泥总量的 1.5%；泥厚大于 0.1 m 且小于 0.2 m 的淤泥体积占全湖淤泥总量的 7.5%；泥厚大于 0.2 m 且小于 0.3 m 的淤泥体积占全湖淤泥总量的 28.4%；泥厚大于 0.3 m 且小于 0.4 m 的淤泥体积占全湖淤泥总量的 48.3%；泥厚大于 0.4 m 的淤泥体积占全湖淤泥总量的 14.3%。这一统计结果表明，三岔湖沉积物赋存主要分布在泥厚大于 0.2 m 且小于 0.4 m 的区域内，即 70.8% 的三岔湖沉积物厚度为 0.2～0.4 m，这部分沉积物蓄积量占三岔湖总蓄积量的 76.7%（表 5-1）。

表 5-1   三岔湖不同厚度沉积物面积及蓄积量统计

项目	泥厚≤0.1 m	0.1 m<泥厚 ≤0.2 m	0.2 m<泥厚 ≤0.3 m	0.3 m<泥厚 ≤0.4 m	泥厚>0.4 m	总计
泥区面积/km^2	1.5	4.0	8.7	10.4	2.4	27
占三岔湖面积/%	5.5	14.7	32.4	38.4	9.0	100

项目	泥厚≤0.1 m	0.1 m<泥厚≤0.2 m	0.2 m<泥厚≤0.3 m	0.3 m<泥厚≤0.4 m	泥厚>0.4 m	总计
平均泥厚/m	0.07	0.14	0.24	0.34	0.43	0.26*
蓄积量/10^6 m³	0.12	0.54	2.07	3.52	1.04	7.29
占三岔湖蓄积量/%	1.5	7.5	28.4	48.3	14.3	100

*此数据为不同厚度沉积物平均泥厚的平均值。

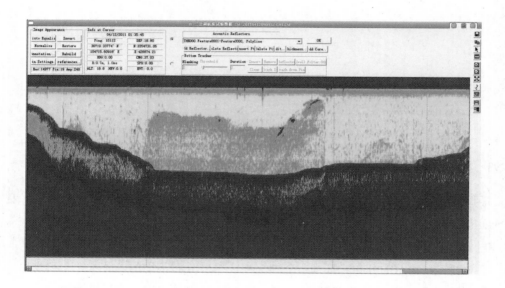

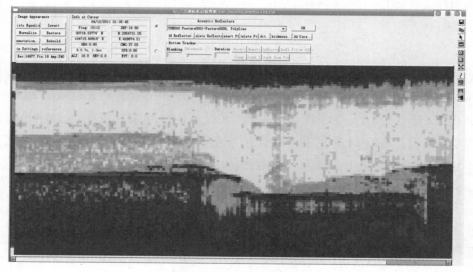

图 5-1   沉积物声纳反射

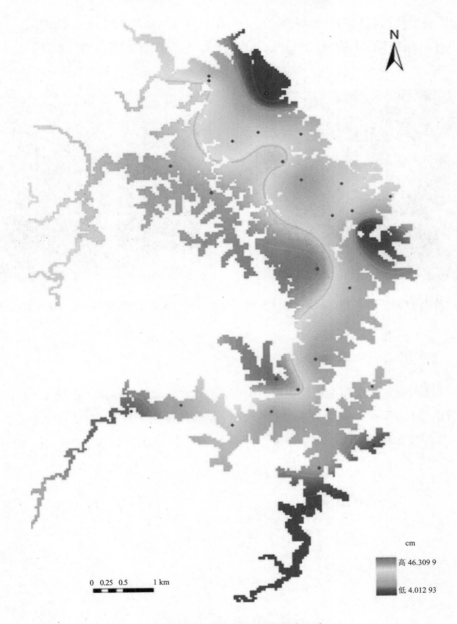

图 5-2　三岔湖沉积物厚度分布

5.1.2　三岔湖表层沉积物物理性状

5.1.2.1　颜色与气味

所有沉积物样品，除东风渠北干渠入三岔湖处的沉积物颜色呈黄褐色，无特殊气味外，其他所有点位的沉积物颜色均为黑色，有恶臭气味。沉积物经冷冻干燥后，呈黄褐色。0～10 cm 深度的沉积物经研磨后过 100 目筛后，显示出含有大量的纤维状有机质（图5-3、图 5-4）。

图5-3　冷冻干燥后的沉积物（深度 5～6 cm）　　图5-4　研磨后的沉积物（右为过 100 目筛后）

5.1.2.2　含水率和烧灼率

测定结果表明，三岔湖沉积物表层（0～5 cm）的平均含水率最高，为 78%～87%，为黑色淤泥，呈流塑状，富含有机质；5～25 cm 的沉积物仍保持在 72%～78% 这一较高的水平上；25～35 cm 段，含水率显著下降至 60%；而至底部含水率降至 50% 左右（图 5-5）。

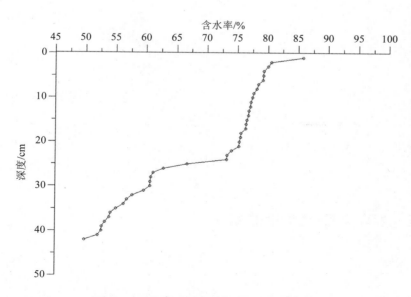

图 5-5　三岔湖不同深度沉积物含水量变化

经测定，沉积物的烧灼率平均值为 13.3%，说明沉积物中含有大量的有机物。含有大量有机物的沉积物会分解消耗溶解氧，使底层水处于厌氧环境，水质恶化，而且还可能产生氨和硫化氢等有毒气体。

5.1.2.3　pH 值

pH 值是沉积物的重要性质，它直接影响底质磷的释放，以及铁、锰的赋存形态。在低 pH 时，底质磷容易释放，在这种情况下，铁磷会释放，铁以亚价溶出，使湖水铁含量增加。而高 pH 时，底质磷的释放比较困难。经测定，三岔湖沉积物以微碱性为主，最大 pH 为 8.3，最小 pH 为 7.3（图 5-6）。在此酸碱条件下，底质中的铁磷不容易释放出来。

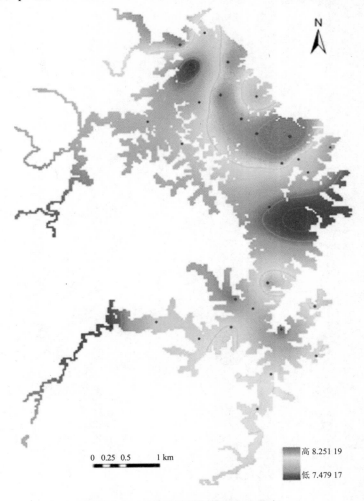

图 5-6　三岔湖表层沉积物 pH 分布

5.1.2.4 氧化还原电位

氧化还原电位是多种氧化物与还原物质发生氧化还原反应的综合结果，能够帮助了解物体的电化学特征，深入分析样品的性质，是一项综合性指标。现场用便携式 OPR 测定仪（OPR-411 型）对沉积物的氧化还原电位进行测定。除东风渠、北干渠入三岔湖处的沉积物氧化还原电位为 30 mV 以外，其余各点处的氧化还原电位为−239～−54 mV（图 5-7）。东风渠北干渠入三岔湖处三岔湖来水的入水口，水浅且水流较急，水体中溶解氧含量高，且此处无网箱养鱼、生活污染物等沉积物来源，主要的沉积物来源是东风渠流域内水土流失物。而其余各处呈强还原环境，显示沉积物中不含或含极微量游离氧和其他强氧化剂，而富含大量有机残体等还原性物质。

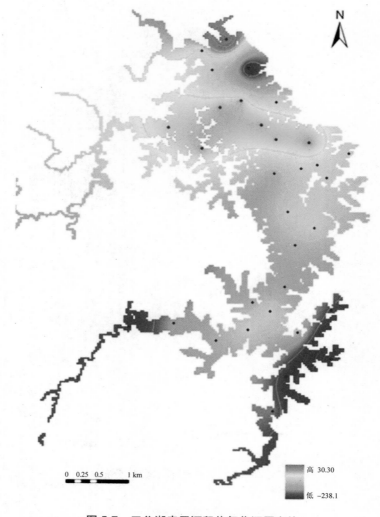

高 30.30
低 −238.1

0 0.25 0.5 1 km

图 5-7　三岔湖表层沉积物氧化还原电位

5.1.3 柱状样品的物理性状与时间序列

5.1.3.1 年代序列和沉积速率

^{137}Cs 是一种人工核素（Appleby，1995）。在本次取样中 ^{137}Cs 的第 1 个峰值（21.91 g/cm^2）在深 38 cm 处首次出现，推测为 1963 年的大气人工核素峰值。根据 ^{210}Pb 测量计算结果（Appleby et al.，1978），结合 ^{137}Cs 时标，采用恒定放射性通量模式（Constant Rate of Suplly，CRS）建立三岔湖沉积物年代序列（Appleby et al.，1992）（图 5-8）。样品底部为 1949 年，31 cm 处约为建库年代的 1977 年，25 cm 处为 1990 年，18 cm 处为 2000 年，12 cm 处为 2005 年，样品顶部为 2010 年。^{137}Cs 在 25～18 cm（1990—2000 年）及 12 cm（2005 年前后）呈现异常高值。这一结果与 ^{210}Pb 的分布特征相一致，在 25～18 cm（1990—2000 年）及 12 cm（2005 年前后）呈现异常高值。

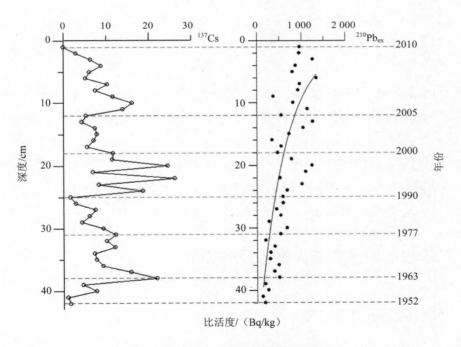

图 5-8 PP1 孔放射性核素随深度分布

^{210}Pb$_{ex}$ 比活度随深度并不呈指数衰减，表明沉积物沉积速率随时间发生变化。三岔湖的沉积速率为 0.24～4.67 cm/a，质量累积速率为 0.12～0.67 g/（cm^2·a）。从 1977 年建库以来，三岔湖的沉积速率逐渐增大，在 2009 年达到最顶峰（4.67 cm/a）（图 5-9）。

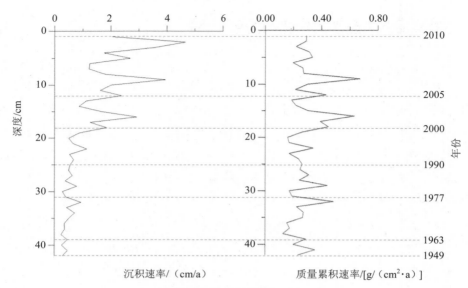

图 5-9   沉积速率和质量累积速率

5.1.3.2   粒度组成

在 1985 年以前（24 cm 以下），三岔湖沉积物的粒度组成以泥质颗粒为主；1985—2000 年（24～18 cm）出现了一次粒度组成变化，泥质颗粒减少，砂级颗粒增加，1988 年（22 cm 处）砂级颗粒含量达到最大，大于 64 μm 颗粒达到 44.9%，32～64 μm 颗粒占 12.7%；随后泥质颗粒逐渐增加。2000—2009 年（18～2 cm）又出现了一次粒度组成变化，泥质颗粒减少，砂级颗粒增加，2005 年（12 cm 处）砂级颗粒含量达到最大，特别是大于 64 μm 颗粒达到 69.3%（图 5-10）。

5.2   沉积物沉积速率与人类活动的关系

5.2.1   沉积物沉积速率定义

沉积速率是指沉积物对可容空间充填的速度。用某一期间净沉积作用的平均值表示，单位为 cm/a。沉积速率与可容空间增长速率之间的相对关系控制着沉积水体深度和准层序组的叠置方式，可容空间增长速率小于沉积物沉积速率时，沉积物向盆进积，沉积水体深度变浅；可容空间增长速率大于沉积物沉积速率时，沉积物向陆退积，沉积水体深度变大；可容空间增长速率与沉积物沉积速率相当时，沉积物向上加积，沉积水体深度也基本保持稳定。

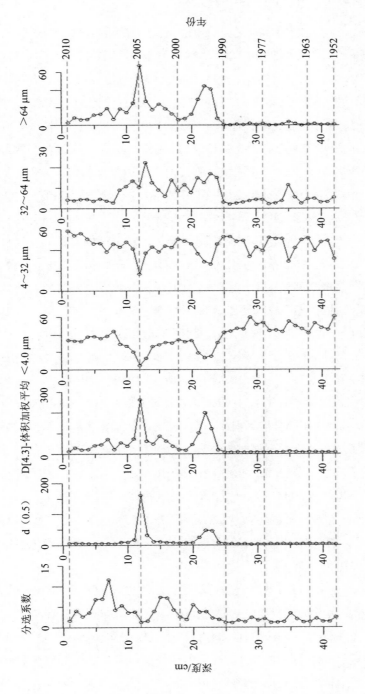

图 5-10 沉积物粒度组成

5.2.2　沉积物沉积速率与人类活动的关系

1977 年以前，三岔湖水库尚未建成，该区域处于自然状态，绛溪河携带的泥沙少，沉积物的沉积速率低，约在 0.8 cm/a 以下。1977 年建库以前绛溪河流域工农业生产不发达，入河的污染物少，据估算磷只有 0.9 t/a、氮为 14 t/a。

1977 年建库后，由于水库对入湖径流与泥沙量起到一定的调蓄作用，使得 1977—1980 年三岔湖保持相对较低的沉积速率。1980 年以后三岔湖沉积速率逐渐加大，与人类活动强度增大有关。1978 年中国改革开放后农业快速发展，农田较高的垦殖率及毁林开荒等导致水土流失量加大，造成了水库的沉积物沉积速度加快。

三岔湖沉积物的另一个重要来源是网箱养鱼。在养殖过程中只有 10% 的氮和 7% 的磷被利用，其他都以各种形式进入环境中，大部分沉积下来（Funge et al.，1998）。三岔湖从 20 世纪 80 年代末至 90 年代初开始网箱养鱼，从最初的网箱面积 1 000 m^2，扩大到 2005 年的最高峰 255 300 m^2，在 2005 年以后三岔湖开始限制网箱养鱼，并在 2009 年年底全面取缔。在饲喂网箱鱼的过程中，每天须大量投入颗粒饲料，前期还需投喂微粒饲料。由于我国饲料普遍存在悬浮性和保形性较差的缺点，致使至少有 10% 的饲料粉末（张善忠，2000）沉入库底，这使三岔湖沉积物沉积速率快速增加。

近 50 年来，三岔湖的平均沉积速率为 1.23 cm/a，质量累积速率平均为 0.28 g/（cm^2·a），在 1996 年和 2009 年都出现了一个相对异常高值（图 5-9），分别对应于 1995 年年底至 1996 年和 2009 年发生的泛库事件。1996 年的平均沉积速率为 1.9 cm/a，质量累积速率为 0.45 g/（cm^2·a）；2009 年的平均沉积速率为 4.67 cm/a，质量累积速率为 0.29 g/（cm^2·a）。沉积速率变大可能是发生泛库事件时大量死亡的鱼产生腐屑等导致。

网箱养鱼泛库是指在网箱养鱼过程中由于极度缺氧，网箱鱼在极短时间内大量窒息死亡的现象（张善忠，2000）。首先是水体中成团成串的气泡间隙性上涌、上翻，与此同时，上升到水表面的是一些黑色成块成团的絮状物质和淤泥。水表面可以闻到 H$_2$S 等刺鼻的臭味。黑色物质很快覆盖网箱箱体表面和水表面，水体透明度迅速下降，变得浑浊，水色很快变成黑色甚至墨黑色。

1995 年 11 月 11—13 日三岔湖透明度很低，所测 13 个采样点有 10 个采样点透明度在 40cm 以内，均值为 38cm。在 13 个采样点中，有 8 个样点水呈墨黑色，其余各点均为黑色。水体表面浮有大量絮状残渣，11 日清晨还能闻到 H$_2$S 刺激性异臭味。伴随着黑色物质上翻，有毒气体上涌的同时，网箱内鱼开始浮头，鱼类分泌大量黏液，与上翻的碎块黏结，在箱体和水表面形成覆膜，30 min 左右即开始大量死鱼，死亡的个体鳃丝附有大量黏液、黑色残渣和淤泥，清洗后鳃丝发紫，从浮头到死鱼的时间极短，一般在 30 min 左右，死亡数量大，同时水体出现富营养化现象。COD$_{Cr}$ 值全年出现 2 个峰值，

1996 年 6 月达到 59 mg/L，10 月达到 91 mg/L（张善忠，2000）。

2009 年 6 月 15 日，当地气温发生突然变化，最低气温 17℃，最高气温 29℃，温差达到了 12℃，从而引起了水底淤泥翻覆现象，水底的饵料等废物被翻了上来，形成了泛库现象，死鱼上百万斤（张守帅，2009）。

5.3　三岔湖沉积物中磷的形态特征及其与人类活动的关系

5.3.1　湖泊沉积物中磷赋存形态

一般而言，元素的生物有效性与其形态密切相关。磷（P）是水体浮游藻类异常增殖并造成湖泊水体富营养化的重要控制因子（金相灿，2001），沉积物中能参与界面交换及生物可利用的磷含量取决于沉积物中磷的形态（Holtan et al.，1988），沉积物中的磷在一定条件下可能是湖泊重要的营养物来源（Ruban et al.，1999）。因此对沉积物中磷形态的研究具有重要意义。

由于湖泊沉积物中的磷主要来自上覆水体中含磷颗粒的沉降和吸附作用，因此，在沉积过程中，磷与各种黏土矿物、铁锰氧化物、铝盐、各种钙盐等矿物相结合，加之各种陆源及生物来源的有机磷，形成了沉积物中的种种磷形态。一般而言，沉积物中的总磷（TP）可分为无机磷（IP）和有机磷（OP）。无机磷又分为可溶性无机磷和难溶性无机磷，可溶性无机磷包括铝结合态磷（Al-P）、铁结合态磷（Fe-P）和钙结合态磷（Ca-P）等，难溶性无机磷主要是闭蓄态磷酸盐，这部分磷被包裹在铁铝氧化物膜内。为了揭示沉积物磷的形态转化及迁移过程，首先要搞清其赋存形态。磷形态分级分离是弄清沉积物磷形态及迁移的一个重要手段（Ruban et al.，1999；Golterman，2004）。化学连续提取法是一种十分有效的手段，它利用不同性质的化学提取能力，反映了不同的溶解性、氧化还原特性以及酸碱等理化特性。

不同形态磷的分析一般采用各种化学提取剂经分步或者连续提取的方法得到，由于使用的提取剂的不同，各种磷形态因而获得了不同的生物地球化学意义，对湖泊水土界面磷循环作用也就不同。本次研究对磷的分离提取方法详见 4.5 节。

5.3.1.1　三岔湖表层沉积物中磷的形态分布特征

本研究开展时三岔湖水体主要功能有供水、渔业、旅游、农业灌溉等。根据 2008—2010 年三岔湖不同湖区水体的利用情况及与周边的自然和社会经济状况，将三岔湖划分为五个区，分别为水库主要来水[都江堰（南干渠）]区域（A）、网箱养鱼高度集中区（B）、接纳生活污水较多区域（C）、大湖围栏养殖相对集中区（D）、接纳农业径流较多区域

（E）（图 4-1）。三岔湖的主要来水为 7—9 月北部都江堰南干渠，占三岔湖入湖总水量的
80%，另有 20%左右来自天然降雨和西南部的两条小溪（跳蹬河和龙云河），水库的出
水在三岔湖的东北方向，经人工控制或排入绛溪河，或进入灌溉渠（图 4-1）。由于三岔
湖入水口和出水口相距较近（只有约 2.5 km），因此占三岔湖入湖总水量 80%的都江堰
南干渠的来水入三岔湖后大部分仅经 A 区和 B 区就直接排入沱江，这一区域水库的平
均深度超过 15 m，水流湍急，水流多为湍流。从库尾跳蹬河和龙云河流入三岔湖的径流
经过 E 区、D 区和 C 区排入沱江，流程长，这一区域水库的平均深度小于 10 m，水流
缓慢，水流以层流为主。

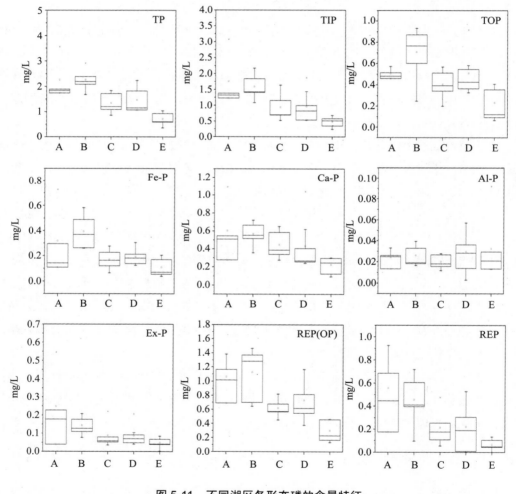

图 5-11　不同湖区各形态磷的含量特征

　　图 5-11 为不同形态的磷在各个湖区的含量分布特征。三岔湖沉积物中的磷的分布
具有明显的差异性，这种差异性表现为不同形态的磷含量具有差异性以及不同湖区的磷

含量具有差异性。全湖 TP 含量为 0.363～3.557 mg/g，平均值为 1.566 mg/g（SD=0.733），其中最大值出现在位于三岔湖大坝附近 A 区的 1 号采样点，最小值出现在位于库尾处 E 区的 2 号采样点。就全湖水平来看，位于北部的 A、B 两个湖区的含量较高，几乎为平均值的 1.5 倍，而位于南部的 E 湖区含量相对较低，不到平均值的 50%。在不同的湖区不同形态磷的含量分布排序如下：TIP，A＞B＞D＞C＞E；TOP，B＞D＞A＞C＞E；Fe-P，B＞A＞D＞C＞E；Ca-P，A＞B＞C＞D＞E；Al-P，E＞D＞B＞A＞C；Ex-P，A＞B＞C＞D＞E；REP（OP），B＞A＞D＞C＞E；REP，A＞B＞D＞C＞E。

从磷的形态来看，三岔湖中的磷主要以无机磷为主，占总磷的 70%，有机磷只占 30%，这和其他一些浅水湖泊沉积物中磷的形态特征相似（Eu et al.，2009；吴艳宏等，2006），但是有机磷的比例要低于这些湖泊（Anneli et al.，1997）。其中 A 区的有机磷含量最低，占总磷的 22%，而 D 区的有机磷含量最高，占总磷的 34.55%（表 5-2）。

表 5-2　不同湖区磷所占的形态比例　　　　　　单位：%

湖区	无机态-有机态		不同提取态					
	TIP	TOP	Ca-P	Fe-P	Al-P	Ex-P	REP（OP）	REP
A	77.62	22.38	26.81	14.09	1.07	10.97	47.06	24.68
B	70.38	29.62	25.16	17.46	1.14	6.40	49.82	20.21
C	70.07	29.93	33.28	12.68	1.50	6.678	45.89	15.94
D	65.45	34.55	29.34	13.06	1.99	5.94	49.66	15.11
E	67.51	32.49	31.46	15.16	4.52	6.90	41.93	9.47
全湖	70.23	29.77	28.37	14.72	1.72	7.28	47.90	18.13

从磷的各提取态来看，三岔湖中的磷有将近 50% 为残渣态磷（含有机磷），平均为 47.90%。其他 4 种可提取态 Ex-P、Fe-P、Al-P 和 Ca-P 中，Ca-P 所占比例最大，占总磷的 28.37%，其次为 Fe-P，占总磷的 14.72%，Ex-P 和 Al-P 的比例较低，分别占总磷的 7.28% 和 1.72%。通常 Ex-P、Fe-P、Al-P 被认为是潜在的活性磷，在一定条件下可以被生物所利用（Andriedx et al.，1997）。在三岔湖中，这三种潜在的活性磷含量为 0.371 mg/g，占总磷的 23.69%，可见三岔湖沉积物中磷的形态以不可交换的磷为主。

5.3.1.2　三岔湖沉积物磷形态的垂向分布特征

三岔湖沉积物中总磷（TP）浓度的垂向分布可以分为三段：从底部（1949 年）至 31 cm（1977 年），总磷（TP）浓度保持稳定（0.6～1.1 mg/g）；从 31 cm（1977 年）开始缓慢增加，至 25 cm 左右（1990 年）浓度增长幅度迅速加大直至 22 cm 前后达到顶峰（9.3 mg/g），然后浓度开始下降；至 18 cm（2000 年）左右又开始迅速增加，至 12 cm

（2005 年）浓度达到最高值（16.9 mg/g），然后逐步下降：9 cm 处浓度为 6.6 mg/g；8 cm 处浓度为 3.6 mg/g，表层浓度稳定在 1.5 mg/g（图 5-12）。

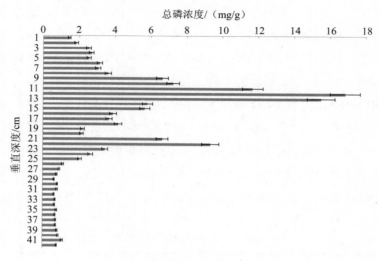

图 5-12   沉积物柱状样总磷的分布

三岔湖沉积物中总有机磷的垂向分布与总磷不同，25 cm 以上总体高于 25 cm 以下：从底部（1949 年）至 26 cm，总有机磷（OP）浓度基本保持稳定、变化幅度不大（0.2～0.6 mg/g）；从 25 cm（1990 年）至 3 cm 总体上浓度呈增加的态势，除 18 cm（2000 年）的异常高值（2.3 mg/g）外，变动幅度在 0.7～1.5 mg/g；2 cm 至表层（2010 年）浓度下降至 0.5～0.6 mg/g（图 5-13）。

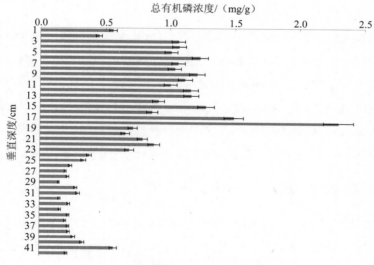

图 5-13   沉积物柱状样总有机磷的分布

三岔湖沉积物中钙结合态磷（Ca-P）的垂向分布和总磷的变化很相似，两个浓度峰值分别出现在 22 cm（1.6 mg/g）和 12 cm（2005 年，3.2 mg/g），后者浓度约是前者的两倍，是底部（1949 年，0.3 mg/g）的 10 倍，是表层（2010 年，0.1 mg/g）的 30 倍（图 5-14）。

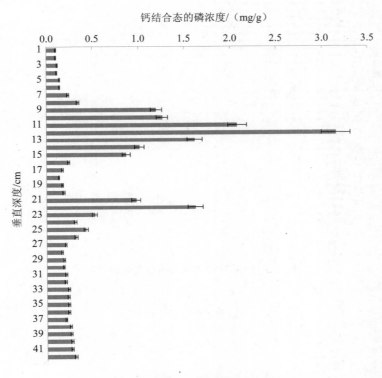

图 5-14　沉积物柱状样钙结合态磷的分布

三岔湖沉积物中铁结合态磷（Fe-P）的垂向分布和总有机磷相似，从底部（1949 年）至 26 cm，铁结合态磷（Fe-P）浓度基本保持稳定、变化幅度不大（0.1～0.2 mg/g）；从 25 cm（1990 年）至 12 cm（2005 年），铁结合态磷（Fe-P）浓度呈波动变化：22 cm 时浓度达到 1.5 mg/g、16 cm 时浓度达到 1.3 mg/g、13 cm 时浓度达到 1.1 mg/g；在 11 cm 至表层（2010 年）铁结合态磷（Fe-P）稳定在 0.2～0.6 mg/g（图 5-15）。

交换态的磷（Ex-P）的垂向分布与总磷相似，从底部至 24 cm，交换态的磷（Ex-P）浓度基本保持稳定（0.1 mg/g 左右），从 23 cm（0.2 mg/g）、22 cm（0.4 mg/g），浓度迅速增加到 21 cm 的 1.3 mg/g（第一个峰值）；第二个峰值出现在 12 cm，交换态的磷（Ex-P）浓度高达 5.3 mg/g，而在 20～14 cm 和 10～1 cm，交换态的磷（Ex-P）浓度分别稳定为 0.1～0.4 mg/g 和 0.6～0.1 mg/g（图 5-16）。

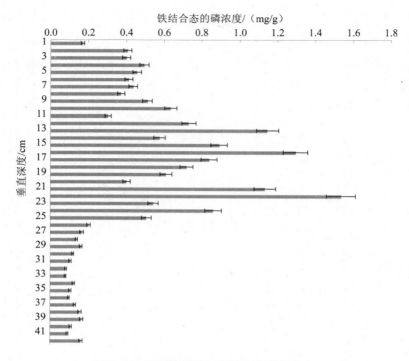

图 5-15　沉积物柱状样铁结合态磷的分布

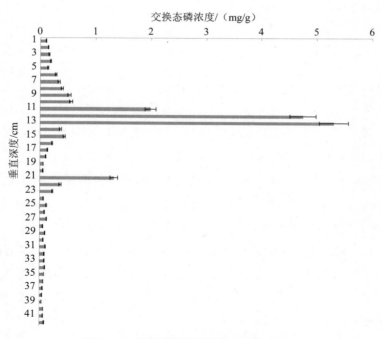

图 5-16　沉积物柱状样交换态磷的分布

三岔湖沉积物中铝结合态磷（Al-P）的垂向分布与总有机磷正好相反，25 cm 以下总体高于 25 cm 以上：从底部至 26 cm，铝结合态磷（Al-P）含量相对较高，平均值达到 0.02 mg/g，其中 31 cm 铝结合态磷（Al-P）达到了 0.04 mg/g；从 24～8 cm，铝结合态磷（Al-P）浓度在 0.001～0.006 mg/g 变化，平均值仅为 0.003 mg/g：从 7～3 cm 铝结合态磷（Al-P）又有一个变大的趋势（0.012～0.06 mg/g），在表层 2～1 cm 浓度稳定在 0.03 mg/g（图 5-17）。

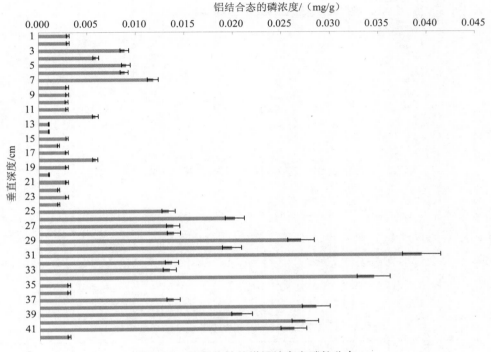

图 5-17　沉积物柱状样铝结合态磷的分布

残渣态磷（RES-P）的垂向分布与总磷的分布相似，出现了两个峰值：从底部至 26 cm，残渣态磷（RES-P）浓度基本保持稳定（0.01～0.2 mg/g），25 cm（1990 年）至 21 cm 残渣态磷浓度迅速增加（0.6～2.4 mg/g），浓度最高值出现在 22 cm（4.9 mg/g）；第二个浓度峰值出现在 12 cm（2005 年），残渣态磷（RES-P）浓度高达 7.0 mg/g，而在 20～14 cm 和 10 cm 至表层，残渣态磷（RES-P）浓度分别稳定在 0.7～2.9 mg/g 和 2.9～0.5 mg/g（图 5-18）。

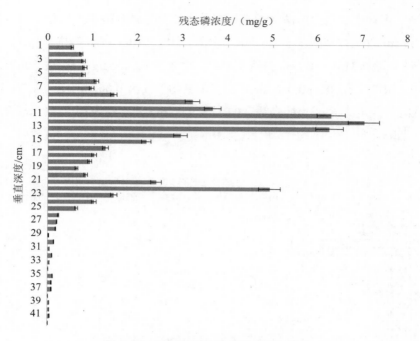

图 5-18   沉积物柱状样残渣态磷的分布

从总体平均值来看，沉积物柱状样中不同组分的大小排序如下：总有机磷＞残态磷＞钙结合态磷＞铁结合态磷＞交换态磷＞铝结合态磷。其中残态磷的方差最大达1.05，其最大含量达到53.91%，而最小含量为1.45%；铝结合态磷的方差最小，仅为0.009，其最大含量为1.07%，而最小含量仅为0.01%（表5-3）。

表 5-3   沉积物柱状样不同深度磷的组成的数理统计

	总有机磷	钙结合态磷	铁结合态磷	铝结合态磷	交换态磷	残态磷
平均值	27.52%	18.83%	16.41%	1.07%	9.45%	26.71%
最小值	6.90%	3.18%	2.60%	0.01%	2.41%	1.45%
最大值	54.90%	39.91%	33.32%	5.18%	34.27%	53.91%
方差	0.55	0.505	0.185	0.009	0.17	1.05

柱状样磷的组成可以分为两段：从底部到 26 cm 总有机磷、钙结合态磷的含量保持稳定，占磷的 50%以上，而且由下至上残态磷由小变大，从最底部的 1.45%增加到 22 cm 处的 22%左右；从 25 cm 到表层有机磷和残态磷占磷组分的 50%以上，而且有机磷和残态磷呈相反的变化趋势，即有机磷组分增加时残态磷所占百分含量减少，反之当有机磷所占百分含量减少时，残态磷组分增加。这其中又可以划分为两段：从 25～13 cm，有机磷和残态磷波动变化，铁结合态磷的含量相对较高，平均达到 19.6%；从 12 cm 至表

层总有机磷含量增大、铁结合态磷含量增大而残态磷由大变小。

5.3.2　三岔湖沉积物磷形态与人类活动的关系

5.3.2.1　人类活动是沉积物中磷的主要来源

从本区域的元素地球化学背景来看，本区域无明显富集元素（Zhu et al.，2004；Zeng，2005）。沉积物是湖泊流域环境事件忠实的记录者，在图 5-19 中上部和中部的磷远高于底层，说明三岔湖沉积物中的磷有特殊来源，即工业、农业、旅游业等人类活动。环境中的磷进入沉积物后并不只是简单地累积富集，而是随着氧化还原等环境条件的改变，磷的各种形态也相应地发生一系列转化（Cha et al.，2005）。由于其物质来源组成、水动力环境、生物化学条件等的不同，使磷的含量在垂向变化上产生波动，从而反映了区域环境的变化。沉积物中磷在 12 cm 和 22 cm 处各出现一个高值，这主要是物质来源变化所致。

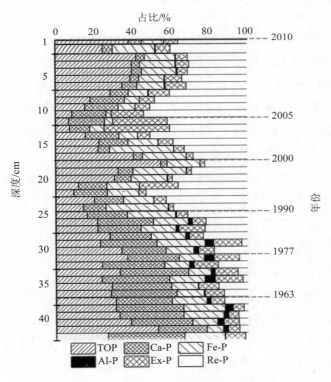

图 5-19　沉积物柱状样不同深度磷的组成

根据年代分析，1990 年以前，TP 的含量变化不大，说明受人为活动影响较小；而在 1990 年之后，磷的污染迅速增加，这与三岔湖周边经济迅速发展有关：1978 年三岔湖流域内国民生产值约为 1 000 万元，几乎全部为农业产值；1990 年的总产值达到

3 682.7 万元，其中工业产值为 70.7 万元，农业产值为 1 844.2 万元，旅游收入为 73.4 万元，其他收入为 1 694.4 万元；2009 年总产值达到了 56 282 万元，是 1990 年的 15.3 倍，其中农业产值 45 379 万元，工业产值 167 万元，第三产业为 10 736 万元，第三产业中旅游业产值约占 50%，即 5 000 万元。工业、农业、旅游业等行业在迅速发展的过程中将大量的磷排入湖中，使沉积物中的磷含量迅速增加。2005 年之后，由于国家政策的影响，公众环保意识增强，污染得到一定治理，沉积物中的 TP 含量开始下降，但是仍然没有恢复到原始水平。

从沉积物中不同形态磷比例随深度变化图中可以看出（图 5-19），不同形态磷在不同深度处所占的比例也有较大的差异。TOP 的含量随深度不同，在 0～12 cm 越至表层 TOP 含量越高，说明最近几年，三岔湖中的有机磷污染不断增加。从 12 cm 到 22 cm，TOP 的含量出现一个先增大又减小的趋势，到 18 cm 时达到最大，占 TP 的 54.9%，而到 22 cm 以下，TOP 的含量稳步增加。TOP 含量受沉积物类型的影响，高的沉积速率及黏土含量是 TOP 丰富的原因（Andrieux，1997），但是在现代沉积物中，TOP 含量的增加与一些现代洗涤剂、洗衣粉等的大量使用有关系（Ryding，1992）。

Ca-P 含量总体上表现为随着深度的增加不断地增加。Ca-P 一般来源于生物骨骼碎屑、碳酸钙结合磷以及磷灰石等其他无机磷（Zanini et al.，1998；Søndergaard et al.，1996），它在通常情况下不易被分解和利用，只有在沉积物的物理化学性质发生强烈变化的情况下（如 pH、氧化还原电位下降）才能被释放。所以，随着深度的增加，沉积物的矿化作用加强，这种矿化态的磷含量也相应增加。

Ex-P、Fe-P、Al-P 都表现为在 25 cm 以下占总磷的比例较高，而在表层沉积物中（25 cm 以上）所占比例相对较低。造成这种分布的主要原因可能是和上覆水中的交换作用相对较为强烈。由于这三种形态的磷为活性磷，能够通过孔隙水和上覆水进行交换作用，所以通过这种交换释放作用，表层沉积物中的活性磷比例相对较低，这在其他湖泊的研究中也有发现（Peter，1981）。

交换态的磷在三岔湖表层的含量不是最高的，而是随着沉积物深度的增加，Ex-P 含量增加，有两个相对的峰值：11～12 cm 处（4.8～5.3 mg/g）和 21 cm 处（1.3 mg/g）。但是在沉积物的下部（42～32 cm），Ex-P 含量仍然处于一个较低的水平，低于表层。究其原因有二：一是三岔湖是一个深水湖泊，垂直柱状沉积物样的采样点处水深达 30 m，且位于水库的死水库区，水流缓慢，泥-水界面处于一个强的还原环境，磷在沉积物和上覆水体之间的迁移转化活动弱；二是依照 ^{210}Pb 定年的方法，12 cm 和 21 cm 对应的年代分别是 2005 年和 1996 年前后，这两年的大量降雨（1996 年 7 月和 2005 年 8 月降雨分别达到了 136.6 mm 和 145.4 mm，最大日降雨量均达到了 50 mm 以上）夹带大量的含磷污染物（生活污水、网箱养鱼产生）入湖，使沉积物中磷的含量增加。

5.3.2.2　沉积物不同形态磷与人类活动关系

三岔湖 A 区中磷的含量相对较高，这主要与外源输入有关。三岔湖的主要来水为 7—9 月北部都江堰东风渠南干渠，占三岔湖入湖总水量的 80%（图 4-1）（Yang，1996）。东风渠来水带来的磷是三岔湖的主要污染源之一，COD_{Cr} 约 799.2 t/a、总氮 159.4 t/a、总磷 3.65 t/a。东风渠的水进入三岔湖后流速缓慢，磷随着水中的悬浮物沉积，使沉积物中磷的含量增高。

三岔湖沉积物中磷主要来源于网箱养鱼，这是三岔湖沉积物中的磷以无机磷为主的原因。网箱养鱼特别集中区域（B 区）沉积物呈现明显的 P 累积现象。B 区的 TP、TIP、TOP、Ca-P、Fe-P、Ex-P、REP（OP）和 REP 分别为 2.3 mg/g、1.6 mg/g、0.7 mg/g、0.6 mg/g、0.4 mg/g、0.15 mg/g、1.1 mg/g 以及 0.5 mg/g，均高于全湖的平均值（分别为 1.6 mg/g、1.1 mg/g、0.5 mg/g、0.4 mg/g、0.2 mg/g、0.11 mg/g、0.8 mg/g 和 0.3 mg/g）。网箱养鱼是一种精养或半精养的养殖模式，养殖过程中产生大量的残饵、排泄物和粪便等进入水体后，除部分在湖水中被氧化为浮游生物可利用的可溶态磷外，绝大部分最终进入沉积物中累积下来，使网箱区沉积物中的 P 远高于无大量外源磷的对照点。三岔湖鱼网箱养鱼（投饵）区的沉积物的 Fe-P/Ca-P 比比邻近的非网箱养鱼区沉积物的 Fe-P/Ca-P 比高。在区域分布上，对于 TP、TOP、Fe-P、Al-P 以及 REP（OP），均是 B＞A＞D＞C＞E，而对于 TIP、Ca-P、Ex-P 以及 REP，是 A＞B＞D＞C＞E，且 B 区中的磷远高于 C 区、D 区和 E 区（图 5-11）。

养殖时间越长，沉积物中磷的累积越明显，停养后沉积物中磷含量的下降是一个相当长的过程。累积于网箱底部沉积物中的残饵、排泄物和粪便等有机物质，由于上覆水体含有较多的溶解氧，矿化后转为无机态磷，在一定的氧化还原条件温度、水动力和生物扰动的作用下，在沉积物水界面发生迁移转化和扩散，一部分磷再释放到上覆水中，沉积物中的磷相应减少。但相对于沉积物中磷的总量来说，沉积物水界面磷的释放强度有限，即使停养，沉积物中的磷仍长期存在。

相关研究表明（吕昌伟等，2007），各种形态活性磷主要通过下层相同形态磷的上移而得到补充，但也能由同层其他形态磷转化而形成。由于不同形态磷的层内转化性和层间迁移性，沉积在湖泊底部的沉积物中的磷作为重要潜在释放源可能会在相当长的时间内影响湖水的富营养化进程，当受到环境气候变化或上覆水体发生搅动时，沉积物污染很容易释放出来。

5.4   渔业对沉积物中磷的影响

本节定量分析了鱼类养殖是如何影响湖泊沉积物中磷的迁移转化的。鱼类养殖会将沉积物中磷的主要结合形态由有机态磷转变为残态磷，而残态磷主要来源于鱼饲料。鱼类养殖规模较小时，磷的固定主要是通过金属氧化物的吸附作用以及磷与有机物的结合；当鱼类养殖规模较大时，钙结合态磷的增加是导致沉积物中磷浓度上升的主要原因。在养鱼业通常会大量使用鱼饲料和水质净化试剂，这些物质不仅仅会增加湖泊水体中的磷，还会带来大量的沙粒大小的可以微弱吸附磷的矿物颗粒，如石英。这些矿物颗粒作为额外的吸附剂，增加了沉积物中可移动磷的量，这些磷的重新释放会减缓水库水质的恢复进程。

5.4.1   分析与实验方法

鱼饲料和水质净化剂是养鱼业中最主要的添加物。我们在当地市场买到了的三岔湖养鱼业所用的鱼饲料（品牌名：凤凰、新希望、华新龙凤和新三旺）和水质净化剂，一是通过 IR（红外线）、XRD（X-射线衍射）以及拉曼光谱分析其矿物成分；二是进行了沉积物和水质净化剂对磷的吸附实验；三是进行了鱼饲料的分解实验。

5.4.1.1   矿物组分的分析方法

将鱼饲料和水质净化剂颗粒物嵌入显微镜载玻片以进行拉曼光谱分析，然后将其覆上 Laromin 环氧树脂，并打磨到 25 μm。为避免荧光作用，要在打磨过的颗粒物中央位置进行拉曼光谱分析，使用的仪器为 Bruker Senterra 色散显微镜光谱仪（Bruker，Kalsruhe，Germany），配备了绿光激光器，功率 20 mW，显微镜物镜放大 50 倍，孔径 50 μm。矿物鉴别参考 RRUFF 数据库。做 XRD 分析时，所有样品首先要用玛瑙研钵研磨，然后装入塑料样品架备用，分析仪器为 X'Pert Pro XRD（PANalytical，Almelo，the Netherlands），鉴定参考 ICCD 数据库。另一部分研磨的鱼饲料和水质净化剂混合溴化钾，比例为 1∶200～1∶100，使其呈小球状以备之后的红外分析，分析仪器为 FT-IR 光谱（VEXT 70，Bruker，Germany）。

5.4.1.2   吸附与释放试验

选择柱状沉积物中不同深度的样品[P2（2～3 cm 深）、P12（12～13 cm 深）、P17（17～18 cm 深）、P21（21～22 cm 深）、P41（41～42 cm 深）]和水质净化剂进行磷酸盐的吸附与释放试验。首先要用去离子水清洗沉积物和水质净化剂，直到其重量恒定，在 PIPES

缓冲液（10 mmol/L，pH 为 7）中，可以在搅拌 24 h 时保持平衡，然后磷的浓度一步步上升，直到最后浓度范围为 20～500 mg/L。做完每一步，都要用移液器在剧烈搅拌的主容器中吸取 20 mL 的样品到 50 mL 玻璃管中，并放置在振荡器上保持平衡。所有的悬浮液都在室温下保持平衡 24 h。平衡后，样品溶液用注射器 0.2 μm 滤膜过滤，再用钼锑抗显色，分光光度计测定磷的量。磷的吸附量通过最初和最后的磷浓度差异计算得到。

5.4.1.3 鱼饲料分解实验

在 50 mL 聚乙烯管中，加入约 0.5 g 鱼饲料，与 15 mL 去离子水混合，pH 为 7.5 时，加入 1 mmol/L PIPES 缓冲，在振荡器上使其平衡（转速 50 r/min）。实验持续 18 d，前半段实验在 1～3 d 取溶液，后半段实验在 4～5 d 取溶液。每次取样都要将上清液倒出并在室温下离心 20 min（离心力 2 000 g）。上清液经 0.2 μm 滤膜过滤，用钼锑抗显色、分光光度计法测定磷的量，然后加入 15 mL 1 mmol/L PIPES 溶液，用于下一步溶解实验。

5.4.2 鱼饲料和净水剂的矿物成分及其对磷的吸附与释放

四种典型的鱼饲料样本中的磷浓度为 13.1～18.1 mg/g（表 5-4），其中以 $MgCl_2$-P 和残态磷为主，分别占总磷的 13%～22% 和 72%～83%。养鱼期间，水质净化剂被用来维持水质，其所含的磷较少（1.19～1.32 mg/g），主要是残态磷（0.70～1.01 mg/g）。颗粒物粒径分析结果显示，水质净化剂中约 50% 体积比的不可溶颗粒物粒径都大于 100 μm（图 5-20）。在四种市面出售的鱼食样本中，两种包含了大量的粒径大于 100 μm 的颗粒物，另外两种包含的大于 100 μm 的颗粒物占 30%～50% 时体积比。鱼饲料中的矿物质含量（11%±1.5%，n=4）比水质净化剂中的（80%±1.7%，n=4）要少。制造商声称鱼饲料中的主要成分之一就是磷灰石。但我们发现，鱼饲料的 X-射线衍射分析结果表明鱼食中有石英（图 5-21），X-射线衍射和拉曼光谱分析结果都表明水质净化剂中存在石英和钠长石。尽管红外光谱在 460 cm^{-1}、560～600 cm^{-1} 和 1 020～1 120 cm^{-1} 波段检测出鱼饲料和水质净化剂中磷酸盐的存在，但由于其他成分的干扰，很难检测出更加具体的磷酸盐形态（图 5-22）。X-射线衍射和拉曼光谱分析可以灵敏地检测出磷灰石，因此，我们的 X-射线衍射（1% 的检出限）和拉曼光谱分析检测不出磷灰石，说明如果磷灰石存在，也是非常少的，鱼饲料中发现 HCl-P 也能很好地说明这一点（表 5-4）。在实验室 pH 为 7.5 的缓冲液中，鱼饲料中的磷约 1.5 mg/g 的浓度时释放得非常快，在第 4 天之后开始减慢释放速度。18 天后，上清液中鱼饲料中所释放出来的磷都低于检测限，18 天的批次实验期间，鱼饲料中的磷只释放出 20%～30%。

表 5-4　鱼饲料和水质净化剂中总磷以及不同形态磷的浓度　　　　单位：mg/g

	总磷	有机磷	无机磷				
			交换态磷	铝结合态磷	铁结合态磷	钙结合态磷	残态磷
渔业养殖							
1	18.1±0.14	0.14±0.01	4.00±0.06	0.02±0.01	0.15±0.03	0.63±0.11	13.3±0.25
2	14.5±0.13	0.07±0.01	1.87±0.15	0.12±0.02	0.03±0.01	0.06±0.02	12.4±0.23
3	15.3±0.34	0.18±0.1	2.95±0.29	0.24±0.05	0.33±0.02	0.72±0.07	11.1±0.58
4	13.1±0.24	0.14±0.01	2.63±0.21	0.11±0.01	0.06±0.01	0.12±0.02	10.2±0.40
水-净化试剂							
<63 μm	1.32±0.04	0.24±0.01	0.19±0.02	0.07±0.01	0.01±0.01	0.04±0.02	1.01±0.06
>63 μm	1.19±0.06	0.27±0.01	0.32±0.02	0.05±0.01	0.09±0.01	0.03±0.01	0.70±0.02

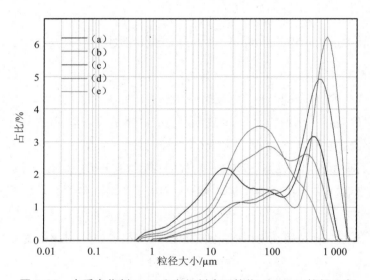

图 5-20　水质净化剂（a）和鱼饲料中颗粒物（b～e）粒径分布

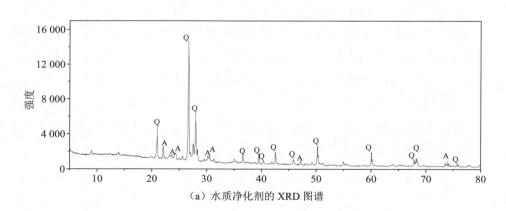

（a）水质净化剂的 XRD 图谱

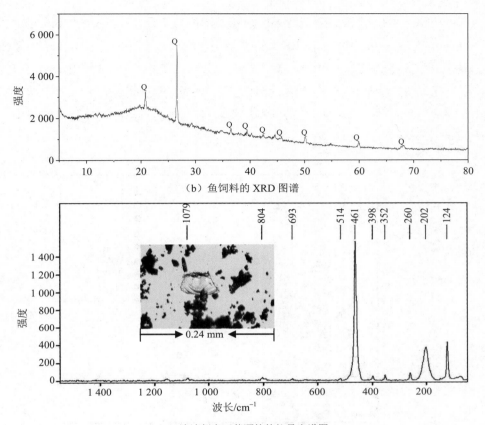

（b）鱼饲料的 XRD 图谱

（c）清洁剂中石英颗粒的拉曼光谱图

图 5-21　不同物质的 XRD 图谱与拉曼光谱图

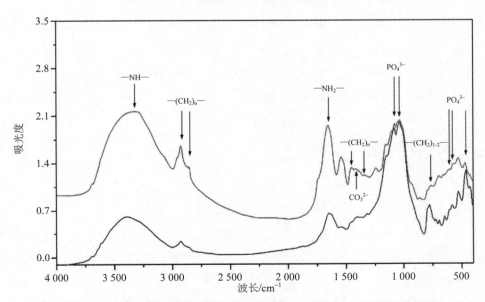

图 5-22　鱼饲料和水质净化剂的红外光谱图（红线为净水剂，蓝线为鱼饲料）

不同深度沉积物的磷酸盐吸附等温线显示，深度为 2 cm 和 41 cm 的沉积物的磷酸盐亲和力（K_d 分别是 95.5 L/kg 和 109 L/kg）要高于 12 cm、17 cm 和 21 cm 的沉积物的磷酸盐亲和力（K_d 分别是 47.7 L/kg、50.7 L/kg 和 61.3 L/kg；图 5-23），出现这一现象的根本原因是那个时期养鱼活动的增强。相比之下，水质净化剂的磷酸盐亲和力 K_d 值（颗粒物粒径大于 63 μm 时，为 7.85 L/kg；颗粒物粒径小于 63 μm 时，为 16.3 L/kg），鱼饲料的磷酸盐亲和力 K_d 值为 7.68 L/kg 和 8.50 L/kg。

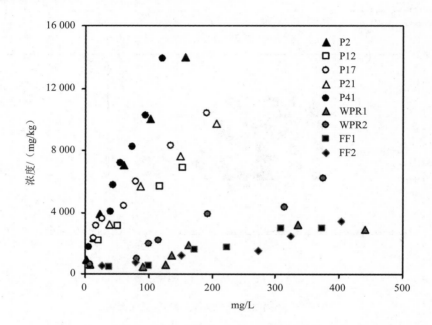

图 5-23　选定的沉积物剖面中沉积物对磷的吸附等温线

[P2（2～3 cm 深）、P12（12～13 cm 深）、P17（17～18 cm 深）、P21（21～22 cm 深）、P41（41～42 cm 深）；WPR1 为水质净化剂中粒径大于 63 μm 的颗粒物的磷吸附等温线，WPR2 为粒径小于 63 μm 的磷吸附等温线；FF1 和 FF2 为鱼饲料的磷吸附等温线]。

5.4.3　渔业对沉积物中磷的影响

5.4.3.1　三岔湖历史渔业养殖

三岔湖中磷的地质背景值较低，因而可以根据湖泊沉积物很好地区分出自然和人为造成的环境事件（图 5-24）。1985 年以前，三岔湖沉积物总磷浓度一般较低（沉积物 27 cm 深度以下磷浓度小于 2 mg/g），说明这一时期三岔湖库区人类活动强度低（图 5-24c）。1985 年之前，水库的磷输入主要是自然输入，包括大气沉降、地表径流以及都江堰灌溉

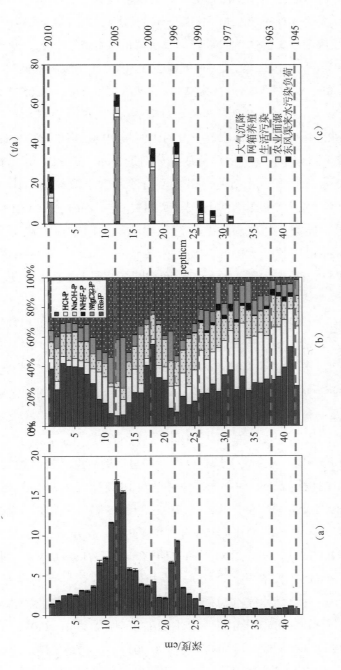

图 5-24 三岔湖沉积物中总磷的变化与人类活动关系

（a）总磷浓度（mg/g），（b）三岔湖沉积物剖面不同磷形态的连续提取。O-P: 有机磷；HCl-P: 钙结合态磷；NaOH-P: 金属氧化物结合态磷；NH₄F-P: 铝结合态磷；MgCl₂-P:
交换态磷；Re-P: 残态磷；（c）人类活动排放磷的年际变化（t/a）以及自然和人为排入三岔湖的百分比。

网络南干渠的输入，生活污水输入占总输入的 30%，鱼类养殖的输入可以忽略不计（图 5-24c）。沉积物中代表 1990—2005 年层次中磷的浓度增长迅速，这是由于这一时期人为造成的磷输入急剧增加。沉积物中磷的浓度与人类活动造成的磷的输入都很明显地在 1990—2005 年达到了峰值（对应 22 cm 和 12 cm 的沉积物磷含量分别为 10 mg/g 和 16.9 mg/g）。来自都江堰南干渠的磷输入以及大气沉降的磷相对都较低，进一步证明了人类活动给三岔湖造成的严重磷污染。1996 年和 2005 年，都江堰南干渠和大气沉降输入三岔湖的磷分别占总输入量的 10%～15%和 1%～2%（图 5-24c）。2005 年之后，政府开始采取一系列措施减少三岔湖的人为磷输入，对应的沉积物层中的磷浓度逐渐减少到 1.7 mg/g。排入三岔湖的磷源中，鱼类养殖所占的比例从 1990 年的 18%增加到 2005 年的 81%，2010 年又减小到 43%，对应的磷排放量分别是 2 t/a、52.6 t/a 和 10 t/a。沉积物中的磷与颗粒的粒度分布呈极显著相关，磷浓度与沙粒大小颗粒物的比例呈正相关（$r=0.84$, $p<0.001$），与粘粒大小的颗粒物比例呈负相关（$r=-0.86$, $p<0.001$）（图 5-25）。通常，细颗粒物的吸附能力比粗颗粒大，但沉积物磷与不同粒径颗粒物的相关性却出现相反现象，这可能说明粒径大的颗粒物附带着磷输入水体。磷浓度最高的沉积物层中主要是沙粒（直径$>$64 mm），而在 25 cm 以下的沉积物中几乎没有监测到沙粒（图 5-25）。

根据不同磷形态与总磷以及其他元素明显不同的相关性，可以将沉积物层分为三大类（图 5-26）。通过不同磷形态与总磷的显著相关性可以推断出沉积物中总磷的波动变化主要是由哪种磷的变化造成的，从而揭示磷沉降过程的基本原理。第一类包括 42～27 cm 的沉积物层（定年 1945—1985 年），这一时期养鱼活动的影响可以忽略不计，沉积物磷浓度（$<$1 mg/g）和磷的种类组成分布都较为稳定（图 5-26b），主要是有机磷和 HCl-P，二者所占百分比相近，共占总磷的 50%以上，而在较新的沉积物中二者所占的比例要小于 50%（图 5-26d），这一层中只有有机磷和总磷的浓度呈显著相关（$r=0.96$, $p<0.001$，图 5-26e）。沉积物 26 cm 深到表层（定年到 1987 年之后）主要是残态磷（占 30%～50%），这一部分可分为两大类，以沉积物中 3.5 mg/g 的总磷浓度作为相关性发生变化的临界值（图 5-26 和图 5-8）。在低磷水平（总磷$<$3.5 mg/g），与总磷呈正相关的有 $MgCl_2$-P（$r=0.62$, $p=0.018$，图 5-26a），NaOH-P（$r=0.63$, $p=0.016$，图 5-26c）和有机磷（$r=0.73$, $p=0.003$，图 5-26e），此外，有机磷还与碳浓度呈正相关（$r=0.91$, $p<0.001$）。相比之下，在高磷水平（总磷$>$3.5 mg/g）时，与总磷呈极显著正相关的有 $MgCl_2$-P（$r=0.92$, $p<0.001$，图 5-26a）和 HCl-P（$r=0.91$, $p<0.001$，图 5-26 d）。另外，HCl-P 与钙浓度也有相关性（$r=0.83$, $p<0.001$）。无论是低磷还是高磷水平，仅有残态磷与总磷一直保持显著相关性，且相关水平基本相近（r 分别为 0.94 和 0.96，$p<0.001$，图 5-26f）。

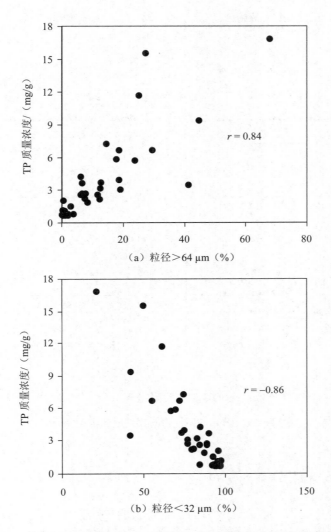

图 5-25 三岔湖沉积物剖面中，总磷浓度与细颗粒物所占比例之间的相关关系

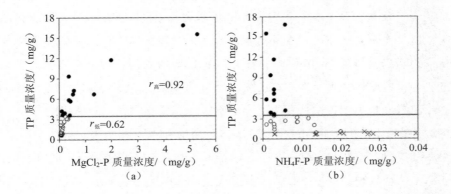

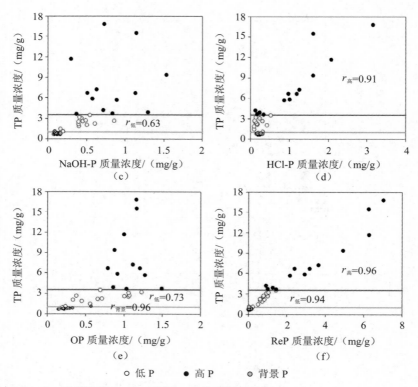

总磷的阈值：3.5 mg/kg（红线）和 1 mg/g（绿线）。相关系数如图所示。

图 5-26   总磷与不同形态磷浓度的相关性

5.4.3.2   渔业对沉积物中磷的影响

柱状沉积物岩芯的调查研究结果表明，在过去的 70 年中，三岔湖沉积物中磷的迁移转化动力学受人类活动的主导。沉积物剖面中磷的垂直分布与鱼类养殖的历史磷排放极显著相关，这表明鱼类养殖是沉积物中磷的主要来源。这一假设同样被以下结论支撑：①1990 年开始，沉降速率开始提升（图 5-9），磷的积累同时伴随着碳的堆积（图 8-4）。研究表明，鱼类养殖会导致沉积物的沉积速率更快，沉积物中有机负荷和有机物增多；②沉积物中的磷浓度与沉积物中粒径大于 64 μm 的颗粒物的比例呈极显著正相关，这些颗粒物主要来自鱼饲料和水质净化剂（图 5-25），可能以石英的形态呈现（图 5-21），沉积物中的高磷浓度是由于鱼饲料和水质净化剂中的高比重的残态磷造成的。

表层沉积物中磷的空间分布反映出，2005—2010 年三岔湖的水文条件与不同区域的不同人类活动情况。沉积物总磷浓度在 E 区最低，表明 E 区的磷输入主要来自大气沉降以及农业活动的地表径流（表 5-2）。伴随着 A 区和 B 区的高强度养鱼活动，这两个区域的磷聚集量也相对较大。跳蹬河和龙云河流经 E 区、D 区和 C 区，且流速缓慢，促进了水体的自净，同时也可以解释 C 区、D 区、E 区沉积物总磷浓度相对较低的原因。

鱼类养殖不仅会增加磷的输入，还会大幅改变磷与湖泊沉积物中不同固相介质的结合。国内生产鱼饲料有颗粒物形状固定且易漂浮的缺点，这使得鱼饲料若不被鱼类摄食，就会直接沉降到沉积物中。在缺乏监管机制的情况下，过量的鱼饲料和水质净化剂被使用，但是仅有 7% 的磷被有效利用于鱼类养殖。连续提取（表 5-2、图 5-11）的结果表明，鱼饲料和水质净化剂中大部分的磷并不是被鱼类摄食，大部分是以残态磷的形式沉积到沉积物表层。只有一小部分磷溶于水体，最终被悬浮的或沉积的颗粒物吸附。有必要进一步进行分子尺度上的分析，探明残余相中磷的化学形态，阐明其对湖泊环境中磷的生物地球化学循环长期的潜在影响。

在高磷浓度水平下，HCl-P、总磷和钙之间呈极显著相关性，说明强度加大的养鱼业会大幅度增加水体沉积物中的磷以 HCl-P 的形式输入。鱼类养殖会加速沉积物中钙结合态磷的积累，鱼饲料和粪便被认为是钙结合态磷的来源（Ishii et al.，2008；Uede，2007）。考虑到 HCl-P 可以在鱼饲料和水质净化剂中被追踪到，在高强度的养鱼活动中，沉积物中 HCl-P 的增加大多来源不同，例如营养盐的输入或鱼类粪便都会产生生物残骸，这些都有待进一步研究。有机质与有机态磷的显著相关性表明，有机质在近自然状态的沉积物的磷储备中起着重要的作用，只有在低磷水平和自然状态下的沉积物中，总磷和碳才同时沉积（图 5-26），这更加强调了在低磷水平下，水生生物产生的含磷大分子物质与沉积物中磷的关联，这种大分子物质往往在水生生物死亡时进入水体的有机磷库（Wetzel，1999）。残态磷是稳定的，HCl-P 在低 pH 下较活跃，其他情况下相对稳定（Kaiserli，2002；Şahin，2012）。易迁移的有机态磷和 NaOH-P 通常需要环境条件的显著变化，例如 pH 值和氧化还原电位的变化，二者分别起到加速有机质的微生物分解和减弱磷的吸附作用（Hupfer，2008）。而三岔湖的这些环境因素基本稳定（pH>7），除了一些特殊的环境事件（Jia et al.，2012）如缺氧导致大量鱼类死亡。因此，不同的养鱼活动强度下，沉积物中磷的形态在有机态磷、残态磷、NaOH-P 和 HCl-P 之中发生改变时，只是微弱地改变了磷的迁移转化。

氯化镁可以很容易地提取沉积物中的移动态磷，但不能交换出被强烈吸附的磷（Khanlari，2011），而氢氧化钠提取法可以通过提高沉积物中的 pH，从而降低金属（氢）氧化物对磷的吸附而释放磷（Spiteri，2008；Kim，2003）。因此，NaOH-P 可以代表沉积物中被强烈吸附的磷，如很难被氯化镁提取出的内层络合物（Vicente，2008）。三岔湖中自然状态沉积物主要是由黏土矿物颗粒和粉砂矿物颗粒组成（图 5-10），大量来自水质净化剂和鱼饲料的沙粒矿物颗粒沉降，尽管其磷的吸附作用较弱，仍成为新增的磷储存器。因此，沙粒大小的矿物颗粒成为主要的磷吸附剂，这就解释了在总磷浓度高的情况下，$MgCl_2$-P 浓度增加的幅度要大于总磷浓度低的情况。

第 **6** 章

人类活动对湖泊富营养化和生物多样性的影响

6.1 三岔湖湖泊富营养化的限制因子

6.1.1 三岔湖水质的空间变化

总体来说，三岔湖表层水、中间层水和底层水具有相似的变化规律：在湖湾和水浅的地区水质较差、富营养化水平较高，而在湖心水面开阔、水深的地区水质相对较好、富营养程度较低。

6.1.1.1 pH 空间分布

三岔湖整体水质为略偏碱性，pH 在 7.1～8.5 波动；表层水 pH 最小值为 7.1、最大值为 8.5、平均值为 8.0；中间水体 pH 最小值为 7.3、最大值为 8.3、平均值为 7.9；底层水 pH 最小值为 7.4、最大值为 8.2、平均值为 8.0。详见图 6-1。

6.1.1.2 总氮（TN）空间分布

表层水总氮超标率为 94%，总氮浓度最小值为 0.96 mg/L、最大值为 2.39 mg/L、平均值为 1.54 mg/L；中间层水总氮超标率为 100%，总氮浓度最小值为 1.04 mg/L、最大值为 2.56 mg/L、平均值为 1.56 mg/L；底层水超标率为 96.6%，总氮浓度最小值为 0.99 mg/L、最大值为 3.45 mg/L、平均值为 1.71 mg/L。三岔湖表层水、中间层水和底层水中的总氮具有相似的变化规律，上层、中层、下层基本保持一致，且总体来讲，均呈现底层水中含量高于表层水的趋势（图 6-2）。

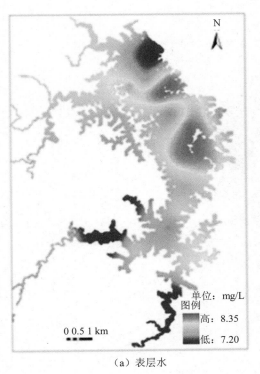

（a）表层水

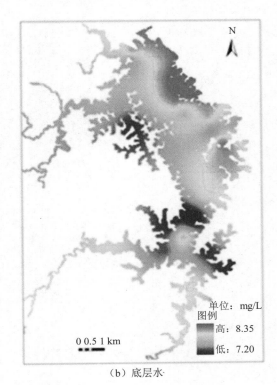

（b）底层水

图 6-1　pH 空间变化示意

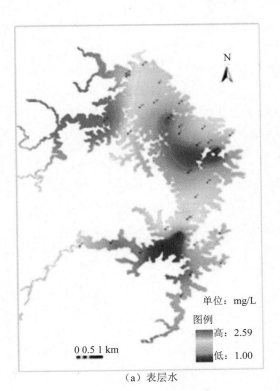

（a）表层水

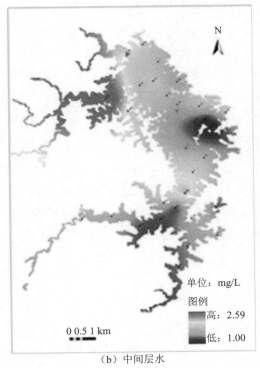

（b）中间层水

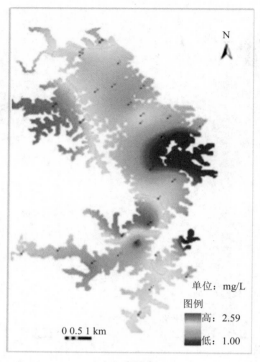

（c）底层水

图 6-2　总氮浓度分布示意

6.1.1.3　氨氮（NH₃-N）空间分布

　　表层水氨氮仅一个点位不能达标（8 号点位），浓度为 1.15 mg/L，其他点位均可达到《地表水环境质量标准》（GB 3838—2002）Ⅲ类限值的要求，氨氮浓度最小值为 0.14 mg/L、平均值为 0.40 mg/L；中间层水也只有一个点位的氨氮不能达到标准要求（8 号点位），浓度为 1.40 mg/L、最小值为 0.04 mg/L、平均值为 0.38 mg/L；底层水浓度最小值为 0.07 mg/L、最大值为 1.38 mg/L、平均值为 0.59 mg/L，30 个监测点位中有 5 个点位不能达到《地表水环境质量标准》（GB 3838—2002）Ⅲ类限值的要求，超标率为 16.7%。三岔湖表层水、中间层水和底层水中的氨氮具有相似的变化规律（图 6-3）。

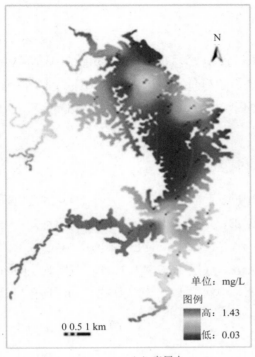

（a）表层水

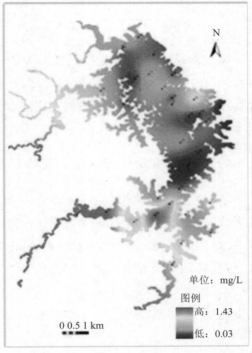

（b）中间层水

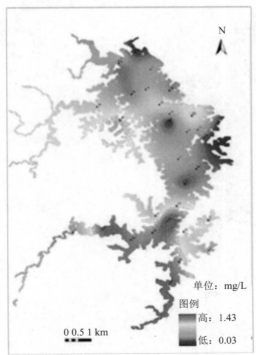

（c）底层水

图6-3　氨氮浓度分布示意

6.1.1.4 总磷（TP）空间分布

表层水总磷浓度的变化范围为 0.02～0.08 mg/L、平均值为 0.03 mg/L，达标率为 88%；中间层水体总磷浓度的变化范围为 0.01～0.07 mg/L、平均值为 0.03 mg/L，达标率为 83.4%；底层水总磷浓度的变化范围为 0.01～0.55 mg/L、平均值为 0.83 mg/L，达标率为 53.1%（图 6-4）。

6.1.1.5 不同水深总有机碳（TOC）空间分布特征

总有机碳是以碳的含量表示水体中有机物质总量的综合指标。由于 TOC 的测定采用燃烧法，因此能将有机物全部氧化，它比 BOD_5 或 COD 更能反映有机物的总量。表层 TOC 浓度的变化范围为 0.67～4.00 mg/L、平均值为 2.26 mg/L；中间层 TOC 浓度的变化范围为 1.15～3.82 mg/L、平均值为 2.15 mg/L；底层 TOC 浓度的变化范围为 1.02～3.81 mg/L、平均值为 2.33 mg/L。三岔湖表层水、中间层水和底层水中的 TOC 具有相似的变化规律，上层、中层、下层基本一致（图 6-5）。

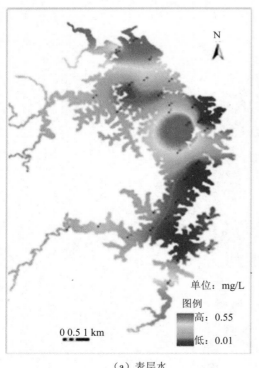

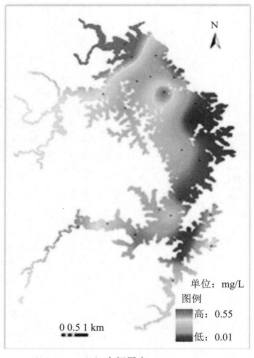

（a）表层水   （b）中间层水

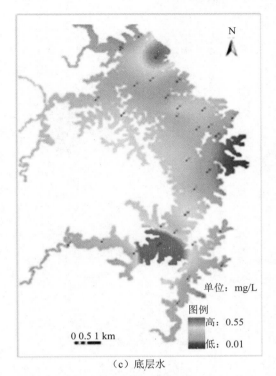

（c）底层水

图6-4 总磷浓度分布示意

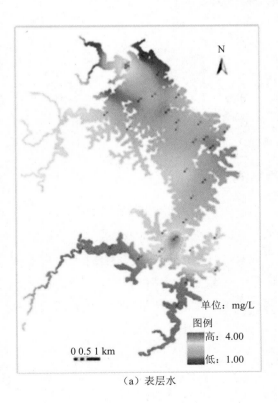

（a）表层水

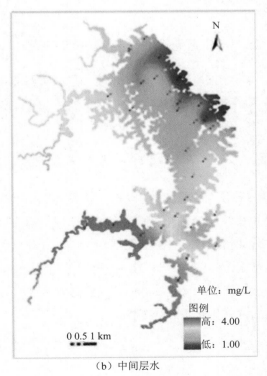

（b）中间层水

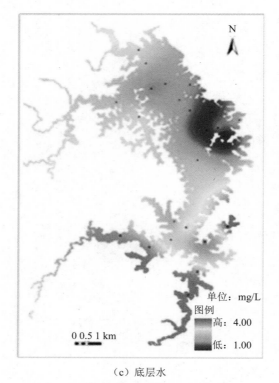

（c）底层水

图 6-5 总有机碳（TOC）浓度分布示意

6.1.1.6 富营养化水平空间分布特征

在三岔湖区湖湾和水浅的地区富营养化水平较高，综合营养状态指数（TSI_M）最高达到 58，属富营养状态，而在湖心水面开阔、水深的区域富营养程度较低，指数在 37～40，属中营养状态（图 6-6）。

6.1.2 三岔湖富营养状态评价和富营养限制指标分析

水体营养化评价是对富营养化发展过程中某一阶段营养状况的定量描述，其主要目的是通过对具有水体营养化代表性指标的调查分析，判断该水体的营养状态，了解其富营养化进程及预测其发展趋势，为水体水质管理及富营养化防治提供科学依据。对于三岔湖，我们采用综合指数评价法进行评价，该方法是水体的富营养化状况评价的典型方法，能综合反映湖泊的营养状态，不仅能对富营养化水体进行定量描述，而且能反映湖泊营养化状态的连续性。

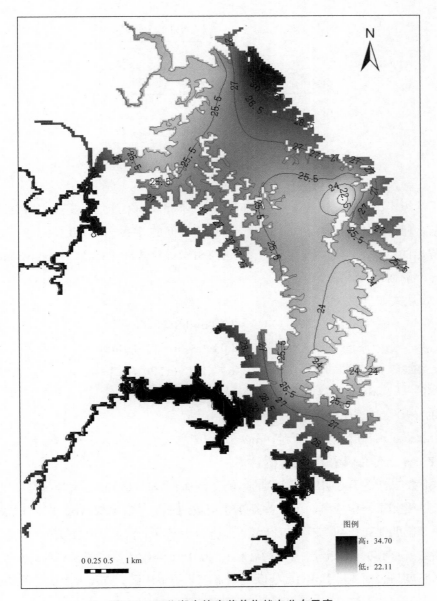

图 6-6　三岔湖水体富营养化状态分布示意

6.1.2.1　综合指数评价法原理

富营养化判断综合指数以叶绿素状态指数、总磷状态指数、透明度状态指数为二级指标进行加权相加得到，如图 6-7 所示。

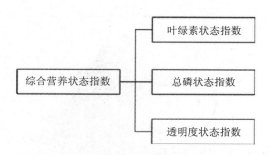

图 6-7   富营养化指标示意

由于叶绿素、总磷、透明度三者之间的单位不相同，不能加权相加。如果只是单纯的无量纲处理不能体现叶绿素 a、总磷、透明度之间的关系，所以我们利用 Carlson 于1977 年提出的以湖水（库水）透明度为基准的 TSI 营养状态评价指数（Trophic State Index）将三者统一量纲，具体如下：

TSI 表达式如下：

$$TSI（SD）=10（6-lnSD/ln2）$$
$$TSI（Chla）=10[6-（2.04-0.68ln\,Chla）/ln2]$$
$$TSI（TP）=10[6-（ln48/lnTP）/ln2]$$

（6-1）

式中，TSI——Carlson 营养状态指数；

SD——水体透明度，m；

Chla——水体叶绿素 a 含量，mg/m^3；

TP——水体总磷浓度，mg/L。

TSI 指数法忽略了透明度和总氮的影响，因而使以透明度和总氮为基准的 TSI 指数的应用范围受到了一定限制。为了弥补 TSI 指数的不足，日本的 Aizaki 等将 Carlson 以透明度为基准的 TSI 指数，改为以叶绿素 a 含量为基准的营养状态指数，称为修正的营养状态指数（TSI_M）（彭近新，1988）。TSI_M 为 100 的指数值时所对应的叶绿素浓度为生产层（照度为表面光照强度 1%处以上的水层）的平均最大深度。其公式如下：

$$TSI_M（Chla）=10（2.04+ln\,Chla/ln2.5）$$
$$TSI_M（SD）=10[2.46+（3.69-1.53\,lnSD）/ln2.5]$$
$$TSI_M（TP）=10[2.46+（6.17+1.15lnTP）/ln2.5]$$

（6-2）

本次研究富营养化的评价选用 Carlson 提出的、经 Aizaki 修订的营养状态指数（Trophic State Index Method，TSI_M 法），根据水体中藻类叶绿素 a（Chla，μg/L）、总磷（TP，μg/L）和透明度（SD，m），评价研究水域的富营养化状态，并采用加权平均处理（蔡庆华等，2006；Yoshimi，1987；蔡庆华，1993），总的 TSI_M 指数为

$$TSI_M = W(Chla) \times TSI_M(Chla) + W(TP) \times TSI_M(TP) + W(SD) \times TSI_M(SD)$$

（6-3）

其中，TSI_M 为综合营养状态指数，Chla 与式（4-9）中的 Chl 均为叶绿素 a，$W(X)$ 为上述三个参数所对应的权重，$W(Chla)$ 为 54.0%，$W(TP)$ 为 16.3%，$W(SD)$ 为 29.7%，其评价标准：$TSI_M<37$ 为贫营养，$37\leq TSI_M<53$ 为中营养，$53\leq TSI_M<65$ 为富营养，$TSI_M\geq65$ 为重富营养化。

表 6-1　富营养化指数状态与水质参数的关系

状态指数	叶绿素 a/（μg/L）	透明度/m	总磷（TP）/（mg/L）	总氮（TN）/（mg/L）	耗氧量/（mg/L）
0	0.1	48	0.4	0.01	0.06
10	0.26	27	0.9	0.02	0.12
20	0.66	15	2	0.04	0.24
30	1.6	8	4.6	0.079	0.48
40	4.1	4.4	10	0.16	0.96
50	10	2.4	23	0.31	1.8
60	26	1.3	50	0.65	3.6
70	64	0.73	110	1.2	7.1
80	160	0.4	250	2.3	14
90	400	0.22	555	4.6	27
100	1 000	0.12	1 230	9.1	54

6.1.2.2　权重系数的确定

对于综合营养状态指数的计算求解关键是权重系数的确定。权重确定的方法很多，有模糊综合评价法、熵值法、均方差法、Delphi 法等（Sven，2009），我们选择熵值法来确定权重。熵值法是一种客观赋权法，它根据来源于客观体系的信息，通过分析各指标间的联系程度及指标所提供的信息量来客观地决定指标的权重，从而在一定程度上避免其他方法存在的主观因素带来的偏差。

不妨设有 m 组原始数据 n 个评价指标用矩阵表示为 $X=(x_{ij})_{m\times n}$，则将数据标准化矩阵为

$$Y=(y_{ij})_{m\times n}，\quad 其中 y_{ij}=x_{ij}\bigg/\sum_{i=1}^{m}x_{ij} \tag{6-4}$$

第 j 项评价指标的知识熵值为

$$L_j=\ln m\cdot\sum_{i=1}^{n}y_i\ln y_i \quad(j=1,2,3,\cdots,n) \tag{6-5}$$

第 j 项评价指标的客观权数为

$$k_j = \alpha_j \Big/ \sum_{j=1}^{n} \alpha_j \quad (j = 1, 2, 3, \cdots, n) \tag{6-6}$$

其中， $\alpha_j = 1 - L_j$

则 k_j 为熵值法确定的权重系数。

6.1.2.3　三岔湖各项 TSI$_M$ 指数及综合指数的计算

根据 2009—2011 年三岔湖大坝、老三岔、龙云三点的数据进行计算，三岔湖富营养化指数为 46.7～65.3，即三岔湖基本处于中营养化或富营养化状态。

对综合营养状态指数及叶绿素、透明度、总氮和总磷四者之间进行相关性分析，结果见表 6-2。

从分析结果来看，综合营养状态指数与叶绿素、总磷显著相关。所以磷是三岔湖富营养化的限制因子，要改善三岔湖的富营养化状态，需要从除磷着手。

表 6-2　综合营养状态指数及叶绿素、透明度和总磷、总氮之间的相关性检验

	综合指数	叶绿素	透明度	总磷	总氮
综合指数	1	0.828**	−0.239	0.765**	0.329
叶绿素	0.828**	1	−0.316	0.297	0.257
透明度	−0.239	−0.316	1	−0.280	0.109
总磷	0.765**	0.297	−0.280	1	0.352
总氮	0.329	0.257	0.109	0.352	1

** 相关性的显著水平为 0.01。

6.1.3　三岔湖水体总磷分布的数学模型

为了能够有效除磷，必须了解总磷在湖水中的分布及其相关影响因素。把该湖泊水体视为一个完全混合的反应器，水流进入水库或湖泊这个系统后就立即完全分散到整个系统。

根据以上假定，设 $P_1(t)$ 和 $P(t)$ 表示输入和湖泊的总磷浓度，其单位为 mg/L； Q_1 和 Q 分别表示入库和出库的流量，其单位为 m³/s； P_1、 Q_1、 Q 为光滑的函数； V 表示湖泊容积，其单位为 m³； k_p 为总磷的沉降率， s^{-1}，把湖泊视作均衡体，考虑在 $[t, t + \mathrm{d}t]$ 时间内总磷质量的变化。

在 dt 时段内由于入库和出库的流量及沉降的原因，引起总磷质量的增量为

$$\left(Q_1 P_1 - QP - k_p VP\right)\big|_t \, \mathrm{d}t \tag{6-7}$$

另外，在 $\mathrm{d}t$ 时段内，由于总磷浓度增加，总磷的质量增量为

$$[P(t+\mathrm{d}t) - P(t)]V = \frac{\mathrm{d}P}{\mathrm{d}t}\bigg|_t \mathrm{d}t \cdot V \tag{6-8}$$

根据质量守恒原理，得到总磷浓度所满足的微分方程为

$$V\frac{\mathrm{d}P}{\mathrm{d}t} = Q_1 P_1 - QP - k_p VP \tag{6-9}$$

设总磷的初始浓度为 P_0，即

$$P\big|_{t=0} = P_0 \tag{6-10}$$

则该湖泊总磷的数学模型为

$$\begin{cases} V\dfrac{\mathrm{d}P}{\mathrm{d}t} = Q_1 P_1 - QP - k_p VP \\ P\big|_{t=0} = P_0 \end{cases} \tag{6-11}$$

以上方程是一个一阶非齐次常微分方程，将方程改写为如下形式

$$\frac{\mathrm{d}P}{\mathrm{d}t} + \left(\frac{Q}{V} + k_p\right)P = \frac{Q_1 P_1}{V} \tag{6-12}$$

利用一阶线性非齐次方程通解公式，得到方程的通解为

$$P(t) = e^{-\int\left(\frac{Q}{V}+k_p\right)\mathrm{d}t}\left[\int e^{\int\left(\frac{Q}{V}+k_p\right)\mathrm{d}t}\frac{Q_1 P_1}{V}\mathrm{d}t + C\right] \tag{6-13}$$

若把 P_1、Q_1、Q 看成常数，则可利用初始条件，可得总磷数学模型的解为

$$P(t) = \frac{\dfrac{Q_1 P_1}{V}}{\left(\dfrac{Q}{V}+k_p\right)} + \left(P_0 - \frac{\dfrac{Q_1 P_1}{V}}{\left(\dfrac{Q}{V}+k_p\right)}\right)e^{-\left(\frac{Q}{V}+k_p\right)t} \tag{6-14}$$

令 $q = \dfrac{Q}{V}, V = AH, L = \dfrac{Q_1 P_1}{A}$ 代入上式，得到

$$P(t) = \frac{L}{H(q+k_p)}\left\{1 - \left[1 - \frac{P_0(q+k_p)H}{L}\right]e^{-(q+k_p)t}\right\} \tag{6-15}$$

式中，L——水库面积负荷总磷的浓度，mg/L；

　　　q——水力冲刷速率，L/a；

　　　A——水库面积，m²；

　　　H——水库平均水深，m。

当 $t \to +\infty$ 时，由式（6-15）得到

$$P(t) = \frac{L}{H(q + k_q)} \tag{6-16}$$

由式（6-16）可知，如果知道 L、H、k_p 和 q，则可计算出水体的总磷浓度。但是 P_1、Q_1、Q 并不是常数，所以 k_p 也是变化的，显然式中 k_p 很难测定，迪隆和瓦伦韦德经过统计分析和大量研究发现磷的滞留系数 R 与磷的沉降率 k_p 有较好的相关性，而且 R 容易获得，为了用 R 来代替 k_p，迪隆和瓦伦韦德把磷的滞留系数表示为

$$R = \frac{k_p}{k_p + q} \tag{6-17}$$

把式（6-16）代入式（6-17），得到

$$P = \frac{L(1 - R)}{Hq} \tag{6-18}$$

R 可通过下式求出

$$R = 1 - \frac{\sum Q_{\text{out}} P_{\text{out}}}{\sum Q_1 P_1}\left(1 - \frac{W_{\text{out}}}{W_1}\right) \tag{6-19}$$

式中，Q_1、Q_{out}——水库输入和输出的流量，m³/a；

　　　P_1、P_{out}——水库输入和输出的总磷浓度，g/m³；

　　　W_1、W_{out}——输入和输出的总磷量，g。

凯赫勒和迪隆经过多次回归分析，发现 R 与面积水负荷 q_s 高度相关，有 $q_s = \dfrac{Q}{A}$，即 q_s 等于年输出水量与湖泊表面积 A 之比，凯赫勒和迪隆得到了如下预测模型（彭泽州等，2007）

$$R = 0.426\text{e}^{-0.271q_s} + 0.574\text{e}^{-0.009\,49q_s} \tag{6-20}$$

三岔湖 2000—2009 年水力数据详见表 6-3。利用以上公式绘制三岔湖总磷负荷图（图 6-8）。

表 6-3　2000—2009 年三岔湖水力数据

年份	库容/亿 m³	入库水量/亿 m³	出库水量/亿 m³	面积/km²
2000	1.7	1.64	1.88	24.2
2001	1.63	1.56	2.03	25.4
2002	1.69	1.6	1.93	24.6
2003	1.63	1.67	1.75	23.1
2004	1.85	2.48	2.57	28.5
2005	1.51	2.07	1.89	24.3
2006	1.71	1.79	1.78	23.3
2007	1.72	1.94	2.04	25.5
2008	1.87	1.84	2.13	26.2
2009	1.8	2.87	2.12	26.1

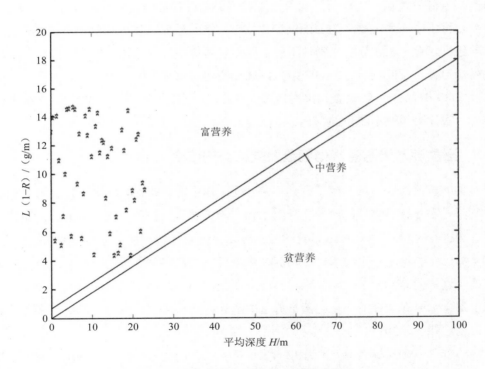

图 6-8　由迪隆模型绘成的三岔湖总磷负荷

从图 6-6 和图 6-8 可以看出三岔湖富营养化的三维空间分布，即越靠近湖边富营养化程度越高，反之，水体深度越深，富营养化程度越低。

6.2   人类活动对湖泊生物多样性的影响

水库是人为改变河流原有的周期性和水文过程形成的水域，这些水文过程和丰枯周期变化规律的改变影响了水体生态系统（盛海燕等，2010）。藻类是具有叶绿素、能够进行光合作用、能自养生活的一类生物，是物质代谢和能量循环的初级生产者，是水库生态系统重要组成部分（卢碧林，2012；Padisák et al.，2009）。藻类的群落结构、种群数量等藻相变化与水环境相适应，随水环境的变化而改变。同时环境条件的改变也会影响藻类的种群结构，在不同环境中，浮游藻类的竞争能力不同，环境因子的变化影响着藻类优势种的变化。研究一个水库的藻类物种组成和优势种的变化可以反映水库健康状况、富营养程度等的变化。

本章在 1989 年（杨续宗等，1993）和 2009 年（四川省环境保护科学研究院，2009）开展的三岔湖藻类调查工作的基础上，通过藻类物种种类的变化半定量分析三岔湖 20 年演变过程中生态系统受人为影响的变化。物种分析是对三岔湖 1989 年和 2009 年的调查结果进行对比分析，分析在物种组成上的差异和优势种的变化；分析优势种和关键物种的生活习性，通过生活习性的分析探讨环境变化对物种多样性的影响。生物量分析以三岔湖 1989 年和 2009 年调查结果对两次调查在三岔湖不同位置采集的藻类含量进行统计分析，对比分析两个年份的变化。

6.2.1   三岔湖水体富营养化导致藻类种类的改变

藻类的群落组成与环境因子密切相关，受水体中氮、磷、有机物等因子的影响，水体中营养元素和有机物质的改变会导致水体中藻类群落结构的改变（马燕等，2005；程红等，2011）。在多数水体中大量营养元素可以促进叶绿素 a 和浮游藻类生物量的剧增，浮游藻类的生物量生产力与水体中营养盐浓度变化的趋势是一致的（Erik et al.，2001），氮和磷是这些营养元素中的限制因子。已有研究表明，水体中的氮、磷含量及 COD 含量、水深、水温等指标的变化与藻类群落的变化密切相关（马燕等，2005；邓建明等，2010；杨宏伟等，2012）。

1989 年三岔湖的藻类种类数为 32 种，2009 年的藻类种类数为 42 种。对比 1989 与 2009 年三岔湖藻类物种组成（图 6-9、表 6-4），两个年份三岔湖的藻类都以蓝藻门和绿藻门为主。1989 年三岔湖蓝藻门有 7 种，而到 2009 年已经增加到 12 种，出现微囊藻、鱼腥藻等常见的水华藻类。1989 年蓝藻门的优势种为黏球藻，而在 2009 年的调查结果中黏球藻较少，优势种为中华尖头藻。蓝藻门藻类在 1989 年的三岔湖系统占主要地位，尤其是黏球藻。

绿藻门是三岔湖藻类中物种数量最多的一门，1989 年出现 8 种，而 2009 年的种数高达 18 种。1989 年的优势种为微胞藻，2009 年的优势种为栅藻和纤维藻。

相反，对于硅藻门，1989 年出现 10 种，而 2009 年只有 3 种。1989 年小环藻是优势种，而在 2009 年的调查中各种硅藻都相对较少。

其他门的种类数较少，均在 3 种以下，其中黄藻门仅在 1989 年出现，裸藻门仅在 2009 年出现。隐藻门中的隐藻是 2009 年整个三岔湖藻类的优势种。

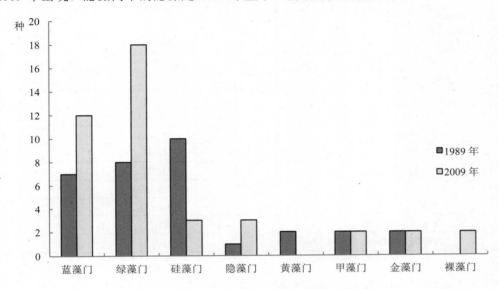

图 6-9　1989 年与 2009 年三岔湖藻类物种种数对比

表 6-4　1989 年与 2009 年三岔湖藻类物种比较

门	物种	年份		门	物种	年份	
		1989	2009			1989	2009
蓝藻门	微囊藻		√	绿藻门	拟动胞藻		√
	湖泊鞘丝藻		√		十字顶棘藻		√
	螺旋藻		√		集星藻		√
	平裂藻		√		盘星藻	√	
	色球藻	√	√		拟新月藻	√	
	蓝纤维藻	√	√		新月鼓藻	√	
	螺旋鱼腥藻		√		微胞藻	√	
	腔球藻	√	√		胶毛藻	√	
	细小隐球藻		√	隐藻门	隐藻	√	√
	颤藻		√		蓝隐藻		√
	尖头藻	√	√		红胞藻		√
	席藻	√		硅藻门	针杆藻	√	√
	黏球藻	√			舟形藻	√	√
	隐杆藻	√			小环藻	√	√
	束丝藻	√	√		绿舟形藻	√	

门	物种	年份		门	物种	年份	
		1989	2009			1989	2009
绿藻门	衣藻	√	√	硅藻门	冠盘藻	√	
	栅藻		√		曲壳藻	√	
	鼓藻	√	√		双眉藻	√	
	角星鼓藻	√	√		普通等片藻	√	
	绿梭藻		√		菱形藻	√	
	弓形藻		√		羽纹藻	√	
	狭形小桩藻		√		平板藻	√	
	并联藻		√	黄藻门	蛇胞藻	√	
	十字藻		√		拟气球藻	√	
	纤维藻		√	甲藻门	裸甲藻		√
	卵囊藻		√		多甲藻		√
	四刺顶棘藻		√		飞燕角藻	√	
	蹄形藻		√		薄甲藻	√	
	娇柔塔胞藻		√	金藻门	棕鞭藻	√	√
	螺翼藻		√		长刺鱼鳞藻		√
	绿扁球藻		√		金变形藻	√	
	小球藻		√	裸藻门	囊裸藻		√
	四鞭藻		√		裸藻		√

由于 1989 年和 2009 年两个年份水体中 TN、TP 等指标已经明显的增加，表现在三岔湖的藻类组成和藻类数量有明显的差异。与 1989 年相比，2009 年的藻类数量明显增加，而且在藻类组成上出现大量喜好富营养水体的藻类。说明三岔湖在 20 年间，水质和水体生态系统已经发生了明显的变化。

裸藻门藻类是喜好富营养水质的藻类，特别是在有机质丰富的静止无流水的水体中生长良好，是水质污染的重要指示植物，夏季大量繁殖使水呈绿色，并浮在水面上形成水华（吴国芳等，1992）。在 1989 和 2009 年两个年份对三岔湖的藻类组成分析发现，裸藻门仅有两种出现在 2009 年，为裸藻和囊裸藻，说明 2009 年三岔湖水质已经较 1989 年发生改变，已经富营养化，适合于裸藻的生长。

鱼腥藻也是喜好富含有机物的水体的藻类，它的大量出现是水体富营养化的标志之一，在 1989 年的调查中没有发现，但在 2009 年的调查已经大量出现，也说明 2009 年的三岔湖水体已经富营养化。

仅在 1989 年存在三岔湖水体中，而在 2009 年调查中没有发现的为黄藻门藻类，主要有蛇胞藻和拟气球藻。黄藻喜好纯净的贫营养的水体，尤其在温度比较低的水中生长旺盛（吴国芳等，1992）。这说明 1989 年的三岔湖水质还可以满足黄藻的生长，但是到了 2009 年由于三岔湖富营养化加大，水质变差，导致适合黄藻的环境丧失。

2009 年三岔湖水体中的优势种类为隐藻门的隐藻，隐藻喜好有机物和氮丰富的水体，是我国高产肥水鱼池中极为常见的藻类，一般来说隐藻是水肥的标志之一（吴国芳等，1992）。三岔湖在 2008 年以前曾大面积的肥水养鱼，大量的氮、磷肥投加导致水质富营养化严重，使水体中的隐藻数量大量增加。而在受污染较轻的 1989 年水体中隐藻数量较少。

1989 年三岔湖水体中的最优势藻类为蓝藻门黏球藻，该种藻类也喜好较洁净的水体，1989 年受污染较轻的三岔湖的水体适合其生长，所以占优势，到了 2009 年该种藻类已经明显处于劣势。

6.2.2 三岔湖水体富营养化导致藻类的数量增加

根据 1989 年对三岔湖藻类的调查结果，三岔湖 12 个监测点各个每升藻类的数量在 0.3 万～11 万个，平均为 5.6 万个/L。2009 年对三岔湖 5 个点的调查结果显示每升藻类的数量均在 1 500 万个以上，最高可达 3 200 万个，平均为 2 435.7 万个，是 1989 年的 446 倍（图 6-10）。三岔湖水体富营养化导致藻类数量急剧增加。

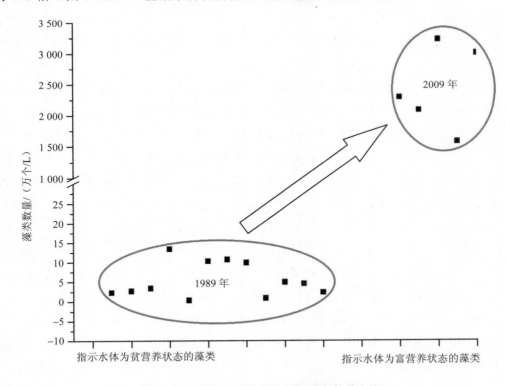

图 6-10 1989—2009 年三岔湖藻类数量变化

第 7 章

三岔湖沉积物中重金属的潜在环境风险分析

重金属污染不同于其他类型污染，具有隐蔽性、长期性、不可逆转性等特点（Owen et al.，2000）。进入环境中的重金属很难被生物降解，且会通过生物富集和放大作用对生态系统构成直接和间接威胁（Singh et al.，2005），并可通过食物链逐步富集，对人体健康构成危害。因此，及时了解这些元素的污染状况并进行正确评价，具有极其重要的意义。砷是对健康的影响与重金属相似的类金属，在本项研究中将其归入重金属进行分析。

沉积物中的重金属成分可以反映流域人类生活、生产对湖泊环境的影响及污染历史，Forstnert 于 1978 年（Forstner，1978）提出"沉积物是水环境重金属污染的指示剂"。重金属污染物可以通过大气沉降、工业废水和城市污水排放、水上交通运输、矿产开采等多种途径进入河流（Dai et al.，2010；Kwon et al.，2001），绝大部分重金属迅速由水相转入固相，结合到悬浮物和沉积物中。结合到悬浮物中的重金属在被水流搬运过程中，当其负荷量超过搬运能力时，最终便进入沉积物中（Brian et al.，2008）。沉积物是环境信息的记录者，可以反映出相关流域的环境污染历史及变迁过程（Teasdale et al.，2003），是水环境中重金属的"汇"和"源"，也就是说沉积物既是水体中重金属污染的"净化者"，又可能是重金属二次污染的"制造者"（Wu et al.，2001）。湖泊沉积物中的重金属污染物是长期累积的结果，相对于水相，其浓度较为稳定，可作为水环境受到重金属污染的指示剂（Seralathan et al.，2008；Bervoets et al.，2003）。在合适的环境地球化学条件下，以及在物理、化学和生物等因素的共同作用下（Huang et al.，2005），水库沉积物中重金属具有向上覆水体释放的可能性（Xu et al.，2008）。因此，通过分析沉积物中重金属含量的方法，开展研究区域重金属污染程度判定和生态风险评价是非常必要的。

7.1　三岔湖沉积物重金属分布特征

7.1.1　三岔湖表层沉积物中重金属含量分布

以《土壤环境质量标准》（GB 15618—1995）为评价指标，三岔湖各点位表层沉积物中 Cd 平均含量超过土壤二级标准，Pb、Cu、Zn、Cr 平均含量可以达到土壤二级标准，Ni、Hg、As 可以达到土壤一级标准，说明目前三岔湖沉积物污染物中以 Cd 的污染最为严重，Pb、Cu、Zn、Cr 次之，Ni、Hg、As 污染尚属清洁范畴。

（1）沉积物中 Pb 污染现状

三岔湖沉积物表层中 Pb 的平均含量为 38.1 mg/kg，超过《土壤环境质量标准》中的一级标准限值（35 mg/kg），但远低于二级标准限值（350 mg/kg）；其中 36.6%的样品达到一级标准，63.4%的样品达到二级标准；含量最高值为 51.1 mg/kg（20#点位），含量最低值为 29.8 mg/kg（2#点位）（图 7-1）。

（2）沉积物中 Cd 污染现状

三岔湖沉积物表层中 Cd 的平均含量为 0.7 mg/kg，超过《土壤环境质量标准》中的二级标准限值（0.6 mg/kg）；其中 13%的样品可以达到二级标准，77%的样品达到三级标准，10%的样品超过三级标准；含量最高值为 1.08 mg/kg（21#点位），含量最低值为 0.5 mg/kg（23#点位）（图 7-1）。

（3）沉积物中 Cu 污染现状

三岔湖沉积物表层中 Cu 的平均含量为 58.9 mg/kg，达到《土壤环境质量标准》中的二级标准限值（100 mg/kg）；其中 16.7%的样品可以达到一级标准（35 mg/kg），全部样品达到二级标准，含量最高值为 89.76 mg/kg（20#点位），含量最低值为 30.7 mg/kg（2#点位）（图 7-1）。

（4）沉积物中 Zn 污染现状

三岔湖沉积物表层中 Zn 的平均含量为 156.5 mg/kg，超过《土壤环境质量标准》中的一级标准限值（100 mg/kg），但远低于二级标准限值（300 mg/kg）；其中 13.3%的样品达到一级标准，87.7%的样品达到二级标准，含量最高值为 281.22 mg/kg（22#点位），含量最低值为 89.0 mg/kg（23#点位）（图 7-1）。

（5）沉积物中 Cr 污染现状

三岔湖沉积物表层中 Cr 的平均含量为 89.5 mg/kg，超过《土壤环境质量标准》中的一级标准限值（90 mg/kg），但远低于二级标准限值（350 mg/kg）；其中 33.3%的样品达到一级标准，66.7%的样品达到二级标准，含量最高值为 135.0 mg/kg（20#点位），含量最低值为 73.8 mg/kg（15#点位）（图 7-1）。

（6）沉积物中 Ni 污染现状

三岔湖沉积物表层中 Ni 的平均含量为 26.3 mg/kg，全部低于《土壤环境质量标准》中的一级标准限值（40 mg/kg）；含量最高值为 33.5 mg/kg（22#点位），含量最低值为 21.4 mg/kg（23#点位）（图 7-1）。

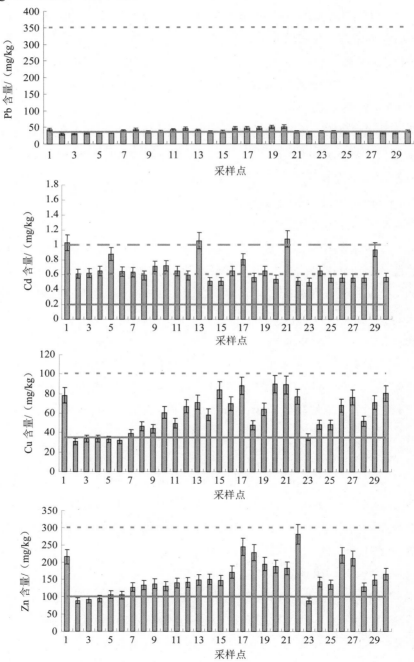

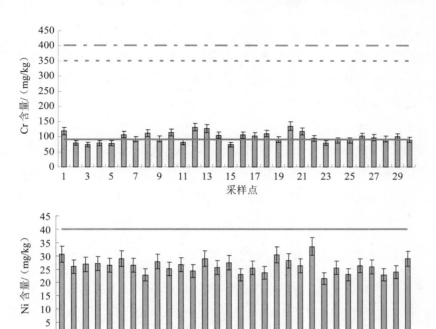

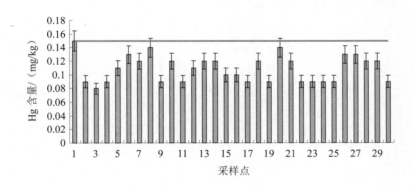

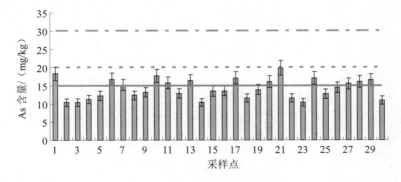

图 7-1　三岔湖底泥重金属污染物含量

（7）沉积物中 Hg 污染现状

三岔湖沉积物表层中 Hg 的平均含量为 0.1 mg/kg，全部低于或等于《土壤环境质量标准》中的一级标准限值（0.15 mg/kg）；含量最高值为 0.15 mg/kg（1#点位），含量最低值为 0.08 mg/kg（3#点位）（图 7-1）。

（8）沉积物中 As 污染现状

三岔湖沉积物表层中 As 的平均含量为 14.2 mg/kg，低于《土壤环境质量标准》中的一级标准限值（15 mg/kg）；其中 56.7%的样品达到一级标准，43.3%的样品达到二级标准，含量最高值为 19.9 mg/kg（21#点位），含量最低值为 10.4 mg/kg（3#点位）（图 7-1）。

7.1.2　三岔湖表层沉积物重金属的分区特征

按前述 4.1 节中"三岔湖分区图"（图 4-1）计算不同湖区的重金属平均含量，所得结果如下：Pb，C＞D＞A＞E＞B；As，B＞D＞A＞C＞E；Zn，C＞B＞A＞D＞E；Cu，B＞C＞D＞A＞E；Cr，B＞C＞D＞A＞E；而 Cd、Ni 和 Hg 在五个分区的变化幅度极小（Cd 的变化幅度为 0.615～0.695 mg/kg，Ni 的变化幅度为 25.550～27.900 mg/kg，Hg 的变化幅度为 0.098～0.121 mg/kg）（图 7-2）。

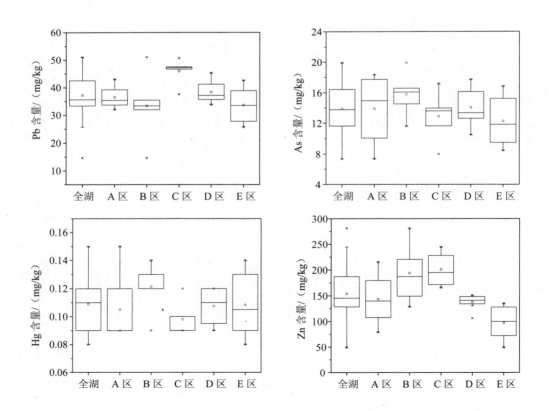

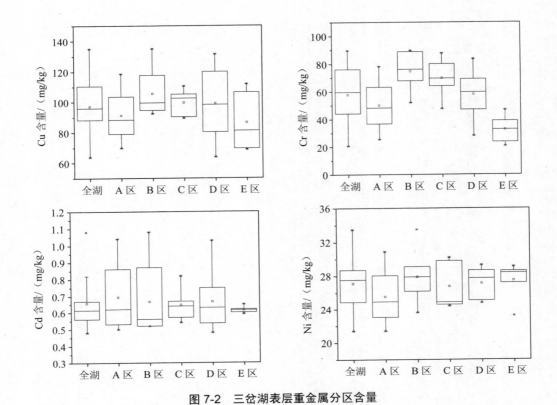

图 7-2　三岔湖表层重金属分区含量

7.1.3　三岔湖湖芯柱状样重金属分布特征

　　研究重金属在不同沉积物深度的含量分布可了解不同时期重金属的输入量，将其与背景值比较，可反映出不同时期重金属汇入量的情况。由于沉积物中的重金属和营养元素主要来自流域成土母质和人类生产生活排放，其含量同时又受到沉积物性质的影响。因此，建立沉积物中重金属和营养元素的沉积记录，探寻其来源状况，对了解流域环境变化和人为污染程度并采取相关措施进行水体污染治理具有重要意义。

　　三岔湖柱状样沉积物重金属含量垂向变化可以分为两类（图 7-3）：①Pb、Cr 是第一类，从上到下没有明显变化规律，但在 2005 年都出现了一个异常低值；从含量看，Pb 为 12.4～51.7 mg/kg，Cr 为 67.9～150.1 mg/kg，变异系数接近，分别为 19.59%、18.68%。②Zn、Cu 是第二类，在 25 cm 以下（即 1990 年以前）各元素含量变化不大，在 25 cm 以上有一个明显的增加变化。Zn 在 22 cm 和 12 cm（1995 年和 2005 年前后）出现了两次峰值，达到了 425.0 mg/kg 和 921.7 mg/kg。

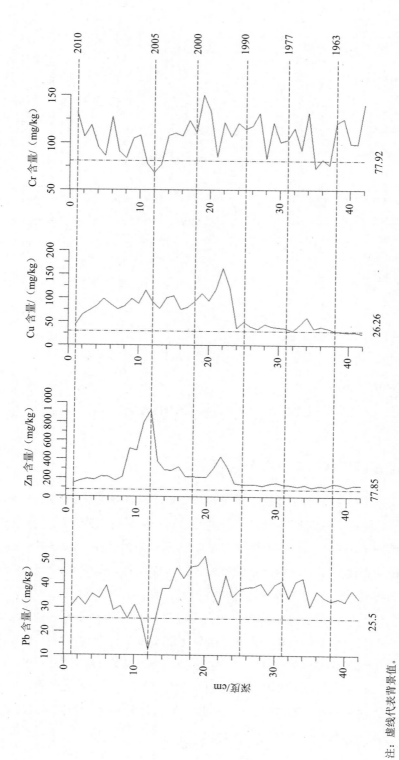

图 7-3　三岔湖柱状样沉积物重金属含量垂向变化

注：虚线代表背景值。

　　沉积环境中元素背景值是指一定区域内自然状态下未受人为污染影响的沉积物中元素的正常含量（刘本桐等，1995）。由于三岔湖环湖周围工农业活动较为强烈，已不可能在该区域采集到能真正代表沉积柱背景含量的表层沉积物或土壤。四川省地质矿产勘查局曾经于 2000 年开展的"成都平原多目标地球化学调查"（朱礼学等，2004），揭示了成都市土壤环境地球化学背景值及元素分布。本研究区和"成都平原多目标地球化学调查"中的龙泉山区相邻，从上一级地球化学分区（四川省地球化学分区）来看属于同一个分区，因此参考该研究成果，将龙泉山环境地球化学背景值作为本研究的背景值，列于表 7-1 中。

表 7-1　三岔湖沉积物的背景重金属含量及其比较　　　　单位：mg/kg

	Pb	Zn	Cr	Cu
研究区背景值（朱礼学等，2004）	25.5	77.85	77.72	26.26
地壳丰度（刘英俊等，1984）	12.5	70	100	55
世界页岩标准（Karl et al.，1961）	20	68	90	45

　　由于沉积物重金属的含量与沉积物的粒径关系密切（表 7-2），从柱状湖芯样中粒度数据中选取了 D（4，3）和小于 4.0 μm、4～32 μm、32～64 μm、大于 64 μm 的百分含量 5 个粒度参数，分别计算了 8 种元素与 5 个粒度参数的相关系数。其中 D（4，3）代表样品的体积加权平均粒径，由粒度仪测量软件直接计算得出；根据乌登-温德沃思粒级分类方法（李蕙生等，1986），后四个粒级分别可以代表泥质、粉沙、沙级和粗颗粒的百分含量。

表 7-2　PP-1 孔 4 种元素及部分粒度参数之间的相关关系

	Pb	Zn	Cu	Cr	D（4，3）	黏土<4.0 μm	粉沙 4～32 μm	沙 32～64 μm	粗颗粒>64 μm
Pb	1								
Zn	−0.55	1							
Cu	−0.002	0.62	1						
Cr	0.48	−0.33	−0.06	1					
D（4，3）	−0.42	0.78	0.69	−0.26	1				
黏土<4.0 μm	0.28	−0.76	−0.79	0.17	−0.79	1			
粉沙 4～32 μm	0.34	−0.50	−0.33	0.30	−0.70	0.30	1		
沙 32～64 μm	−0.14	0.51	0.57	−0.13	0.50	−0.71	−0.52	1	
粗颗粒>64 μm	−0.41	0.82	0.73	−0.29	0.98	−0.86	−0.71	0.63	1

粒度参数 D（4，3）与小于 4.0 μm 和 4～32 μm 的百分含量存在负相关关系（相关系数分别为–0.788 和–0.698），而与大于 64 μm 的百分含量具有很高的正相关关系，相关系数为 0.976，这说明 D（4，3）主要代表了粗颗粒的百分含量。

PP-1 孔沉积物中元素含量与粒度组成的变化规律可分为两类：①Pb 和 Cr 与细粒颗的相关程度高于粗颗粒；②Zn 和 Cu 元素含量的变化与沙和粗颗粒变化一致，而与泥质和粉沙的含量变化呈负相关关系，它们更容易随着粗沉积物进入湖泊，而且较高的相关系数（分别为 0.820、0.734），说明这两个元素的含量变化受沉积物粒度变化的影响较大。在上述 4 种元素中，Zn 元素与粒度参数的相关性最高，与黏土、粉沙、沙和粗颗粒的相关系数分别为–0.756、–0.498、0.513 和 0.820。上述 4 种元素与不同粒径沉积物的关系，可能是在 2005 年（12 cm 处）Zn 元素出现了一个最大值、而 Pb、Cr 出现低值的原因。

2005 年三岔湖流域发生洪涝灾害，8 月降雨量达到 145.4 mm。由于洪水的冲刷，2005 年（12 cm 处）沙级颗粒以粗颗粒为主，特别是大于 64 μm 颗粒达到 69.3%（图 5-10），而细颗粒只占极少的份额。由于 Zn 元素与粒度参数高度相关，即粗颗粒吸附了大量的 Zn 使之沉积，而由于细颗粒极少，Pb 和 Cr 的沉积也在 2005 年（12 cm 处）降至最低。另外，由于 Zn 在车用轮胎中应用广泛（崔虎军，2007；吴启明，2011），三岔湖附近公路上的轮胎屑被 2005 年的洪水随公路的泥沙冲入湖中，也可能是造成这一年 Zn 含量增高的原因之一。

7.2　三岔湖沉积物重金属污染的潜在污染风险

常用的沉积物重金属评价方法有潜在生态风险指数法（Hakanson，1980）、地累积指数法（Muller, 1969）、污染负荷指数法（Ahmet et al., 2006）、回归过量分析法（Holtan et al., 1988）以及沉积物质量基准法（Chapman et al., 2008）等，这些方法应用范围不一、各有优势，并且存在相应的局限性。

7.2.1　潜在生态风险指数法

（1）方法原理

1980 年瑞典学者 Hakanson 建立了一套基于沉积原理评价重金属污染及其生态危害的方法，称为潜在生态风险指数法（Hakanson，1980）。潜在生态风险指数法是划分沉积物污染物污染程度及水域潜在生态风险的一种相对快速、简便和标准的方法，用测定的沉积物样品中有限数量的污染物含量进行计算。Hakanson 模型中金属的主要危害途径是：水→沉积物→生物→鱼→人体，金属元素的毒性水平顺序为 Hg＞Cd＞As＞Pb＝Cu＞Cr＞Zn。

生态风险指数以 4 项条件为基础：①含量条件。生态风险指数（RI）随沉积物污染程度的加重而增加。沉积物污染程度可通过沉积物中污染物含量的实测数据与其工业化前自然背景值进行比较。②数量条件。受多种污染物污染的沉积物的 RI 值高于受少数几种污染物污染的 RI 值。实际工作中，对沉积物样品一般仅测定一定数量的污染物，必须选择合理的污染物用于计算"总含量"，这些污染物（如 Hg、Cd、As、Cu、Pb、Cr 和 Zn）含量的总和代表"标准污染程度"。③毒性条件。毒性高的污染物应比毒性低的污染物对 RI 值的贡献大。由于污染物的毒性与稀有性之间存在一种比例关系，而且对固体物质的亲和度不同，因此可根据"丰度原则"及沉积作用来区分各种污染物。④敏感条件。表明不同的水域对不同的有毒污染物具有不同的敏感性（刘恩峰等，2005）。某区域沉积物中第 i 种金属的潜在生态危害系数 E_r^i 及沉积物中多种重金属的潜在生态危害指数 RI 可以表示为

$$E_r^i = T_r^i \times C_f^i \tag{7-1}$$

$$RI = \sum_{i=1}^{n} E_r^i = \sum_{i=1}^{n} T_r^i \times C_f^i = \sum_{i=1}^{n} T_r^i \times C_s^i / C_n^i \tag{7-2}$$

式中，C_f^i——重金属富集系数 $C_f^i = C_s^i / C_n^i$；

C_s^i——表层沉积物中重金属 i 浓度实测值；

C_n^i——所需参比值，采用现代工业化前沉积物中重金属的正常最高值为背景值（陈静生等，1992）（表 7-3）；

T_r^i——重金属 i 的毒性系数或称为毒性响应参数（通过处理以后，可得出 Zn、Cr、Cu、Pb、As、Cd 和 Hg 的"毒性响应参数"分别为 1、2、5、5、10、30、40），它主要反应重金属的毒性水平和生物对重金属污染的敏感程度（Hakanson，1980）（表 7-4）。

表 7-3　重金属元素背景参考值　　　　　　　　　　　　　　单位：mg/kg

元素	Pb	Cd	Cu	Zn	Cr	Ni	Hg	As
含量	25	0.5	30	80	60	40.1	0.25	15

表 7-4　重金属潜在生态危害系数 E_r^i、潜在生态危害指数 RI 与污染程度的关系

E_r^i	RI	生态危害程度
$E_r^i < 40$	$RI < 150$	轻微
$40 \leqslant E_r^i < 80$	$150 \leqslant RI < 300$	中等
$80 \leqslant E_r^i < 160$	$300 \leqslant RI < 600$	强

E_r^i	RI	生态危害程度
$160 \leqslant E_r^i < 320$	RI≥600	很强
$320 \leqslant E_r^i$		极强

（2）评价结果

将三岔湖表层沉积物中各重金属元素实测含量分别代入式（7-1）、式（7-2），可计算出潜在生态危害系数 E_r^i、潜在生态危害指数 RI，分别代表各样点单个污染物潜在生态危害程度和总生态风险程度，评价结果见图 7-4。除 Cd 以外，其他重金属的生态危害程度都在轻微危害以内；总生态风险程度也不高，RI 在 60～130（图 7-5）；贡献最大的分别为 Cd、Hg 和 Cu（图 7-6）。

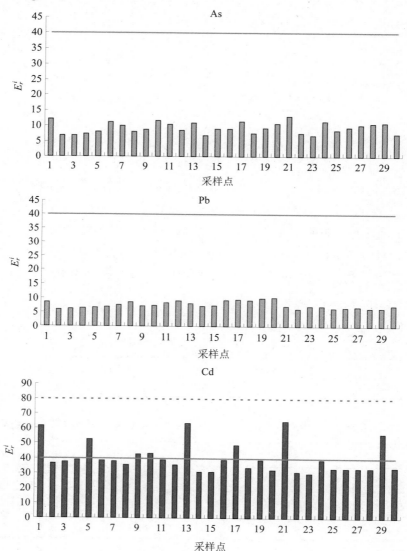

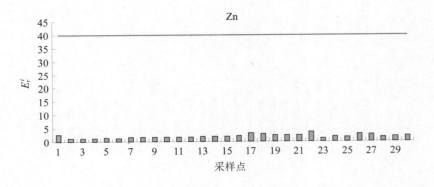

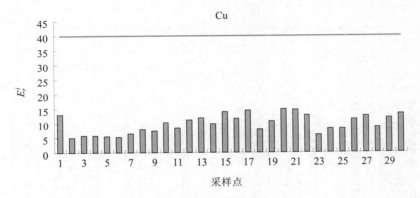

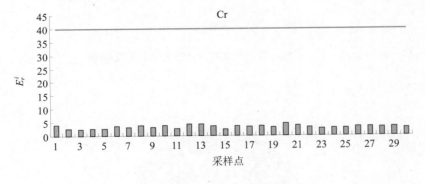

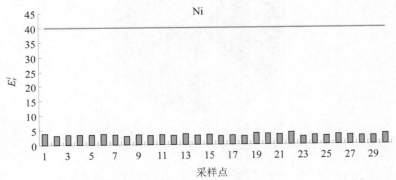

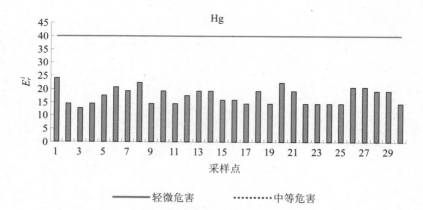

图 7-4   三岔湖各点位重金属潜在生态危害系数 E_r^i

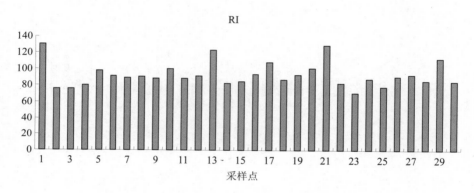

图 7-5   三岔湖各点位重金属潜在生态危害指数 RI

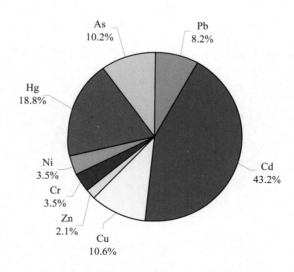

图 7-6   不同重金属对潜在生态危害指数的贡献

7.2.2　地累指数法

（1）方法原理

地质累积指数（Geoaccumulation Index）反映的是单一元素的污染水平，属于单项污染指数（滕彦国等，2002）。地质累积指数是 20 世纪 60 年代末期在欧洲发展起来，广泛应用于沉积物以及其他物质中重金属污染程度的定量指标研究，是由德国海德堡大学沉积物研究所 Muller 提出的一种定量研究水环境沉积物中重金属元素污染状况的评价方法（Muller，1969）。由于在污染指数计算过程中加入了表层沉积特征、岩石地质及其他因素的修正指数，所以累积指数不仅反映了重金属分布的自然变化特征，而且可以判别人为活动对环境的影响，是区分人类活动影响的重要参数。地质累积指数 I_{geo} 的表达式为

$$I_{geo} = \log_2 \left[\frac{C_n}{1.5B_n} \right] \tag{7-3}$$

式中，C_n——样品中重金属元素 n 的含量；

B_n——沉积物重金属元素 n 的背景值；

1.5——常数，考虑到岩石差异、成岩作用等因素可能会引起背景值的波动而设。

Forstner 等（1987）根据地质累积指数 I_{geo} 把重金属污染程度分为 7 个级别（表 7-5），另一学者 Anon（1994）分为 5 个级别。不同级别代表着不同的重金属污染程度（Martin，2000）。本节采用前者。

表 7-5　地质累积指数级别

I_{geo} 范围	级别	污染程度
$I_{geo}<0$	0	无污染
$0 \leq I_{geo}<1$	1	无污染到中度污染
$1 \leq I_{geo}<2$	2	中度污染
$2 \leq I_{geo}<3$	3	中度污染到强污染
$3 \leq I_{geo}<4$	4	强污染
$4 \leq I_{geo}<5$	5	强污染到极强污染
$I_{geo}>5$	6	极强污染

（2）评价结果

采用区域元素地球化学背景值（朱礼学，2004）（表 7-6），根据式（7-3）和表 7-5 计算得到三岔湖各采样点的地质累积指数及污染级别（表 7-7、表 7-8），结果表明，Pb

的地质累积指数为–0.417～0.125，11 个点位为无污染到中度污染，其他为无污染；As 的地质累积指数为–0.273～0.159，15 个点位为无污染到中度污染，其他为无污染；Zn 的地质累积指数为–0.377～0.387，6 个点位为无污染，其他为无污染到中度污染；Cu 的地质累积指数为–1.002～–0.364，全部为无污染；Cr 的地质累积指数为–1.851～–1.526，全部为无污染；Cd 的地质累积指数为 2.630～2.982，全部为中度污染到强污染；Ni 的地质累积指数为–0.378～–0.184，全部为无污染；Hg 的地质累积指数为 2.931～3.204，6 个为中度污染到强污染，18 个点位为强污染。三岔湖各金属地质累积指数由大到小依次为：Hg＞Cd＞Zn＞As＞Pb＞Ni＞Cu＞Cr。

表 7-6　重金属元素的区域地球化学背景值　　单位：mg/kg

元素	Pb	Cd	Cu	Zn	Cr	Ni	Hg	As
含量	25.5	0.15	26.3	77.8	77.7	34.1	0.05	9.2

表 7-7　各采样点重金属元素的地质累积指数

点位	Pb	As	Zn	Cu	Cr	Cd	Ni	Hg
1	0.051	0.124	0.266	–0.424	–1.582	2.966	–0.219	3.204
2	–0.139	–0.164	–0.377	–1.002	–1.814	2.727	–0.274	2.982
3	–0.172	–0.214	–0.210	–0.790	–1.805	2.734	–0.256	2.931
4	–0.069	–0.088	–0.090	–0.943	–1.819	2.762	–0.252	2.982
5	–0.053	–0.051	–0.041	–0.870	–1.762	2.878	–0.257	3.069
6	–0.046	0.086	–0.047	–0.815	–1.629	2.741	–0.245	3.142
7	0.007	0.042	0.040	–0.727	–1.695	2.741	–0.256	3.107
8	0.046	–0.048	0.062	–0.647	–1.608	2.720	–0.343	3.174
9	–0.032	–0.019	0.072	–0.672	–1.691	2.755	–0.252	2.982
10	–0.007	0.108	0.048	–0.533	–1.602	2.762	–0.311	3.107
11	0.041	0.059	0.080	–0.620	–1.741	2.741	–0.274	2.982
12	0.073	–0.029	0.084	–0.489	–1.537	2.712	–0.314	3.069
13	0.024	0.075	0.107	–0.464	–1.553	2.962	–0.242	3.107
14	–0.028	–0.120	0.111	–0.550	–1.638	2.630	–0.307	3.107
15	–0.019	–0.011	0.101	–0.394	–1.851	2.639	–0.251	3.028
16	0.091	–0.007	0.167	–0.474	–1.634	2.755	–0.321	3.028
17	0.094	0.095	0.321	–0.374	–1.645	2.863	–0.318	2.982
18	0.086	–0.074	0.290	–0.639	–1.613	2.681	–0.313	3.107
19	0.123	0.005	0.223	–0.511	–1.700	2.775	–0.229	2.982
20	0.125	0.069	0.205	–0.364	–1.526	2.665	–0.245	3.174
21	–0.033	0.159	0.193	–0.368	–1.585	2.982	–0.279	3.107
22	–0.417	–0.075	0.382	–0.431	–1.680	2.665	–0.184	2.982
23	–0.032	–0.273	–0.170	–0.912	–1.812	2.648	–0.378	2.982

点位	Pb	As	Zn	Cu	Cr	Cd	Ni	Hg
24	−0.034	0.093	0.091	−0.632	−1.710	2.781	−0.316	2.982
25	−0.076	−0.033	0.067	−0.635	−1.710	2.697	−0.307	2.982
26	−0.059	0.022	0.276	−0.485	−1.649	2.697	−0.260	3.142
27	−0.044	0.053	0.257	−0.435	−1.668	2.697	−0.263	3.142
28	−0.069	0.066	0.041	−0.601	−1.690	2.697	−0.336	3.107
29	−0.077	0.079	0.107	−0.465	−1.658	2.888	−0.291	3.107
30	−0.007	−0.237	0.152	−0.413	−1.704	2.705	−0.235	2.982
平均值	−0.022	−0.010	0.094	−0.589	−1.677	2.756	−0.278	3.059

表 7-8　各采样点重金属元素的地质累积指数的级别

点位	Pb	As	Zn	Cu	Cr	Cd	Ni	Hg
1	1	1	1	0	0	3	0	4
2	0	0	0	0	0	3	0	3
3	0	0	0	0	0	3	0	3
4	0	0	0	0	0	3	0	3
5	0	0	0	0	0	3	0	4
6	0	1	0	0	0	3	0	4
7	1	1	1	0	0	3	0	4
8	1	0	1	0	0	3	0	4
9	0	0	1	0	0	3	0	3
10	0	1	1	0	0	3	0	4
11	1	1	1	0	0	3	0	3
12	1	0	1	0	0	3	0	4
13	1	1	1	0	0	3	0	4
14	0	0	1	0	0	3	0	4
15	0	0	1	0	0	3	0	4
16	1	0	1	0	0	3	0	4
17	1	1	1	0	0	3	0	3
18	1	0	1	0	0	3	0	4
19	1	1	1	0	0	3	0	3
20	1	1	1	0	0	3	0	4
21	0	1	1	0	0	3	0	4
22	0	0	1	0	0	3	0	3
23	0	0	0	0	0	3	0	3
24	0	1	1	0	0	3	0	3
25	0	0	1	0	0	3	0	3
26	0	1	1	0	0	3	0	4
27	0	1	1	0	0	3	0	4

点位	Pb	As	Zn	Cu	Cr	Cd	Ni	Hg
28	0	1	1	0	0	3	0	4
29	0	1	1	0	0	3	0	4
30	0	0	1	0	0	3	0	3
平均值	0	0	1	0	0	3	0	4

应用潜在生态风险指数法和地累指数法对三岔湖沉积物重金属的潜在污染风险进行评价，结果略有差异。按潜在生态风险指数法除 Cd 的 E_r^i 值为 40.1，达到中等生态危害，需引起注意外，其余 7 种元素 E_r^i 值均小于 40，属轻微生态危害，各重金属对三岔湖生态风险影响程度由高到低依次为：Cd＞Hg＞Cu＞As＞Pb＞Cr＞Ni＞Zn；按照地质累积指数法，三岔湖表层沉积物达到了无污染到中度污染，各金属由大到小依次为：Hg＞Cd＞Zn＞As＞Pb＞Ni＞Cu＞Cr。这其中的主要原因是各自的侧重不同，潜在生态风险评价法以工业化前沉积物中重金属的正常最高值为参照，而地质累积指数侧重元素相对于本地背景值的富集程度。总体来说，三岔湖重金属污染不严重。

7.3 人类活动与重金属污染的关系

7.3.1 人类活动是沉积物重金属富集的主要原因

三岔湖表层沉积物中不同重金属含量间相关性分析表明（表 7-9），Pb-Cr、Cd-As、Cu-Zn、Cu-Cr、Cr-Hg、Cr-As 间有很高的相关性，表明它们之间同源性很高，尤其以 Zn 和 Cu，以及 Cr、As 和 Cd 之间，呈极显著相关，说明三岔湖沉积物中这两组元素可能具有相似的来源。

表 7-9　三岔湖表层沉积物重金属相关性分析

	Pb	Cd	Cu	Zn	Cr	Ni	Hg	As
Pb	1	0.065	0.403*	0.384*	0.545**	0.019	0.221	0.222
Cd	0.065	1	0.236	0.054	0.322	0.183	0.247	0.602**
Cu	0.403*	0.236	1	0.721**	0.513**	0.279	0.268	0.456*
Zn	0.384*	0.054	0.721**	1	0.388*	0.381*	0.213	0.264
Cr	0.545**	0.322	0.513**	0.388*	1	0.040	0.683**	0.478**
Ni	0.019	0.183	0.279	0.381*	0.040	1	−0.022	0.108
Hg	0.221	0.247	0.268	0.213	0.683**	−0.022	1	0.472**
As	0.222	0.602**	0.456*	0.264	0.478**	0.108	0.472**	1

*　相关性的显著水平为 0.05。

**　相关性的显著水平为 0.01。

Zn 和 Cu 极有可能主要来自网箱养鱼。鱼饲料的成分除蛋白质、粗纤维、粗脂肪外（深秋，2001；罗刚，2003），还要添加各种矿物质和 Cu、Zn、Fe、Mn 等微量元素，添加量一般为 0.1%～2%（王桂香，2007）。在饲喂网箱鱼的过程中，每天需投入大量颗粒饲料，前期还需投喂微粒饲料（吴遵霖等，2000）。我国的饲料普遍存在悬浮性、保形性较差的缺点，致使没有被鱼摄食的饲料颗粒及粉末沉入库底（王福表，2002；石广福等，2009）。网箱养鱼集中的 B 区，Cu 和 Zn 的含量都较其他湖区高。

湖泊沉积物中的铅有多方面的来源。自然来源有流域、土壤和基岩风化经侵蚀带入湖泊，以及大气搬运。在出现铅污染之前，湖泊沉积物中大气来源的铅相对于流域要少得多（Archer et al.，1989）。工业革命之后，伴随着汽车的出现和加铅汽油的使用以及工业的发展，使近代铅污染趋向高峰，现代全球铅循环中约有 95% 来自人类活动造成的铅污染（Caraco et al.，1989）。铅在 C 区的含量最高，与 C 区的人类活动密切相关。C 区是三岔湖周边人类活动最为密集的区域，且旅游业较为发达。汽油中的铅随尾气、车胎磨损进入道路扬尘，进而随干湿沉降进入湖泊，最后沉降到湖泊底部。

7.3.2 减少重金属对环境影响的措施

沉积物中重金属的释放特性与重金属的赋存状态密切相关，水环境化学条件是影响重金属结合形态的一个重要因素。水体的环境化学条件主要包括盐度、pH、氧化还原条件、温度、天然及人工合成络合剂等，它们对沉积物中重金属的结合形态和重金属释放存在不同程度的影响：①根据离子交换和竞争吸附理论，水中存在的阳离子可以和重金属离子产生竞争，从而使重金属从固体颗粒上解吸下来。②随着酸度增加，重金属的释放量增大。③沉积物中 Fe/Mn 氧化物在还原条件下能释放出 Fe、Mn 及绝大部分重金属，进入间隙水，但由于氧化性沉积层的氧化作用，释放出来的重金属无法向上扩散而滞留于底部还原层。但三岔湖水底层及沉积物表面大都处于还原状态（详见 5.1 节），沉积物中还原释放出的 Fe、Mn 及由此释放的重金属完全迁移至上层水体，迁移释放强度随水流紊动程度的提高将进一步得到加强。④对于重金属在固体颗粒上的吸附和解吸过程，温度升高一般有利于重金属的物理解吸，对于离子交换吸附，由于表面电荷几乎不随温度变化，所以离子交换吸附产生的重金属释放作用基本不受温度的影响。根据分子热运动理论，温度升高有利于沉积物中重金属向水相迁移以及释放于空隙水中的重金属向表层水的迁移。⑤有机物质可以使金属氧化物高价的金属还原为低价态，增加其溶解性，释放出氧化物上吸附的重金属；重金属离子可以和有机酸形成可溶性络合物和胶体悬浮物。

重金属可以不同形式进入或吸附在有机质颗粒上，与有机质络合生成复杂的络合态金属。这两种结合形态的金属较为稳定，绝大多数被固定在沉积物中，不易释放。沉积物对于金属铬、铜有很强的固定能力，排入水体的这些金属绝大部分在较短的时间内都会转移至沉积物中。当上覆水清洁后沉积物中的金属又会升迁释放，但速度相当缓慢，诸多因素会对释放起到强化或减弱的作用，但作用并不明显。因此受污染的沉积物将会长期对其上覆清洁水造成影响。

影响三岔湖沉积物重金属释放的主要影响因素是氧化还原电位的变化。由于三岔湖沉积物富含铁锰氧化物（与该区域的地球化学背景有关），铁锰氧化物的作用对 Zn、Pb、Cr 三种元素都较为显著。铁锰氧化物结合态是较强的离子键结合，一般条件下不易释放，元素被吸附或沉淀于铁锰氧化物表面形成氢氧化物或碱式盐。但在水体中氧化还原电位降低时，或水体缺氧时，这种结合形态的重金属键被还原，会造成水体的二次污染。因此保证底层水中足够的溶解氧非常重要。

第 8 章

三岔湖湖泊环境对人类活动的响应

8.1 三岔湖近几十年水质变化与人类活动

8.1.1 三岔湖水环境质量变化的模糊综合指数评价

从三岔湖多年水质监测结果来看，往往在某一年一项指标符合Ⅰ类水标准，另一项指标却符合Ⅱ类水或者是Ⅲ类水标准。为解决这种水质指标之间的不相容性，以便更清晰地分析三岔湖水环境的变化规律，本研究引入了在模糊数学基础上建立的模糊综合指数评价方法。

模糊数学是用数学方法来解决一些模糊问题。所谓模糊问题是指界线不清或隶属关系不明确的问题，而环境质量评价中污染程度的界线就是模糊的，人为地用特定的分级标准去评价环境污染程度是不确切的（奚旦立，2004）。模糊综合指数评价是指对多种模糊因素所影响的事物或现象进行总的评价，是一种定量研究多种属性事物的工具，引入模糊数学的概念符合水质评价的客观要求。如Ⅰ类原水和Ⅱ类原水就不能用一个绝对的判据进行划分，因为原水水质是一个多因素耦合的复杂系统，各种因素间关系错综复杂，表现出极大的不确定性和随机性，而且原水水质的变化是一个连续渐变的过程（徐祖信等，2003）。

8.1.1.1 模糊综合评价方法

（1）基本原理

所谓模糊评价，就是根据给出的评价标准和实测值，经过模糊变换对事物做出评价的一种方法。一个事物往往具有多种属性，故评价事物必须同时考虑各种因素，但很多问题往往难以用一个简单的数值表示，即常常带有模糊性，这时就应该采用模糊综合评价。

模糊综合评价可以用数学模式来表示：

$$B=A \cdot R \qquad (8-1)$$

式中，A——输入，它是由参加评价因子的权重经归一化处理得到的 1 个 $1 \times n$ 阶行矩阵；

　　　R——"模糊变换器"，它是由各单因子评价行矩阵组成的 1 个 $n \times m$ 阶模糊关系矩阵；

　　　B——输出，是要求的综合评判结果，它是 1 个 $1 \times m$ 阶矩阵的形式。

（2）模糊综合评价步骤

1）建立因子集和评价集

在本节中评价指标的选取是根据《地表水环境质量标准》（GB 3838—2002）的水质等级具体数值，在此选取过程中对于指标实测值过大（远超 V 类水质）或过小（远小于 I 类水质）都予以筛除。因为水质实测值过大或过小都不能准确反映水质的综合类别，反而会影响其他水质指标对水质综合类别的有效反应。因此选择溶解氧（DO）、高锰酸盐指数（COD_{Mn}）、五日生化需氧量（BOD_5）、总磷（TP）、总氮（TN）、氨氮（$NH_3\text{-}N$）作为评价水质综合类别的具体指标，由于数据监测的年份较长，因此在监测过程中存在数据的增减，所以在不同年份会对指标有所取舍。

基于指标筛选结果，建立因子集和评价集：设影响水质的污染因素有 n 个，组成评价因素集合：$U=\{u_1, u_2, u_3, \cdots, u_n\}$；评价等级共 m 个等级，组成评价等级集合：$V=\{v_1, v_2, v_3, \cdots, v_m\}$。

2）建立单因素隶属函数

隶属函数是各单项水质指标模糊评价的依据，各单项指标的评价又是多因素模糊综合评价的基础。因此，确定各因素对各级的隶属函数是问题的关键。

根据水的用途和特征，将水质划分为 m 个等级标准，用这些标准可以逐个刻画各因素对各级标准的隶属度，隶属度通过隶属函数计算得到。因此，需要建立隶属函数，一般通过取线性函数来确定各级水质的隶属函数。

第 1 级水质，即 $j=1$ 时，隶属函数为

$$r_{ij} = \begin{cases} 1, & 0 \leq x_i \leq s_{ij} \\ \dfrac{s_{ij+1} - x_i}{s_{ij+1} - s_{ij}}, & s_{ij} < x_i \leq s_{ij+1} \\ 0, & s_{ij+1} < x_i \end{cases} \qquad (8-2)$$

第 2 级水质至第 （$m-1$）级水质，即 $j=2, 3, \cdots, m-1$ 时，其隶属函数为

$$r_{ij} = \begin{cases} 1, & x_i = s_{ij} \\ \dfrac{x_i - s_{ij-1}}{s_{ij} - s_{ij-1}}, & s_{ij-1} < x_i < s_{ij} \\ \dfrac{x_i - s_{ij+1}}{s_{ij} - s_{ij+1}}, & s_{ij} < x_i \leqslant s_{ij+1} \end{cases} \tag{8-3}$$

末级水质，即 $j=m$ 时，其隶属函数为

$$r_{ij} = \begin{cases} 1, & x_i \geqslant s_{ij} \\ \dfrac{x_i - s_{ij-1}}{s_{ij} - s_{ij-1}}, & s_{ij-1} < x_i < s_{ij} \\ 0, & x_i \leqslant s_{ij+1} \end{cases} \tag{8-4}$$

以上各式中，x_i 为第 i 个因素 u_i 的实测值，s_{ij-1}、s_{ij}、s_{ij+1} 分别为因素 u_i 的第 j–1、j、j+1 级水质的标准值。当 x_i 给定后，可以用以上隶属函数求出 u_i 对各级水质的隶属度。

3）建立模糊评价矩阵 R

根据单因素隶属度确定模糊评价矩阵 R。

$$R = \begin{bmatrix} r_{ij} \end{bmatrix} = \begin{bmatrix} r_{11} & r_{12} & r_{13} & r_{14} \\ r_{21} & r_{22} & r_{23} & r_{24} \\ \vdots & \vdots & \vdots & \vdots \\ r_{m1} & r_{m2} & r_{m3} & r_{m4} \end{bmatrix} \tag{8-5}$$

4）建立评价因子的权重矩阵 A

在综合模糊评判中应考虑到各项指标高低有所不同，在总的污染中所起的作用亦有所差别。因此，有必要对各参评因子赋予权重。目前，常用"污染浓度超标法"计算权重，即按照各评判因子超标情况进行加权，超标越多，权重值越大。

$$w_i = \frac{x_i}{\bar{s}_{io}}, i = 1, 2, \cdots, n \tag{8-6}$$

$$\bar{s}_{io} = \frac{1}{k} \sum_{j=1}^{k} s_{ij}, i = 1, 2, \cdots, n; \ j = 1, 2, \cdots, k \tag{8-7}$$

式中，w_i——因素 u_i 的权重（表明了污染物 u_i 浓度的超标倍数）；

x_i——第 i 个因素 u_i 的实测值；

s_{ij}——因素 u_i 第 j 级水质的评价标准值；

$\bar{s}_{io}$——因素 u_i 各级评价标准的均值；

k——水质评价分级总数。

为进行模糊运算，各单项权重必须进行归一化处理，即

$$a_i = \frac{w_i}{\sum\limits_{i=1}^{n} w_i}, \sum\limits_{i-1}^{n} a_i = 1 \tag{8-8}$$

那么就得到一个 $1 \times n$ 的模糊权重矩阵 A，即

$$A = (a_1 \ a_2 \ \cdots \ a_n) \tag{8-9}$$

5）进行模糊综合评价

将权重矩阵 A 和模糊矩阵 R 代入公式 $B=A \cdot R$，根据最大隶属度原则确定水质评价结果。

最大隶属度原则即为：设 X 为待识别元素的全体，$\tilde{A}_i \in F(X)$（$i=1$，2，$\cdots$，n）为 n 个模糊模式，$\mu\chi_1(x)$，$\mu\chi_2(x)$，$\cdots$，$\mu\chi_n(x)$ 为其对应的隶属函数。对于 X 中任一元素 x，要确定它属于哪一种模式，可按下列原则做判断，即若

$$\mu\chi_1(x) = \max\{\mu\chi_1(x), \ \mu\chi_2(x), \cdots, \ \mu\chi_n(x)\} \tag{8-10}$$

则认为 x 归属于 $\tilde{A}_i$ 所代表的那一类。这一原则称为最大隶属度原则，它表示类内元素之间的差别应该小于类间元素的差别，因而是一种相似性判别原则。

8.1.1.2　评价结果

评价结果见表 8-1。

表 8-1　1989—2010 年三岔湖各监测点逐年的模糊综合评价结果

年份	监测点	1 级	2 级	3 级	4 级	5 级	评价等级
1989	大坝	0.789	0.146	0.066	0.00	0.00	1 级
	老三岔	0.902	0.099	0.00	0.00	0.00	1 级
	龙云	0.867	0.134	0.00	0.00	0.00	1 级
	全湖	0.832	0.776	0.016	0.00	0.00	1 级
1990	大坝	0.58	0.34	0.008	0.00	0.00	1 级
	老三岔	0.5	0.125	0.375	0.00	0.00	1 级
	龙云	0.57	0.323	0.108	0.00	0.00	1 级
	全湖	0.55	0.27	0.18	0.00	0.00	1 级
1991	大坝	0.375	0.388	0.243	0.00	0.00	2 级
	老三岔	0.371	0.399	0.337	0.00	0.00	2 级
	龙云	0.292	0.34	0.174	0.084	0.00	2 级
	全湖	0.374	0.373	0.231	0.022	0.00	2 级

年份	监测点	1 级	2 级	3 级	4 级	5 级	评价等级
1992	大坝	0.346	0.258	0.236	0.146	0.014	1 级
	老三岔	0.354	0.386	0.098	0.154	0.00	2 级
	龙云	0.385	0.478	0.137	0.00	0.00	2 级
	全湖	0.364	0.355	0.203	0.078	0.00	1 级
1993	大坝	0.218	0.409	0.081	0.292	0.00	2 级
	老三岔	0.389	0.245	0.359	0.007	0.00	1 级
	龙云	0.182	0.578	0.24	0.00	0.00	2 级
	全湖	0.272	0.337	0.349	0.043	0.00	3 级
1994	大坝	0.19	0.056	0.642	0.02	0.00	3 级
	老三岔	0.19	0.189	0.597	0.025	0.00	3 级
	龙云	0.18	0.141	0.601	0.078	0.00	3 级
	全湖	0.18	0.124	0.685	0.011	0.00	3 级
1995	大坝	0.317	0.244	0.123	0.316	0.00	1 级
	老三岔	0.343	0.315	0.342	0.00	0.00	1 级
	龙云	0.376	0.174	0.135	0.315	0.00	1 级
	全湖	0.351	0.229	0.223	0.197	0.00	1 级
1996	大坝	0.112	0.329	0.194	0.056	0.31	2 级
	老三岔	0.202	0.33	0.12	0.00	0.35	5 级
	龙云	0.072	0.323	0.225	0.00	0.38	5 级
	全湖	0.126	0.016	0.349	0.509	0.00	4 级
1997	大坝	0.225	0.059	0.534	0.246	0.00	3 级
	老三岔	0.197	0.112	0.485	0.167	0.00	3 级
	龙云	0.151	0.072	0.519	0.261	0.00	3 级
	全湖	0.188	0.05	0.539	0.224	0.00	3 级
1998	大坝	0.155	0.235	0.552	0.055	0.00	3 级
	老三岔	0.037	0.155	0.425	0.38	0.00	3 级
	龙云	0.034	0.07	0.565	0.333	0.00	3 级
	全湖	0.039 6	0.178	0.582	0.2	0.00	3 级
1999	大坝	0.148	0.144	0.397	0.218	0.165	3 级
	老三岔	0.032	0.182	0.312	0.25	0.224	3 级
	龙云	0.095	0.16	0.314	0.341	0.154	4 级
	全湖	0.037	0.189	0.339	0.247	0.188	3 级
2000	大坝	0.032	0.08	0.176	0.286	0.426	5 级
	老三岔	0.032	0.095	0.153	0.43	0.285	4 级
	龙云	0.032	0.2	0.197	0.444	0.122	4 级
	全湖	0.03	0.100 6	0.212	0.406	0.251 8	4 级

年份	监测点	1级	2级	3级	4级	5级	评价等级
2001	大坝	0.035	0.101	0.247	0.565	0.045	4级
	老三岔	0.036	0.06	0.346	0.426	0.125	4级
	龙云	0.05	0.326	0.53	0.095	0.00	3级
	全湖	0.038 5	0.091	0.509 3	0.319 2	0.052	3级
2002	大坝	0.03	0.111	0.49	0.25	0.12	3级
	老三岔	0.02	0.068	0.234	0.521	0.147	4级
	龙云	0.046	0.176	0.429	0.182	0.166	3级
	全湖	0.03	0.098 8	0.499 4	0.218 8	0.153	3级
2003	大坝	0.06	0.133	0.475	0.286	0.06	3级
	老三岔	0.042	0.268	0.393	0.244	0.052	3级
	龙云	0.065	0.403	0.234	0.267	0.042	2级
	全湖	0.044 4	0.269 5	0.391 1	0.239	0.056	3级
2004	大坝	0.203	0.167	0.412	0.218	0.00	3级
	老三岔	0.18	0.333	0.301	0.177	0.009	2级
2004	龙云	0.033	0.308	0.462	0.189	0.009	3级
	全湖	0.186 2	0.220 2	0.432 5	0.168	0.00	3级
2005	大坝	0.173	0.412	0.392	0.126	0.014	2级
	老三岔	0.212	0.315	0.343	0.13	0.00	3级
	龙云	0.165	0.271	0.364	0.04	0.16	3级
	全湖	0.175 9	0.293 5	0.370 6	0.112	0.048	3级
2006	大坝	0.227	0.335	0.351	0.087	0.00	3级
	老三岔	0.178	0.235	0.493	0.095	0.00	3级
	龙云	0.198	0.363	0.333	0.107	0.00	2级
	全湖	0.186 4	0.338 1	0.354 5	0.121	0.00	3级
2007	大坝	0.086	0.034	0.37	0.36	0.142	3级
	老三岔	0.088	0.043	0.316	0.307	0.246	3级
	龙云	0.098	0.125	0.317	0.326	0.134	4级
	全湖	0.096	0.036 6	0.384 4	0.249	0.154	3级
2008	大坝	0.195	0.094	0.037	0.284	0.218	4级
	老三岔	0.223	0.131	0.342	0.3	0.003	3级
	龙云	0.213	0.108	0.20	0.479	0.00	4级
	全湖	0.211	0.109	0.193 2	0.476 8	0.00	4级
2009	大坝	0.138	0.172	0.153	0.083	0.45	5级
	老三岔	0.024	0.205	0.175	0.072	0.45	5级
	龙云	0.13	0.188	0.225	0.028	0.43	5级
	全湖	0.135 4	0.170 6	0.052	0.202	0.44	5级
2010	大坝	0.00	0.348	0.185	0.037	0.43	5级
	老三岔	0.116	0.277	0.125	0.036	0.45	5级
	龙云	0.302	0.162	0.068	0.729	0.435	5级
	全湖	0.084 5	0.181 7	0.241 8	0.048	0.44	5级

根据模糊水质评价，1989—2010 年三岔湖水质总体逐渐变差。1989 年三岔湖水质为 1 级，到 1993 年和 1994 年，三岔湖水质为 3 级，1995 年全湖水体改善至 1 级，但由于 1996 年发生了泛库事件，水质又下降至 4 级；1997—2008 年三岔湖水质一直在 3 级至 4 级徘徊，而到了 2009 年和 2010 年水质降至 5 级。三岔湖水质的变化和人类活动的强弱密切相关，详见表 8-1 和图 8-1。需要特别注意的是，如前所述，此处的 1～5 级与《地表水环境质量标准》（GB 3838—2002）的Ⅰ～Ⅴ类不同。

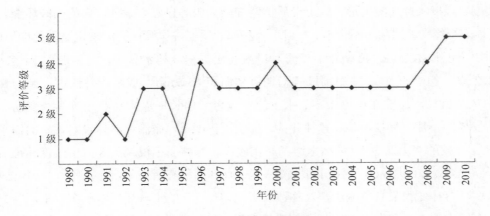

图 8-1　三岔湖水质多年模糊综合评价结果

8.1.2　三岔湖近几十年人类活动概述

三岔湖 1977 年建成蓄水后就成为简阳市的重要水源地，同时还具有维持生物多样性、蓄水防洪、调节地表径流和气候等功能，在天府新区内具有重要的生态作用。

（1）人口与产业发展

建库初期（1978 年），流域内总人口约为 7 万人，总产值约为 1 000 万元，几乎全部为农业产值。为了管理三岔湖，简阳县于 1977 年成立三岔水库管理站，设秘书股、工程管理股、计财科、开发办公室、林场、渔场、旅游公司等机构，负责枢纽工程的运行维修及渔业、绿化、旅游事业等工作（简阳水力电力志）。1977—1985 年向库内共投放鱼苗 2 979 万尾，1978 年起 8 年共捕捞成鱼 71 万 kg，平均年捕成鱼 8.87 万 kg，亩产 3.3 kg。1981 年根据四川省政府文件，三岔水库定为"水利参观点"，1983 年开展旅游业，1985 年接待游客 40 万人次。

从 20 世纪 90 年代开始，流域内人类活动开始增强，1990 年三岔湖流域内（集雨区）总人口数为 7.86 万人，人口密度为 487 人/km²，流域内（集雨区）总产值为 3 682.71 万元，其中工业产值 70.66 万元，农业产值为 1 844.24 万元，旅游收入为 73.37 万元，其他收入为 1 694.44 万元。

到 2009 年，三岔湖流域内（集雨区）总人口为 11.6 万人，人口密度增加为 720 人/km²，是 1990 年的 1.5 倍，而 2009 年流域内（集雨区）总产值达到 56 282 万元，是 1990 年的 15.3 倍，其中农业产值 45 379 万元，是 1990 年的 24.6 倍，工业产值 167 万元，第三产业为 10 736 万元，第三产业中旅游业产值约占 50%，即 5 000 万元。

（2）水土流失

三岔湖流域内常因夏、秋暴雨造成表土被强烈冲刷、水土流失较严重，其原因除雨量集中、强度大、丘陵地形、成土母质抗侵蚀能力弱等自然因素外，人为的破坏森林植被、地表裸露、土地利用不合理、盲目扩大种植、顺坡耕作等社会因素也是重要的原因。简阳历史上林木茂盛，清朝咸丰年间，境内苍松翠柏，林木参天，"离州行二十余里，丛林在望，苍翠扑人"。新中国成立初期有林面积 65 万亩，成片森林约占一半，森林覆盖率为 20%，加上灌草覆盖，故水土流失较轻。但长期以来林业政策累经变动，造成山权界限不清、林权不稳、毁林开荒、乱砍滥伐严重。成渝铁路建设对枕木的需求和 1958 年开始的 "大跃进"，使林木遭到严重砍伐，有林面积锐减到 8 万亩，森林覆盖率下降到 2.4%。20 世纪 60 年代初期植树造林使森林面积有所恢复，但又遭到 "十年浩劫" 的破坏，有林面积又有所减少，森林覆盖率仅 4%。党的十一届三中全会以来，一方面林业有较大的恢复和发展，森林覆盖率上升至 4.6%，另一方面实行农业包产承包到户后，为提高产量增加效益，农民盲目扩大种植面积，顺坡耕作造成水土流失进一步加剧，土壤侵蚀模数约为 3 342 t/（km·a）。目前龙泉山区的森林覆盖率约为 14%，但丘陵区仅为 3.6%，水土流失问题仍然较为严重。

（3）化肥农药的使用与污染物入湖量

根据《简阳县三岔区志》，新中国成立以前，三岔湖区域仅使用传统有机肥，即人畜粪，在秋季栽培绿肥作物。绿肥作物以豆科为主，通过根瘤菌的作用，固定空气中的氮气，增加土壤中氮素养分，茎叶主要用作饲料，少量作沤肥原料。随着我国化学工业的不断发展，碳氨、硝氨、尿素、磷肥、钾肥等化学肥料的使用日益增多。1977 年三岔湖水库建成以后，化学肥料逐渐取代了传统有机肥和绿肥。1978 年流域内平均每亩农田年施化肥 58.4 kg，而 1985 年、1990 年和 2009 年，化肥的施用量分别达到 129.2 kg/亩、150.1 kg/亩和 183 kg/亩，2009 年化肥的施用量是 1962 年的 12.4 倍。1990 年农药的施用量是 0.43 kg/亩，而到了 2009 年，增加到 1.5 kg/亩，2009 年较 1990 年增加了 1.1 倍（表 8-2）。

据估算，1990—2000 年，因农药化肥施用造成的总氮和总磷入湖量分别为 100～130 t/a 和 1～2.9 t/a，是 1978—1985 年入湖量（分别为 20 t/a 和 0.5 t/a）的 5～7 倍和 2～6 倍。

表 8-2　三岔湖流域主要年份化肥农药量施用量估算

	1978 年	1985 年	1990 年	2000 年	2005 年	2009 年
化肥/（kg/亩）	58.4	129.2	150.1	158.2	170	183
农药/（kg/亩）	0.66	1.09	1.23	1.27	1.41	1.5

资料来源：《简阳县三岔区志》和《四川省统计年鉴》。

（4）旅游业、网箱养鱼与污染物入湖量

2000 年以后湖区大力发展旅游业和网箱养鱼业极大地增加了氮和磷进入湖泊的数量。1978 年，入湖总磷为 3.8 t/a、总氮为 66.9 t/a，1990 年入湖总磷约为 11.4 t/a、总氮为 208.8 t/a，2000 年，入湖总磷约为 37.8 t/a、总氮为 416.1 t/a，而到了 2005 年入湖总磷约增加到 64.9 t/a、总氮约增加到 595.7 t/a（图 8-2、图 8-3）。这其中网箱养鱼的污染贡献尤为突出，2000—2009 年网箱养鱼造成的污染负荷平均为磷 42~53 t/a、氮 288~360 t/a。从 2005 年起，三岔湖库区逐年削减库区内的网箱养鱼数量，于 2009 年年底全部取缔网箱养鱼，仅保留大湖养鱼。这项措施使入湖的总磷由 2005 年的 64.9 t/a 下降到 2010 年的 23.7 t/a，总氮由 595.7 t/a 下降到 343.48 t/a。

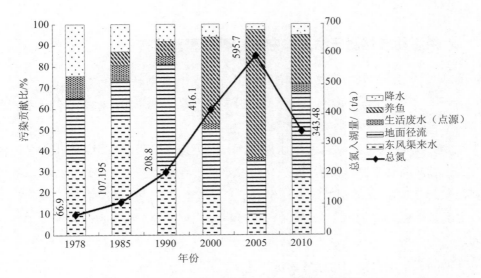

图 8-2　主要年份三岔湖入湖污染物总氮估算

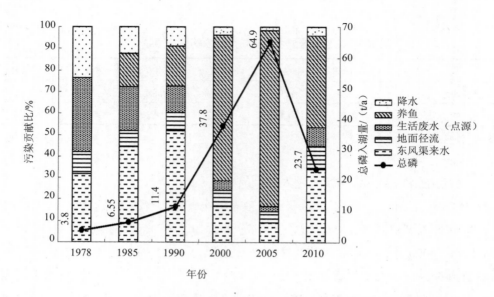

图 8-3 主要年份三岔湖入湖污染物总磷估算

8.2 三岔湖湖泊环境对人类活动的响应

8.2.1 人类活动增强使三岔湖体由贫营养向富营养转化

随着人类活动的加强，三岔湖湖泊环境由贫营养化逐渐转为富营养化：

1）1978—1985 年，在政府主导下有序开发三岔湖水利资源，水库水体处于贫营养化状态。

据走访调查，这一期间三岔湖水库水质清澈、天气晴好时，被淹没的老场镇清晰可见。据《简阳县三岔区志》，这一时期水库水质良好，透明度平均 12 m，1 m 以上水层溶解氧为 7.2 mg/L；1982 年 3 月测定了三岔湖的三个点水样，有原生动物门 4 个种，轮虫类 3 个种，桡足类 3 个种，浮游植物 6 门 13 个种，整个水库水体处于贫营养化状态。

这一期间三岔湖保持相对较低的沉积速率，约为 0.5 cm/a。

2）1986—1990 年，三岔湖水库开发强度加大，水库水质下降。

据 1988—1991 年进行的四川省省级科研项目《三岔湖风景区环境质量调查及开发前景研究》报告，这一时期三岔湖水色为蓝色，透明度只有 1.2～2.8 m，溶解氧表层接近饱和，夏季底层水缺氧。浮游植物以蓝绿藻为主，浮游动物以枝角类、轮虫类为主，底栖生物种类数据少，以水蚯蚓、摇蚊为主。

3) 1990—2000 年，随着入湖污染物不断增多，三岔湖水库水质下降日益明显，呈富营养化状态。

根据简阳环保局提供的资料，这一期间三岔湖水体的 COD、BOD 等各项指标普遍超过《地表水环境质量标准》（GB 3838—2002）中Ⅲ类水质标准，透明度下降到 1 m 以内，水体有臭味出现。

4) 2001—2010 年，三岔湖水库持续恶化，到 2005 年前后达到顶点。之后随着政府对湖区开展整治，各项水质指标波动下降。

2012 年，三岔湖水体的 COD_{Mn}、BOD_5 等指标可以达到《地表水环境质量标准》（GB 3838—2002）中Ⅲ类水质标准，但总磷和总氮仍超标。

8.2.2　沉积物对三岔湖富营养化历程的记录

8.2.2.1　沉积物的水平分布与三岔湖的富营养化

三岔湖沉积物平均厚度为 0.26 m，沉积物蓄积量为 $7.3×10^6\,m^3$（图 5-2）。全湖沉积物厚度分布不均匀，表现为湖区中西部较厚，最大处沉积物厚度达 0.46 m。沉积物厚度与水体中的初级生产力与人类活动有很大关系，一般认为人类活动较为剧烈的地方沉积物较多。三岔湖中西部湖湾多，是网箱养鱼密集湖段，养殖过程中产生的残饵、排泄物和鱼类残体落入湖底沉积下来，增加了沉积速率，而且还增加了营养物质，从而使这片湖区的富营养化状态较为严重。此外，这一区域纵横交错的湖湾也不利于湖水流动和交换，不利于污染物扩散和降解，这也加大了沉积物的沉积速率。

沉积物中碳、氮、磷含量的水平分布特征（图 8-4）与沉积物厚度分布相似，都是西部网箱养鱼密集区域含量较高（磷的分布更为集中），说明在网箱养殖过程中有大量营养盐类输入。由于磷没有类似碳、氮的大气储存库，也没有类似反硝化的机制使其形成短时期内的磷循环，因此水利条件对磷的迁移转化至关重要。这一区域的湖湾多，不利于水流运动，使磷分布不均匀，容易进入沉积物中而长期积累。因此，相对于氮，水体的富营养化进程会对磷的沉积产生明显的影响。三岔湖沉积物中磷主要以无机磷为主，占总磷的 70%，而且网箱养鱼集中区域呈现明显的磷累积现象，这证实磷主要来源于网箱养鱼。在养殖过程中只有 10%的氮和 7%的磷能够被利用，其他都以各种形式进入到环境中，大部分沉积下来，使网箱区沉积物中的磷远高于无大量外源磷的对照点。沉积物中 Fe-P/Ca-P 的比值在网箱养鱼（投饵）区要明显高于邻近的非网箱养鱼区，可能是易引起富营养化的养殖废水间接地促进了磷酸盐在铁/铝的氮化物/氢氧化物上的结合与吸附。养殖时间越长，沉积物中磷的累积越明显；而结合态的磷不容易释放出来，所以停养后沉积物中磷含量的下降是一个相当长的过程。

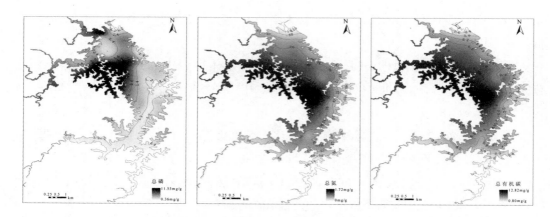

图 8-4　沉积物表层中 TP（左）、TN（中）、TOC（右）的变化

8.2.2.2　沉积物的垂向分布与三岔湖的富营养化

湖泊沉积物是主要产生源要素（C、N、P）的重要储存库，也是湖泊环境信息的重要载体，在复原湖泊历史演变过程中具有重要意义。湖芯样品沉积物中 TOC、TN、TP 及 C/N 随深度变化的格局揭示了营养物质的剖面变化特征：自三岔湖水库修建以来，人口数量的增加、森林砍伐、包产到户、旅游开发等，导致水体富营养化水平不断上升，湖泊沉积物中碳、氮和磷水平大幅上升。

三岔湖湖芯样品中 TOC、TN、TP 的变化可以分为两段：从底部至 31 cm 保持稳定；从 31 cm 开始缓慢增加，至 25 cm 上下增长幅度迅速加大直至 22 cm 上下达到顶峰，然后开始下降；至 18 cm 上下又开始迅速增加，至 12 cm 达到最高值（图 8-5）。

在 32～42 cm 间 TOC、TN、TP 的变化范围分别为 2.4%～2.7%、0.28%～0.30% 以及 8.39～8.94 mg/L。结合 ^{210}Pb 测年数据，32 cm 深度处的沉积物对应的年代为 1977 年，即水库的建库年代。在 31～25 cm，TOC 从 2.7% 增加到 3.5%，增加幅度为 29.6%，TN 从 0.31% 增加到 0.46%，增加幅度为 38.7%，TP 从 0.65 mg/L 增加到 2.04 mg/L，增加幅度为 213%；但在 25～22 cm TOC 从 3.5% 增加到 18.4%，增加幅度为 426%，TN 从 0.46% 增加到 2.16%，增加幅度为 370%，TP 从 2.04 mg/L 增加到 9.33 mg/L，增加幅度为 353%，从年代测定来看，25～22 cm 对应的年代为 1995—1996 年。

在 22～18 cm，TOC 从 18.4% 减少至 9.8%，TN 从 2.2% 减少至 1.4%，TP 从 9.33 mg/L 减少至 4.19 mg/L；17～12 cm，TOC 从 9.2% 增加至 29.9%，TN 从 1.4% 增加至 3.6%，TP 从 3.67 mg/L 增加至 16.83 mg/L，12 cm 处相对应的年代为 2005 年。从 11 cm 向上，TOC、TN、TP 的含量再次开始下降，表层 0～5 cm，TOC、TN、TP 分别稳定在 9.6%～17.1%、1.2%～2.6% 和 1.46～2.68 mg/L。

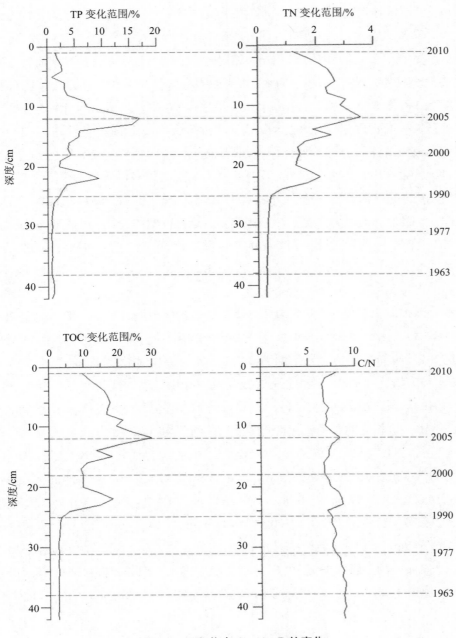

图 8-5　沉积物中 C、N、P 的变化

　　总有机碳量（TOC）是以碳的含量表示有机物总量的一个指标，总有机碳量的测定采用燃烧法，能将有机物全部氧化，比生化需氧量或化学需氧量更能反映有机物的总量。湖泊或水库沉积物的 TOC 可以指示沉积物的有机质含量（Sun，2006）。TOC 越高，说明沉积物中有机质含量越高；TOC 越低，则表明沉积物有机质含量则越低。沉积物的

C/N 比则反映了陆地植物（外源）和水生生物（内源）对沉积物中有机质含量的贡献的相对大小。若陆地植物对有机质含量的贡献相对增大或水生生物的贡献相对减小，则 C/N 增高；反之，则 C/N 减低。对于一个相对封闭的湖泊或水库及其流域而言，当流域内侵蚀加剧或减缓时，进入水体中的陆地植物残体便增多或减少，沉积物的 TOC 和 C/N 也相应增高或降低（Xu et al.，2007）。内源水生生物（主要是藻类）提供的有机质与外源陆生维管束有机质具有不同的 C/N 比值。浮游植物 C/N 比值较低，一般为 4～10，陆源的维管束植物具有丰富的纤维素，但蛋白质贫乏，C/N 比值在 20 以上。在陆源有机质（来自维管束植物）相对于湖泊内源有机质占湖泊沉积有机质很小比例情况下，C/N 比值较低。反之，陆源维管束植物碎屑占湖泊总有机质比例高的湖泊，湖泊有机质 C/N 比值较高。正因为不同种类植物的 C/N 比值具有这种鲜明的差异，通过测定沉积物中有机质的 C/N 比值，就能够大体判别其中的有机质是源于湖泊自生还是湖泊以外。三岔湖沉积物的 C/N 从上至下变化不大，一直稳定在 6.49～8.94（图 8-5），可见，三岔湖沉积物的来源一直较为稳定，以湖泊自生为主。

与长时间尺度（百年、千年）主要反映水动力条件带来的湖面变化，进而反映气候干湿条件不同，对于中短时间尺度、高分辨率（年际、几十年）的封闭性湖泊或水库来说，在过去几十年间并不存在水位的大幅涨落，水位变化对粒度分布的影响很小（陈敬安等，2003）。相反，湖盆流域降雨量的变化通过影响地表径流强度在相当程度上决定着进入湖泊的陆源颗粒物的粗细和多少，进而影响沉积物粒度，在沉积水动力状况相对稳定的情况下，沉积物的粒度变化也同时反映了陆源物质供给的状况。从图 8-5 可以看出，在 12 cm（2005 年）和 22 cm 处（1988 年）有明显的两个剧烈变化：在 12 cm 处，粒度的均匀性（分选系数或一致性）为 1.3，d（0.5）为 161.3 μm，＜4.0 μm 占 4.7%，4～32 μm 占 16.8%，32～64 μm 占 10.6%，而＞64 μm 占 67.9%；在 22 cm 处，粒度的均匀性（分选系数或一致性）为 3.8，d（0.5）为 47.9 μm，＜4.0 μm 占 13.6%，4～32 μm 占 28.8%，32～64 μm 占 12.7%，而＞64 μm 占 44.9%（图 5-12）。这显示在 12 cm 处和 22 cm 处主要由＞64 μm 的粗颗粒的沉积物，主要来源于降水。调查和资料分析验证了这一结果。资料显示，1996 年 7 月，三岔湖地区日降水量达到 115.9 mm，2005 年 8 月则达到了 145.4 mm，发生了洪涝灾害。

由于其物质来源组成、水动力环境、生物化学条件等的不同，沉积物中的碳、氮、磷含量在垂向变化上产生波动，从而反映了区域环境的变化。沉积物中的碳、氮、磷在 12 cm 和 22 cm 处各出现一个高值，这主要是物质来源变化所致。

20 世纪 80 年代以来，三岔湖流域人类活动逐渐加强。从 1983 年起开始发展旅游业，从 1985 年起每年的游客接待量为 40 万人以上。但一直到 2011 年，流域内仍未建设配套的排水管网和污水处理站，旅游和生活污水仅经化粪池简单处理后直排入三岔湖，湖区周边一些农家乐和住户连化粪池都没有，污水直排入湖（根据规划，到 2015 年三岔湖周边才会建立起完善的排水管网和污水处理站）。当出现降雨量大的年份（如 1996 年和 2005 年），洪水携带大量自然的和人为的有机物质入库，使得这一年水中叶绿素含量达到最高值（53.54 mg/m³），同时使这段时间沉积物的碳、氮、磷含量突然增加。

表 8-3　三岔湖湖泊水环境演化历史与人类活动强弱的关系

年份		1978—1985 年	1986—1990 年	1991—2000 年	2000—2005 年	2005—2010 年
水环境	透明度/m	>10	1.2~2.8	0.8~1	0.7~1	0.5~1.5
	TN/(mg/L)	<0.5	0.5~1.0	0.5~1.5	1.0-1.5	1.0~2.0
	TP/(mg/L)	<0.025	0.025~0.05	0.05~0.15	0.15~0.10	0.15~0.10
	溶解氧/(mg/L)（表层）	>6	>6	6~4	6~4	>5
	COD$_{Mn}$/(mg/L)	<3	4~6	4~10	4~6	4~6
	BOD$_5$/(mg/L)	<2	<4	4~8	4~6	4
	富营养化程度	贫营养	中营养	富营养	富营养	富营养
	生物多样性	1989 年三岔湖水体中的最优势藻类为蓝藻门黏球藻，以适合贫营养的藻类为主			2009 年的藻类数量明显增加，而且在藻类组成上出现大量喜好富营养水体裸藻和鱼腥藻	
沉积物特征		以泥质颗粒为主	在不同年份泥质颗粒和砂级颗粒组成不同，1988 年砂级颗粒最多		在不同年份泥质颗粒和砂级颗粒组成不同，2005 年砂级颗粒最多	
人类活动	国民生产总值	1978 年三岔湖流域内国民生产值约为 1 000 万元，几乎全部为农业产值	1990 年流域内总产值达到 3 682.7 万元/a，其中工业产值 70.7 万元，农业产值为 1 844.2 万元，旅游收入为 73.4 万元，其他收入为 1 694.4 万元		2009 年总产值达到了 56 282 万元，是 1990 年的 15.3 倍，其中农业产值 45 379 万元，工业产值 167 万元，第三产业为 10 736 万元，第三产业中旅游业产值约占 50%，即 5 000 万元	
	人口数	约 7 万人	约 8 万人	8 万~9 万人	11 万~12 万人	
	主要人类活动方式	农业	农业、渔业、旅游业		农业、渔业、旅游业、工业	
	森林覆盖与水土流失	森林覆盖仅为 4%左右，水土流失较为严重	森林覆盖率上升为 4.6%以上，但顺坡耕作加剧了水土流失，土壤侵蚀模数 3342 t/(km²·a)		龙泉山区的森林覆盖率为 14%左右，但丘陵区仅为 3.6%，水土流失问题较为严重	
	入湖污染物	N: 67~107 t/a P: 3.8~6.6 t/a	N: 107~209 t/a P: 6.6~11.4 t/a	N: 209~417 t/a P: 11.4~37.8 t/a	N: 417~594 t/a P: 37.8~64.9 t/a	N: 594~344 t/a P: 64.9~23.9 t/a

8.2.3 富营养化对三岔湖沉积物的影响

根据前面的分析，人类活动的增加是导致水体富营养化最重要的原因，随着水体中氮、磷的增加，人类活动对自然界的氮、磷循环造成了强烈的影响。

自然界氮循环的主要特点是（Chiras，1991）：①大气中的 N_2 虽丰富，但不能以此形式被植物或动物利用；②N_2 首先需经存在于土壤、水体和一些植物根部中的细菌转化为氨和硝酸盐才能被植物利用；③被植物吸收、同化为含氮的有机化合物——氨基酸后，牧食者从植物获得所需的氨基酸，而肉食者再从牧食者获得氨基酸；④有机氨随着机体的死亡、腐烂，或者某些动物的排泄物（尿和粪便）回归环境（土壤或水体）；⑤一些硝酸盐被反硝化细菌转化成 N_2 返回大气（图8-6）。

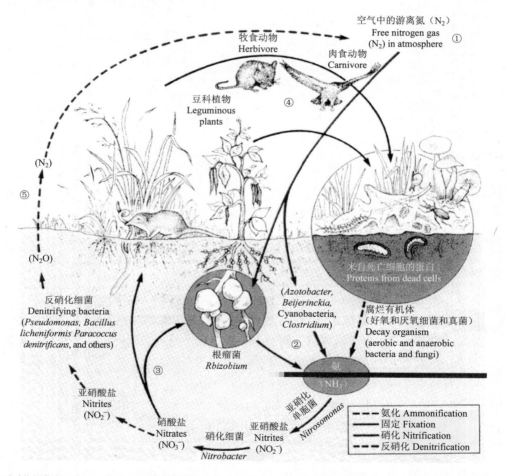

注：反硝化细菌中，*Pseudomonas*——假单胞杆菌属，*Bacillus licheniformis*——地衣芽孢杆菌，*Paracoccus denitrificans*——脱氮副球菌；固氮细菌中，*Azotobacter*——固氮菌属，*Beijerinckia*——拜氏固氮菌属，*Cyanobacteria*——蓝细菌，*Clostridium*——梭菌属。

图8-6 氮在自然界的循环（Chiras，1991）

　　磷的循环有两个相互联系的部分（Chiras，1991）：一个陆地部分和一个水部分（图8-7），当岩石中的磷被雨水或融雪缓慢地溶解进入河流和湖泊，溶解性磷被植物吸收利用，通过食物链传递到动物；动物的排泄或植物残体的分解使一部分磷重新回归环境。磷在自然界以磷酸盐的形式存在，通常没有气态，主要储存库为岩石和天然的磷酸盐沉积，地壳中的质量分数为 0.118%，含磷矿物有磷酸钙矿 $Ca_3(PO_4)$ 和磷灰石矿 $Ca_5F(PO_4)_3$（许善锦，2002；李天杰等，2004）。

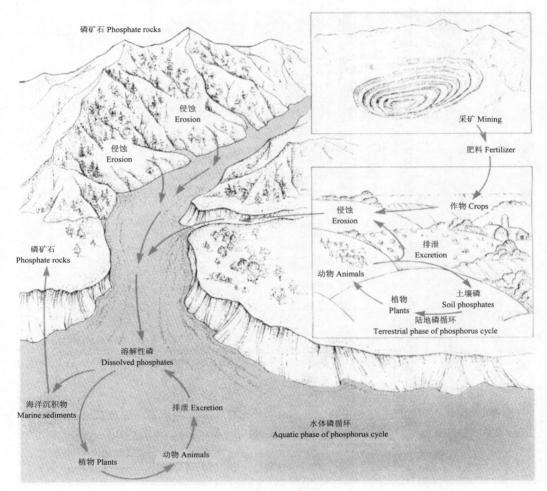

图 8-7　磷的生物地球化学循环（Chiras，1991）

　　从自然界氮循环和磷循环的特点可以看出，有些藻类可以从大气中直接固定氮来缓解系统的氮限制，因此大气可以同时为水体提供碳和氮，而磷没有类似的大气储存库，所以磷必须来源于外部输入或内部循环。磷酸盐（PO_4^{3-}）可与铁离子（Fe^{3+}）、铝离子（Al^{3+}）和钙离子（Ca^{2+}）生成固体化合物而沉降到湖泊底部，使磷酸盐固定在沉积物中，因此相对于氮元素，水体的富营养化进程会对磷的沉积产生明显影响。从 6.1.3 节的分析可以看出，三岔湖富营养化总指数与叶绿素、总磷显著相关，磷是三岔湖富营养化的限制因子。

分析指出，污水排放与水产养殖显著增加了沉积物中的 Fe-P/Ca-P 比，特别是在网箱养鱼（投饵）区沉积物的 Fe-P/Ca-P 比要高于邻近的非网箱养鱼区沉积物的 Fe-P/Ca-P 比，可能的原因是易引起富营养化的生活污水和养殖废水间接地促进了磷酸盐在铁/铝的氮化物/氢氧化物上的结合与吸附。

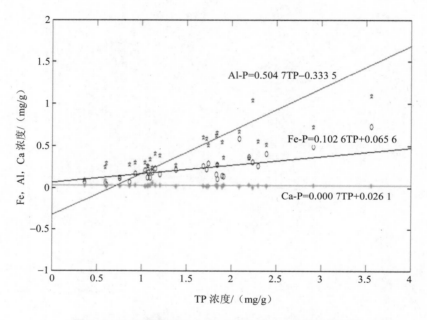

图 8-8　三岔湖沉积物中 TP 与 Al、Fe、Ca 的相关性

8.3　包含水体、沉积物和生物体的生态系统的结构动态模型

8.3.1　内源污染与死库容对水库水质的影响

内源污染是指来自土壤冲刷、大气沉降、河岸侵蚀或矿化作用而积累在水域底部的、含有对人类或环境健康有害的土壤、沙、有机物或者矿物质（范成新等，2002）。其中，污染物主要是指超过沉积物质量标准、能通过某种途径对人类或环境健康造成威胁的化学物质。内源污染不仅成为水体富营养的重要原因之一，而且是水体生态环境健康的主要潜在危害之一（丁建华等，2008）。

水库死水位是指在正常运用情况下允许水库消落的最低水位,死库容是指水库死水位以下的水库容积(卢铭山,1983)。除特殊情况外,死库容不参与径流调节,即不动用这部分库容内的水量(谭毅源等,2008)。水库死库容的水体长期处于死水状态,水体自净能力下降,污染物下沉积累于死库容而对水环境造成危害。

湖泊沉积物和水系统之间发生着物理化学反应,其界面作用示意见图8-9。

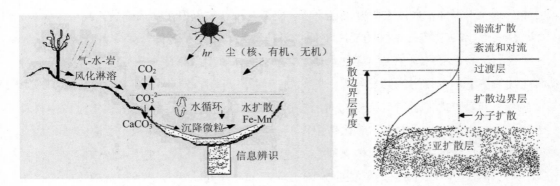

图8-9 湖泊沉积物-水系统界面作用示意(李世杰等,2004;姚书春等,2008)

天然水流进库后,由于河道过水断面大、流速变小,降低了水流自然净化能力,其水质易受污染,特别是枯水期其时间长达半年之久,水体交换缓慢,水体自净能力下降,水质受到污染。

水体自净能力的定义有广义和狭义两种。广义的水体自净能力指受污染的水体经物理、化学与生物作用,使污染物浓度降低,并恢复到污染前的水平;狭义的水体自净能力指水体中的氧化物分解有机污染物,从而使水体得以净化的过程。水库水体自净主要分为物理净化、化学净化、生物净化。物理净化主要是指污染物进入水体后,可沉降的固体逐渐沉积到水底,形成污泥、悬浮物、胶体和溶解性物质使污染物浓度降低。化学净化是指污染物受到氧化还原、酸碱反应、分解化合、吸附凝聚等使浓度降低。生物净化是指由于水体中生物活动使污染物浓度降低。

水库属环流型的水域,流动结构主要是以平面和立面环流的形式存在。对深水的三岔湖水库而言,温度梯度及其变化是形成立面环流的主要因素。特别是在死库容区,该类水域相对而言与域外的交换极少,水域纳污之后污染物主要在域内滞留。三岔湖死库容为3 900万 m^3,进入水库死水区环流区的污染物,往往不易被水流带走。另外,该类水域的流域一般极小,使污染物在该类水域内的扩散作用相对加强,与外域的交换作用相对较弱。

8.3.2　泛库事件的地球化学过程

　　三岔湖开始网箱养鱼后，曾于 1996 年、2009 年等年度多次发生泛库事件。所谓的泛库是在网箱养鱼过程中由于极度缺氧，网箱鱼在极短时间内大量窒息死亡的现象。发生泛库时，水体中成团成串的气泡间隙性上涌、上翻，随气泡上升到水表面的是一些黑色成块成团的絮状物质和淤泥，有明显的 H_2S 等刺鼻的臭味；黑色物质很快覆盖网箱箱体表面和水表面，水体透明度迅速下降，变得浑浊，水色很快变成黑色，甚至墨黑色。有研究认为，2009 年三岔湖的泛库事件主要是由天气变化引起的（张守帅，2009）。

　　我们认为，三岔湖发生的这种水质恶化事件是有机污染物长期积累与特定季节、特殊气候条件下耦合作用的必然结果。三岔湖富营养过程的限制因子是磷；沉积物中较高的总磷和有效磷提供了磷自沉积物向上覆水体释放的物质来源；表层沉积物微粒中含较高有机质，有机质分解的生物氧化作用可能会形成湖底某段时间内氧气大量减少，加之某种原因引起水体中氧气严重缺乏时会加速沉积物中磷的释放。底层水体中溶解氧含量（DO）对沉积物磷的释放起着决定性的作用，厌氧状态可大大促进磷在沉积物的迁移和释放，而在好氧状态下释放速率远小于厌氧释放速率（Kamiya et al.，2001）。当湖底层水体有足够的溶解氧时，湖水-沉积物处于氧化状态，Fe^{3+} 与 P 结合，以 $FePO_4$ 的形式沉积到沉积物中，或水中可溶性磷被氢氧化铁 $[Fe(OH)_3]$ 吸附而逐渐沉降。当水体溶解氧下降，直至出现厌氧状态时，不溶性的 $Fe(OH)_3$ 就变为可溶性的氢氧化亚铁 $[Fe(OH)_2]$，导致沉积物中的磷释放进入水体，使水体总磷浓度升高。

　　沉积物中的有机质耗氧分解伴随还原态 S^{2-} 的形成，H_2S 及其他硫化物的扩散导致水体变黑发臭，同时水中亚硝酸根浓度和锰的浓度增高；湖水亚硝酸根浓度增高是缺氧状态下硝化与反硝化过程剧烈进行的结果；水体中锰浓度的增高是底层湖水缺氧季节还原态锰自沉积物向上覆水体扩散作用的产物。2009 年 6 月发生泛库时的水质监测印证了这一理论解释（图 8-10）。

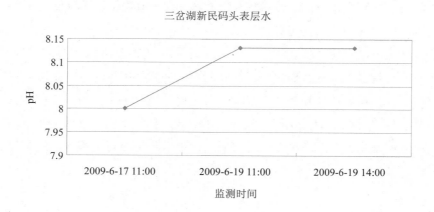

三岔湖新民码头表层水

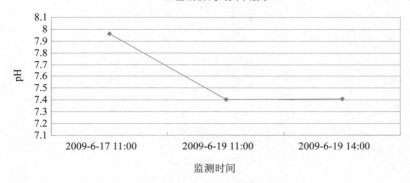

三岔湖新民码头中层水

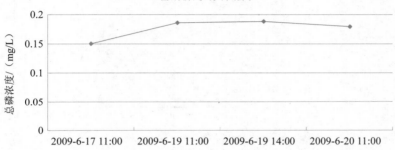

三岔湖新民码头表层水

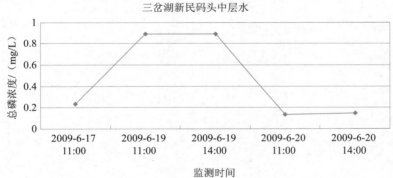

三岔湖新民码头中层水

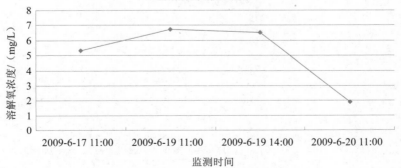

三岔湖新民码头表层水

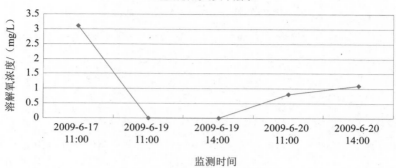

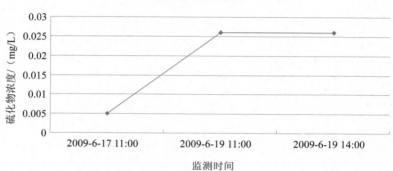

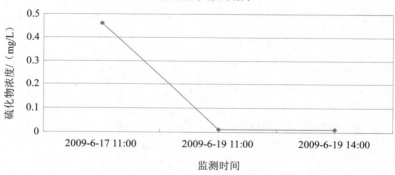

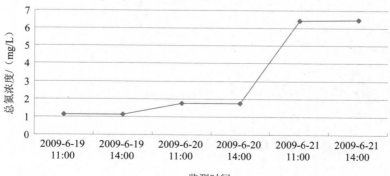

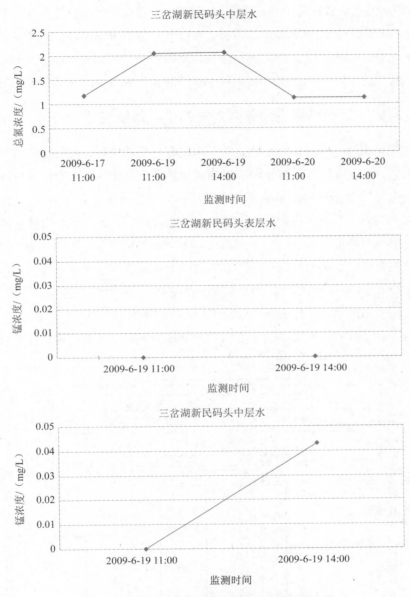

图 8-10 2009 年三岔湖泛库事件水质监测结果

资料来源：简阳市生态环境局。

2009 年发生的水质恶化事件具如下过程：沉降于湖底的有机质分解，湖底处于缺氧状态，并导致沉积物磷的释放和还原态硫（S^{2-}）的产生（2009 年 6 月 9 日，三岔湖新民码头处的总磷由 0.2 mg/L 增加到 0.9 mg/L，2009 年 7 月 7 日硫化物达到 0.45 mg/L，而三岔湖水体多年平均硫化物仅 0.02 mg/L）。水体磷浓度增高并与水体较高浓度的氮耦合，可能导致厌氧微生物和藻类的繁衍，使湖水出现缺氧（新民码头处的水中溶解氧含量曾经为零）。湖底厌氧环境的形成和底层磷及 H_2S 的释放形成恶性循环之后导致水体缺氧加剧，硫化物的扩散使水体变黑发臭。伴随水体缺氧和 pH 降低，亚硝酸根浓度增高、锰二次污染，以及可能存在的沉积微粒再悬浮作用，都可能加剧水质恶化。

由于三岔湖沉积物较厚，如果不能控制水体中的氧含量和 pH，泛库事件还有可能发生。

8.3.3　以水体、沉积物和生物体为对象的生态系统特征

生态系统是指在一个特定环境内，所有生物和环境的统称，此特定环境里的非生物因子（如空气、水、土壤等）与其间的生物之间具有交互作用，不断地进行物质和能量的交换，并借由物质循环和能量流动的连接，形成一个整体（系统），即称此为生态系统（Lindeman，1942）。生态系统的范围没有固定的大小，如一整个森林可能是一个生态系统，一个小池塘也可能是一个生态系统。一个生态系统内，各种生物之间以及和环境之间是存在一种平衡关系的，任何外来的物种或物质侵入这个生态系统，都会破坏这种平衡，平衡被破坏后，可能会逐渐达到另一种平衡关系。但如果生态系统的平衡被严重破坏，可能会造成永久的失衡（Kristiina et al.，1996）。

包括水体、沉积物和生物体的生态系统示意见图 8-11。在湖泊富营养化过程中，随

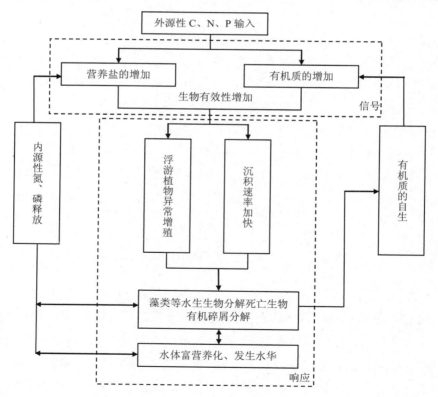

图 8-11　水体、生物、沉积物生态系统的概念化模式（黄清辉等，2008）

着外源性和内源性的营养盐和有机质的增加，它们的生物有效性也得到增强；营养盐和有机质的增加刺激了浮游植物的异常增殖，使得沉积物的沉积速率加快。藻类等水生生物死亡，其新陈代谢活动产生的氮、磷和有机质，一部分以内源形式参与再循环过程。当这一过程突破一定限度，该生态系统的平衡可能被破坏，表现为水库水体中过量的氮、磷等物质沉淀到沉积物中，也可以从沉积物中释放造成内源污染；藻类的过量繁殖会造成水华灾害，导致水库溶解氧降低，底栖生物因缺氧死亡，并且藻类死亡后的大量残余物沉淀到沉积物中也会加快水库的淤积速度，湖底厌氧环境和底层磷、H_2S 的释放形成恶性循环之后导致水体缺氧加剧，形成富营养化及水华事件（图 8-11）。

参考文献

郑海健，吴艳宏，刘恩峰，等. 长江中下游不同湖泊沉积物中重金属污染物的累积及其潜在生态风险评价[J]. 湖泊科学，2010，22（5）：675-683.

蔡庆华，胡征宇. 三峡水库富营养化问题与对策研究[J]. 水生生物学报，2006，30（1）：7-11.

蔡庆华. 东湖生态系统污染状况的 FUZZY 聚类分析[J]. 水生生物学，1988，12（3）：193-198.

蔡庆华. 湖泊富营养化评价方法综述[J]. 湖泊科学，1997，9（1）：89-94.

蔡庆华. 武汉东湖富营养化的综合评价[J]. 海洋与湖沼，1993，24（4）：335-339.

蔡伟，余俊清，李红娟. 遥感技术在湖泊环境变化研究中的应用和展望[J]. 盐湖研究，2005，13（4）：14-20.

曹斌，宋建社. 湖泊水质富营养化评价的模糊决策方法[J]. 环境科学，1991，12（5）：88-91.

陈芳，夏卓英，宋春雷，等. 湖北省若干浅水湖泊沉积物有机质与富营养化的关系[J]. 水生生物学报，2007，31（4）：467-471.

陈洁，李升峰. 巢湖表层沉积物中重金属总量及形态分析[J]. 河南科学，2007，25（2）：303-307.

陈敬安，等. 不同时间尺度下的湖泊沉积物环境记录——以沉积粒度为例[J]. 中国科学，2003，33（6）：563-568.

陈静生，周家义. 中国水环境重金属研究[M]. 北京：中国环境出版社，1992：168-170.

陈萍，何报寅，等. 洪湖人类活动的沉积物记录[J]. 湖泊科学，2004，16（3）：233-237.

陈荣彦，宋学良，张世涛，等. 滇池 700 年来气候变化与人类活动的湖泊环境响应研究[J]. 盐湖研究，2008，12（6）：7-12.

陈诗越，金章东，吴艳宏，等. 近百年来龙感湖地区湖泊营养化过程[J]. 地球科学与环境学报，2004，26（4）：81-84.

陈诗越，于兴修，吴爱琴. 长江中下游湖泊富营养化过程的湖泊沉积记录[J]. 生态环境，2005，14（4）：526-529.

陈守煌,王国利,张文国,等. 碧流河水库水质状况的模糊模式识别及对策讨论[J]. 环境科学研究,1999,12（4）：42-45.

陈守煌,赵瑛琪. 湖泊水环境模糊数学评价模型及其在富营养化排序中的应用[J]. 湖泊科学,1994,6（1）：62-66.

陈影影,陈诗越,姚敏. 近百年来东平湖沉积通量变化与环境[J]. 2010,28（4）：783-789.

程红,王洪兴,贾秀粉,等. 富营养化水体的生物控藻技术概述[J]. 农业环境与发展,2011,28（3）：50-52.

程丽巍,许海,陈铭达,等. 水体富营养化成因及其防治措施研究进展[J]. 环境保护科学,2007,33（1）：18-21.

程南宁,李巍,冉光兴,等. 浙江东钱湖底泥污染物分布特征与评价[J]. 湖泊科学,2007,19（1）：58-62.

崔虎军. 有机锌在农业轮胎中的应用[J]. 橡胶科技市场,2007,（27）：11-16.

邓大鹏,刘刚,李学德. 湖泊富营养化综合评价的坡度加权评分法[J]. 环境科学学报,2006,26（8）：1386-1392.

邓建才,陈桥,翟水晶,等. 太湖水体中氮、磷空间分布特征及环境效应[J]. 环境科学,2008,29（12）：2286-3382.

邓建明,蔡永久,陈宇炜,等. 洪湖浮游植物群落结构及其与环境因子的关系[J]. 湖泊科学,2010,22（1）：70-78.

丁建华,等. 环境因子对晋阳湖沉积物磷释放的影响[J]. 山西大学学报（自然科学版）,2008,31（4）：626-629.

董黎明,刘冠男. 白洋淀柱状沉积物磷形态及其分布特征研究[J]. 农业环境科学学报,2011,30（4）：711-719.

杜宝汉. 洱海富营养化研究[J]. 云南环境科学,1997,16（2）：30-34.

杜臣昌,刘恩峰,羊向东,等. 巢湖沉积物重金属富集特征与人为污染评价[J]. 湖泊科学,2012,24（1）：59-66.

段焕丰,俞国平,俞海宁. 湖泊富营养化评价方法的探讨[J]. 苏州科技学院学报（工程技术版）,2005,18（2）：53-57.

范成新,湖泊沉积物调查规范[M]. 北京：科学出版社,2018.

范成新,王春霞. 长江中下游湖泊环境地球化学与富营养化[M]. 北京：科学出版社,2007.

范成新,王春霞. 长江中下游湖泊环境地球化学与富营养化[M]. 北京：科学出版社,2007.

范成新,张路,杨龙元,等. 湖泊沉积物氮磷内源负荷[J]. 海洋与湖沼,2002,33（4）：370-378.

冯玉国. 湖泊富营养化灰色评价模型及其应用[J]. 系统工程理论与实践,1996,16（8）：43-47.

冯玉国. 湖泊富营养化灰色评价模型及其应用[J]. 系统工程理论与实践,1996,8：43-47.

高桂青,刘海龙,欧阳球林. 何坊水库水体富营养化的初步调查研究[J]. 南昌工程学院学报,2011,30

（4）：63-66.

顾延生，李雪艳，邱海鸥，等.100年来东湖富营养化发生的沉积学记录[J].生态环境，2008，17（1）：35-40.

郭劲松，李胜海，龙腾锐.水质模型及其应用研究进展[J].重庆建筑大学学报，2002，24（2）：109-115.

郭鹏然，仇荣亮，牟德海，等.珠江口桂山岛沉积物中重金属生物毒性评价和同步萃取金属形态特征[J].环境科学学报，2010，30（5）：1079-1086.

国家环境保护总局.水和废水监测分析方法[M]（第四版）.北京：中国环境科学出版社，2002.

韩美，李艳红，张维英，等.近30年来我国湖泊沉积研究的进展[J].山东师范大学学报（自然科学版），2003，18（3）：52-55.

韩沙沙.富营养化湖泊底泥释磷机理研究[J].环境与可持续发展，2009，34（4）：63-65.

何华春，许叶华，杨競红，等.洪泽湖流域沉积物重金属元素的环境记录分析[J].第四纪研究，2007，27（5）：765-774.

黄清辉，等.中国湖泊水域中磷形态转化及其潜在生态效应研究动态度[J].湖泊科学，2008，18（3）：199-206.

黄廷林，柴蓓蓓，邱二生，等.水体沉积物多相界面磷循环转化微生物作用实验研究[J].应用基础与工程学学报，2010，18（1）：61-70.

黄祥飞.湖泊生态调查观测与分析[M].北京：中国标准出版，1999.

贾海峰，程声通，杜文涛.GIS与地表水水质模型WASP5的集成[J].清华大学学报（自然科学版），2011，41（8）：126-129.

焦恩泽.三门峡水库泥沙试验与研究[M].郑州：黄河水利出版社，2011.

焦念志，李德尚.悬浮沉积物对磷酸盐的吸附与释放及藻类对吸附磷的利用[J].青岛海洋大学学报，1989，（s2）：27-35.

金相灿，稻森悠平，朴俊大.湖泊和湿地水环境——生态修复技术与管理指南[M].北京：科学出版社，2007.

金相灿，刘树坤，章宗涉，等.中国湖泊环境（第一册）[M].北京：海洋出版社，1995.

金相灿，王圣瑞，庞燕.太湖沉积物磷形态及pH对磷释放的影响[J].中国环境科学，2004，24（6）：707-711.

金相灿，徐南妮，张雨田，等.沉积物污染化学[M].北京：中国环境科学出版社，1992.

金相灿.湖泊富营养化控制和管理技术[M].北京：化学工业出版社，2001.

金相灿.湖泊富营养化研究中的主要科学问题[J].环境科学学报，2008，28（1）：21-23.

李创宇.于桥水库沉积物中营养盐释放特性试验研究[J].西安：西安建筑科技大学，2006.

李蕙生，孙永传.碎屑岩沉积相和沉积环境[M].北京：地质出版社，1986：1-280.

李鸣，刘琪璟.鄱阳湖水体和底泥重金属污染特征与评价[J].南昌大学学报（自然科学版），2010，34

（5）：486-489.

李如忠. 水质预测理论模式研究进展与趋势分析[J]. 合肥工业大学学报（自然科学版），2006，29（1）：26-30.

李世杰，姜加虎，吴敬禄，等. 我国湖泊环境演变对全球变化和人类活动的响应[D]. 中国地理学会2004年学术年会暨海峡两岸地理学术研讨会论文摘要集，2004.

李天杰，宁大同，薛纪渝，等. 环境地球化学[M]. 北京：化学工业出版社，2004：332-403.

李燕子，赵运林，董萌. 湖泊湿地富营养化模型的研究进展[J]. 安徽农业科学，2011，39（1）：395-396.

李祚泳，李继陶，陈祯培. 灰色局势决策法用于水质富营养化[J]. 重庆环境科学，1990，12（1）：22-26.

李祚泳. 湖泊富营养化程度的多目标FllZZy-Grey决策法[J]. 系统工程，1990，5（3）：60-65.

李祚泳. 基于B-P网络的水质营养状态评价模型及其效果检验[J]. 环境科学学报，1995，15（2）：186-191.

李祚泳，邓新民，赵晓宏. 湖泊营养状态评价的普适指数公式及效果检验[J]. 环境工程学报，2002，20（1）：70-72.

李祚泳，彭荔红，吕玉嫦. 基于遗传算法优化的普适卡森指数公式[J]. 中国环境科学，2001，21（2）：148-151.

连国奇. 百花湖富营养化调查及沉积物磷形态研究[D]. 贵阳：贵州师范大学，2009.

梁婕，曾光明，郭生练，等. 湖泊富营养化模型的研究进展[J]. 环境污染治理技术与设备，2006，7（6）：24-30.

刘本桐，薛纪渝，王华东. 环境学概论（第二版）[M]. 北京：高等教育出版社，1995：109-143.

刘恩峰，沈吉，刘兴起，等. 太湖沉积物重金属和营养盐变化特征及污染历史[J]. 中国科学D辑，2005，35（s2）：73-80.

刘恩峰，沈吉，刘兴起，等. 太湖沉积物重金属和营养盐变化特征及污染历史[J]. 中国科学D辑地球科学，2005，35（增刊Ⅱ）：73-80.

刘恩峰，薛滨，羊向东，等. 基于^{210}Pb与^{137}Cs分布的近代沉积物定年方法[J]. 海洋地质与第四纪地质，2009，29（6）：89-94.

刘恩峰，羊向东，沈吉，等. 近百年来湖北太白湖沉积通量变化与流域降水量和人类活动的关系 [J]. 湖泊科学，2007，19（4）：407-412.

刘恩峰. 长江中下游典型湖泊沉积物地球化学特征及人类活动响应——以太湖、太白湖为例[D]. 2005.

刘峰，胡继伟，秦樊鑫，等. 红枫湖沉积物中重金属元素溯源分析的初步探讨[J]. 环境科学学报，2010，30（9）：1871-1879.

刘首文. 人工神经网络在湖泊营养化评价中应用研究[J]. 上海环境科学，1996，15（1）：11-14.

刘晓端，徐清，刘琰，等. 密云水库沉积物-水界面磷的地球化学作用[J]. 岩矿测试，2004，23（4）：246-250.

刘英俊，等. 元素地球化学[M]. 北京：科学出版社，1984.

刘永,郭怀成,范英,等. 湖泊生态系统动力学模型研究进展[J]. 应用生态学报,2005,16(6):1169-1175.

刘远. 持久性有机污染物在渤海沉积物中的分布规律与来源解析[D]. 大连:　大连海事大学,2010.

刘震,李树楷. 遥感、地理信息系统与全球定位系统集成的研究[J]. 遥感学报,1997,1(2):157-160.

卢碧林,严平川,田小海,等. 洪湖水体藻类藻相特征及其对生境的响应[J]. 生态学报,2012,32(3):680-689.

鲁杰,王丽燕. 湖泊富营养化模型研究现状及其发展趋势[J]. 中国水利,2008,22:18-21.

陆敏,张卫国,师育新,等. 太湖北部沉积物金属和营养元素的垂向变化及其影响因素[J]. 湖泊科学,2004,15(3):213-220.

陆敏,张卫国,师育新,等. 太湖北部沉积物金属和营养元素的垂向变化及其影响因素[J]. 湖泊科学,2004,15(3):213-220.

路永正,董德明,袁懋. 伊通河沉积物重金属赋存特征的统计分析[J]. 环境科学与技术,2010,33(7):129-133.

吕昌伟,何江,孙惠民,等. 乌梁素海沉积物中磷的形态分布特征[J]. 农业环境科学学报,2007,26(3):878-885.

罗刚. 几种鱼饲料的营养价值测定与分析[J]. 贵州畜牧兽医,2003,27(4):3-4.

马燕,郑祥民,远藤邦彦,等. 洪湖水体氮、磷营养元素变化规律及富营养化进程研究[J]. 广州环境科学,2005,20(2):5-7.

彭近新,等. 水质富营养化与防治[M]. 北京:中国环境科学出版社,1988.

彭进新,陈慧君. 水质富营养化与防治[M]. 北京:中国环境科学出版社,1988.

彭泽州,等. 水环境数学模型及应用[M]. 化学工业出版社,2007.

全国湿地水环境保讨研讨会论文集[C]. 中国生态学旅游业委员会,2011.

深秋. 几种鱼饲料的调制(Z). 饲料博览,2001,9:66.

沈吉,等. 湖泊沉积与环境演化[M]. 北京:科学出版社,2010.

沈吉,杨丽原,羊向东,等. 全新世以来云南洱海流域气候变化与人类活动的湖泊沉积记录[J]. 中国科学,D辑,2004:130-138.

盛海燕,虞左明,韩轶才,等. 亚热带大型河流型水库-富春江水库浮游植物群落及其与环境因子的关系[J]. 湖泊科学,2010,22(2):235-243.

石广福,郑永华,蔡深文,等. 三峡库区万州段投饵网箱养鱼对底泥水化因子的影响[J]. 淡水渔业,2009,39(3):36-39.

史晓新. 环境影响综合评价灰色层次模型的研究[J]. 上海环境科学,1996,15(10):9-12.

舒卫先,李世杰. 太湖流域典型湖泊表层沉积物中多环芳烃污染特征[J]. 农业环境科学学报,2008,27(4):1409-1414.

四川省环境保护科学研究院. 三岔湖水体调查监测及其生态承载力评估报告(A). 2009.

Sven Erik Jergensen，Giuseppe Bendoricchio. 生态模型基础[M]. 北京：高等教育出版社，2009.

谭毅源，杨具瑞，邓懿，等. 水库泥沙淤积形态的数值模拟计算与试验研究[J]. 云南水力发电，2008，24（2）：13-16.

唐阵武，程家丽，岳勇. 武汉典型湖泊沉积物中重金属累积特征及其环境风险[J]. 湖泊科学，2009，21（1）：61-68.

滕彦国，庹先国，倪师军，等. 应用地质累积指数评价攀枝花地区土壤重金属污染[J]. 三峡环境与生态，2002，24（4）：25-27.

屠清瑛，顾丁锡，等. 巢湖——富营养化研究[M]. 合肥：中国科技大学出版社，1990：59-61.

万国江，吴丰昌，J Zheng，等. $^{239+240}$Pu 作为湖泊沉积物计年时标：以云南程海为例[J]. 环境科学学报，2011，3（5）：979-985.

万国江. 沉积物环境界面地球化学研究进展[M]. 重庆：科学文献出版社重庆分社，1990.

万国江. 现代沉积的 ^{210}Pb 记年[J]. 第四纪研究，1997，3：230-239.

万国江. 现代沉积年分辨的 ^{137}Cs 计年——以云南洱海和贵州红枫湖为例[J]. 第四纪研究，1999，19（1）：73-80.

万曦，万国江，黄荣贵，等. 阿哈湖沉积后再迁移的生物地球化学机理[J]. 湖泊科学，1997，9（2）：129-134.

汪家权，孙亚敏，钱家忠，等. 巢湖底泥磷的释放模拟实验研究[J]. 环境科学学报，2002，22（6）：738-742.

王福表. 网箱养殖水污染及其治理对策[J]. 海洋科学，2002，26（7）：24-26.

王桂香. 鱼饲料中常用的添加剂[J]. 饲料技术，2007，（6）：31.

王国祥，成小英，濮培民. 湖泊藻型富营养化控制——技术理论及应用[J]. 湖泊科学，2002，14（3）：273-282.

王海，王春霞，陈伟，等. 武汉东湖表层沉积物有机物污染状况[J]. 环境科学学报，2002，22（4）：434-438.

王立群，戴雪荣，华珞，等. 安徽龙河口水库沉积物碳、氮、磷地球化学记录及其环境意义[J]. 海洋湖沼通报，2007，4：59-64.

王丽伟，曾永，渠康. 小浪底水库水质变化特点及影响分析[J]. 水资源与水工程学报，2007，18（3）：63-65.

王晟，徐祖信. 从生态学观点看湖泊藻类控制的技术体系[J]. 上海环境科学，2003，22（5）：332-334.

王苏民，施雅风. 晚第四纪青海湖演化研究析视与讨论[J]. 湖泊科学，1992，4（3）：1-9.

王素芬，张惠潼. 南四湖表层底泥重金属污染的风险评价[J]. 山东水利，2009（9）：22-24.

王小林，姚书春，薛滨. 江苏固城湖近代沉积 ^{210}Pb、^{137}Cs 计年及其环境意义[J]. 海洋地质动态，2007，23（4）：21-25.

王永红，沈焕庭. 河口海岸环境沉积速率研究方法[J]. 海洋地质与第四纪地质，2002，22（2）：115-120.

王永红，沈焕庭. 河口海岸环境沉积速率研究方法[J]. 海洋地质与第四纪地质，2002，22（2）：115-120.

王瑜, 周丽红. 从同位素年代学到构造年代学[J]. 地质通报, 2008, 7 (12): 2017-2019.

魏丽萍, 梁美生. 我国湖泊富营养化问题概述[J]. 化工文摘, 2008, 6: 38-40.

吴根福, 吴雪昌, 金承涛. 杭州西湖底泥释磷的初步研究[J]. 中国环境科学, 1998, 18 (2): 107-110.

吴国芳, 冯志坚, 马炜良, 等. 植物学 (第二版, 上) [M]. 北京: 高等教育出版社, 1992.

吴国芳, 冯志坚, 马炜良, 等. 植物学 (第二版, 下) [M]. 北京: 高等教育出版社, 1992.

吴启明. 成型工序中硬脂酸锌对轮胎胶料性能的影响[J]. 橡胶科技市场, 2011, (11): 30-33.

吴艳宏, 刘恩峰, 邴海健, 等. 人类活动影响下的长江中游龙感湖近代湖泊沉积年代序列[J]. 中国科学: 地球科学, 2010, 40 (6): 751-757.

吴艳宏, 王苏民. 龙感湖沉积物中人类活动导致的营养盐累积通量估算[J]. 第四纪研究, 2006, 26 (5): 843-848.

吴遵霖, 李蓓, 李桂云, 等. 配合饲料网箱养鳜影响因素的研究[J]. 水利渔业, 2000, 20 (2): 37-39.

奚旦立. 环境监测[M] (第 3 版). 北京: 高等教育出版社, 2004.

向勇, 缪启龙, 丰江帆. 太湖底泥中重金属污染及潜在生态危害评价[J]. 南京气象学院学报, 2006, 29 (5): 700-705.

谢平, 黎红秋, 叶爱中. 基于经验频率曲线的湖泊富营养化随机评价方法及其验证[J]. 湖泊科学, 2004, 16 (4): 371-376.

谢平. 论蓝藻水华的发生机制——从生物进化、生物地球化学和生态学视点[M]. 北京: 科学出版社, 2007.

谢学锦. 勘查地球化学: 发展史、现状和展望[J]. 地质与勘探, 2002, 38 (6): 1-9.

熊洪林, 王志坚. 网箱养鱼对三峡库区生态环境的潜在影响[J]. 黔南民族师范学院学报, 2006, (26) 6: 61-63.

徐洪斌, 吕锡武, 俞燕, 等. 玄武湖底泥营养物释放的模拟试验研究[J]. 环境化学, 2004, 23 (2): 152-156.

徐祖信, 廖振良. 水质数学模型研究的发展阶段与空间层次[J]. 上海环境科学, 2003, 22 (2): 79-85.

许善锦. 无机化学[M]. 北京: 人民卫生出版社, 2002.

薛滨, 姚书春, 王苏民. 长江中下游不同类型湖泊沉积物营养盐蓄积变化过程及其原因分析[J]. 第四纪研究, 2007, 27 (1): 122-127.

杨达源, 王云飞. 近 2000 年淮河流域地理环境的变化与洪灾——黄河中游的洪灾与洪泽湖的变化[J]. 湖泊科学, 1995, 7 (1): 1-7.

杨宏伟, 高光, 朱广伟. 太湖蠡湖冬季浮游植物群落结构特征与氮、磷浓度关系[J]. 生态学杂志, 2012, 31 (1): 1-7.

杨洪, 易朝路, 谢平, 等. 武汉东湖沉积物碳氮磷垂向分布研究[J]. 地球化学, 2004, 33 (5), 507-514.

杨敏. 辽河流域沉积物中持久性有机污染物的研究[D]. 北京: 中国科学院研究生院, 2006.

杨续宗, 等. 三岔湖风景区环境质量与开发前景研究[M]. 成都: 成都科技大学出版社, 1993.

杨一鹏，王桥，肖青. 太湖富营养化遥感评价研究[J]. 地理与地理信息科学，2007，23（3）：33-37.

杨漪帆. 淀山湖生态模型与富营养化控制研究[D]，上海：东华大学，2008.

姚书春，薛滨，王小林. 人类活动影响下的固城湖环境变迁[J]. 湖泊科学，2008，20（1）：88-92.

姚书春，薛滨，夏威岚. 洪湖近 540 年来人类活动的沉积记录[J]. 河海大学学报（自然科学版），2004：154-159.

姚书春，薛滨，朱育新，等. 长江中下游湖泊沉积物铅污染记录——以洪湖、固城湖和太湖为例[J]. 第四纪研究，2008，28（4）：659-666.

姚威风. 持久性有机污染物在贡湖沉积物和水体的分布特征济源解析[D]. 长春：吉林农业大学，2011.

叶常明. 多介质环境污染研究[M]. 北京：中国环境科学出版社，1997.

叶崇开. ^{137}Cs 法和 ^{210}Pb 法对比研究鄱阳湖近代沉积速率[J]. 沉积学报，1991，9（1）：106-114.

尹丽，郭琳，弓晓峰. 湿地沉积物中重金属的吸附与解吸研究进展[J]. 井冈山大学学报（自然科学版），2009，30（2）：16-19.

喻欢，林波. 遥感技术在湖泊水质监测中的应用[J]. 环境科学与管理，2007，32（7）：152-155.

袁和忠，沈吉，刘恩峰. 太湖重金属和营养盐污染特征分析[J]. 环境科学，2011，32（3）：649-656.

曾理，吴丰昌，万国江，等. 中国地区湖泊沉积物中-（137）Cs 分布特征和环境意义[J]. 湖泊科学，2009，21（1）：1-9.

翟正丽，王国平，刘景双. 乌兰泡沼泽的 ^{210}Pb、^{137}Cs 测年与现代沉积速率[J]. 湿地科学，2005，3（4）：269-273.

张宝，刘静玲. 湖泊富营养化影响与公众满意度评价方法[J]. 水科学进展，2009，20（5）：695-700.

张家富，周力平，等. 湖泊沉积物的 ^{14}C 和光释光测年*——以固城湖为例[J]. 第四纪研究，2007，27（4）：522-526.

张路，范成新，秦伯强，等. 模拟扰动条件下太湖表层沉积物磷行为的研究[J]. 湖泊科学 2001，11（1）：35-42.

张善忠. 网箱养鱼泛库和防治方法[J]. 水利渔业，2000，20（1）：35-36.

张守帅. 三岔湖"退渔"之变[N]. 成都：四川日报，2009.

张治国. 生态学空间分析原理与技术[M]. 北京：科学出版社，2007.

赵显波，雷晓云，沈志伟，等. 人工神经网络在新疆蘑菇湖水库水质评价中的应用[J]. 石河子大学学报（自然科学版），2007，25（2）：236-239.

赵萱，成杰民，鲁成秀. 不同生态类型富营养化湖泊沉积物中有机质赋存形态[J]. 环境化学，2012，31（3）：302-307.

郑世英. 环境污染对生物多样性的影响[J]. 生物学通报，2002，37（5）：24.

郑同明，赵家驹，等. 巴里坤湖孢粉浓缩物 ^{14}C 测年可行性研究[J]. 海洋地质与第四纪地质，2010，30（1）：83-86.

中国科学院长春分院《松花江流域环境问题研究》编辑委员. 松花江流域环境问题研究[C]. 北京：科学出版社，1992：67-73.

周怀东，彭文启. 水污染与水环境修复[M]. 北京：化学工业出版社，2005.

朱广伟，秦伯强，高光，等. 长江中下游浅水湖泊沉积物中磷的形态及其与水相磷的关系[J]. 环境科学学报，2004，24（3）：381-388.

朱广伟，秦伯强，高光. 太湖现代沉积物中磷的沉积通量及空间差异性[J]. 海洋与湖沼，2007，38（4）：329-335.

朱礼学，刘志祥，陈斌. 四川成都土壤地球化学背景及元素分布[J]. 四川地质学报，2004，24（3）：159-164.

朱维晃，黄廷林，柴蓓蓓，等. 水源水库沉积物中重金属形态分布特征及其影响因素[J]. 环境化学，2010，29（4）：629-635.

A. Currásа, L. Zamorab, J. M. Reedc, et al. Climate change and human impact in central Spain during Roman times：High-resolution multiproxy analysis of a tufa lake record（Somolinos，1280m asl）[J]. CATENA，2012，89（1）：31-53.

Abernathy A. R.，G. L. Larson，R. C. Mathews Jr. Heavymetals in the surficial sediments of Fontana Lake，North Carolina[J]. Water Research，1984，18（3）：351-354.

Ahmet Demirak，et al. Levent Tuna and Nedim Ozdemir，Heavy metals in water，sediment and tissues of Leuciscus cephalus from a stream in southwestern Turkey[J]. Chemosphere，2006，63（9）：1451-1458.

Aizaki，M. Application of modified carlson's trophic state index to Japanese lakes and its relationships to other parameters related to trophic[J]. Res. Re p. Nat. Inst. Environ. Stud.，1981，1981（23）：13-31.

Aloupi M，Angelidis M O. Geochemistry of natural and anthropogenic metals in the coastal sediments of the island of Lesvos，Aegean Sea[J]. Environmental Pollution，2001，113（2）：211-219.

Andriedx F，et al. A two year survey of phosphorus speciation in the sediments of the Bay of Seine（France）[J]. Cont Shelf Res.，1997，17（10）：1229-1245.

Andrieux F. Aminot A.. A two-year survey of phosphorus speciation in the sediments of the Bay of Seine[J]. Continental Shelf Research，1997，17（10）：1229-1245.

Anneli，G，et al. Phosphate exchange across the sediment-water interface when shifting from anoxic to oxic conditions-an experimental comparion of freshwater and brackish-marine systems[J]. Biogeochemistry，1997，37（3）：203-226.

Anon D L. Ein Fliessge Wasseroko System[M]. Regierungsprasidium Giessen：Niedernhausen，1994.

Appleby P G，O. F. Application of ^{210}Pb to sedimentation studies. In：Ivanovich M，Harmon R S，eds. Uranium-series Disequilibruim：Application to Earth[J]. Marine and Environmental Sciences. Oxford University Press，1992：731-778 .

Appleby P G. Radiometric dating of lake sediments from Sinny Island（maritime Antarctic）: evidence of recent climatic chang[J]. Palaeolimnology，1995，13（2）: 179-191.

Appleby PG，et al. Self-absorption corrections for well-type germanium detectors[J]. Nucl Instrum Methods B，1992，71（2）: 228-233.

Appleby PG，et al. The calculation of lead-210 dates assuming a constant rate of supply of unsupported ^{210}Pb to the sediment[J]. Catena 1978，5（1）: 1-8.

Archer，et al. Direct measurement of the diffusive sublayer at the deep sea floor using oxygen microelectrodes[J]. Nature，1989，340: 623-626.

Ariztegui D.，Anselmetti F. S.，Robbiani J. -M.，et al. Natural and human-induced environmental change in southern Albania for the last 300 years-Constraints from the Lake Butrint sedimentary record [J]. Global and Planetary Change，2010，71（3-4）: 183-192.

Austin E R，et al. Nitrogen release from lake sediments[J]. Wat Pollut Control Fed，1973，45（5）: 870-879.

Azcue，J. M，et al. Assessment of sediment and porewater after one year of subaqueous capping of contaminated sediments in Hamilton Harbour，Canada[J]. Water Science and Technology，1998，37（6）: 323-329.

BB Perren，C Massa，V Bichet，É Gauthier，et al. A paleoecological perspective on 1 450 years of human impacts from a lake in southern Greenland [J]. The Holocene，March 1，2012.

Bervoets L，et al. Metal concentrations in water，sediment and gudgeon（Gobio gobio） from a pollution gradient ralationship with fish condition factor[J]. Environmental Pollution，2003，126（1）: 9-19.

Boers P C M，et al. Phophorus release from the peaty sediments of the Loosdrecht Lakes（The Netherlands）[J]. Water Research，1988，22（3）: 355-363.

Brian R，et al. An assessment of toxicity in profundal lake sediment due to deposition of heavy metals and persistent organic pollutants from the atmosphere[J]. Environ. Intern.，2008，34（3）: 345-356.

Cai S. M，et al. The impact of human activitieson the wetland ecological system in the middle reaches of the Changjiang River[J]. Scientia Geographica Sinica，1996，16（2）: 129-136.

Caraco et al. Evidence for sulphate-controlled phosphorus release from sediments of aquatic systems[J]. Letters to Nature，1989，341（28）: 316-318.

Carlson. A trophic state index for lakes[J]. Limnologyand Oceanography，1977，22: 361-380.

Carola Malmquist，Richard Bindler，Ingemar Renberg. Time Trends of Selected Persistent Organic Pollutants in Lake Sediments from Greenland[J]. Environ. Sci. Technol.，2003，37（19）: 4319-4324.

Cerco CF，et al. Three dimensional eutrophication model of Chesapeake bay[J]. Environmental Engineering，1993，119（119）: 1006-1025.

Cha H J，et al. Early diagentic redistributio and burial of phosphorus inthe sediments of the southwestern East

Sea（Japan Sea）[J]. Marine Geology，2005，216（3）：127-143.

Chapman P M，Mann G S. Sediment quality values（SQVs）and ecological risk assessment（ERA）[J]. Marine Pollution Bulletin，1999，38（5）：339-344.

Chiras D D. Environmental Science，Action for Future[M]. California：The Benjamin/Cummings Publishing Company，Inc.，1991.

Crutzen P J，et al. The Anthropocene[J]. IGB P Newsletter，2000，41：17-18.

Crutzen P J. Geology of mankind[J]. Nature，2002，415：23-24.

Dai Qi，et al. Characteristeics of zooben thos community and potential ecological risk of heavy metals in urban rivers in Shanghai[J]. Chinese Journal of Applied Ecology，2010，29（10）：1985-1992.

David L. C. The role of phosphorus in the eutrophication of receiving water：a review[J]. Environ. Qaul.，1998，27：261-266.

Dillon P J，et al. The phosphorus-chlorophyll relationship in lakes[J]. Limnol Oceanogr，1974，19（5）：767-773.

Dorothea F. K Rawn，W. Lyle Lockhart，et al. Historical contamination of Yukon Lake sediments by PCBs and organochlorine pesticides：influence of local sources and watershed characteristics[J]. Science of The Total Environment，2001，280（1-3）：17-37.

Erik Jeppesen，et al. species richness and biodiversity in Danish lakes：changes along a phosphorus gradient[J]. Freshwater Biology，2010，45（2）：201-218.

Eriksson M G，Sandgren P. Mineral magnetic analyses of sediment cores recording recent soil erosion history in Central Tanzania[J]. Paleogeogr-aphy，palaeoclimatology，palaeoecology，1999，152：356-372.

Eu Gene Chung，et al. Geoffrey Schladow. Modeling linkages between sediment resuspension and water quality in a shallow，eutrophic，wind-exposed lake[J]. Ecological Modelling，2009，220（9-10）：1251-1265.

Filgueiras A V，et al. Bendicho C. . Comparison of the standard SM&T sequential extraction method with small-scale ultrasound-assisted single extractions for metal partitioning in sediments[J]. Analytical and Bio-analytical Chemistry，2002，374（1）：103-108.

Florian Thevenon，et al. Local to regional scale industrial heavy metal pollution recorded in sediments of large freshwater lakes in central Europe（lakes Geneva and Lucerne）over the last centuries[J]. Science of The Total Environment，2011，412（61）：239-247.

Florian Thevenon，Neil D. Graham，Massimo Chiaradia，et al. Local to regional scale industrial heavy metal pollution recorded in sediments of large freshwater lakes in central Europe（lakes Geneva and Lucerne）over the last centuries[J]. Science of The Total Environment，2011：239-247.

Forstner U，et al. Concentrations of Heavy Metals and Polycyclic Aromatic Hycarbons in River Sediments：Geochemical Background，Man's in Fluence and Environmental Impact[J]. Geojournal，1987，5：417-432.

Forstner U，Metal Pollution in the Aquatic Environment[M]. Berlin：Springer-Verlag，1978：110-192.

Forstner U. Contaminated sediments. Lecture notes in earth sciences[M]. Berlin：Springer-Verlag.，1989.

Funge Smith，et al. Nurtrient bugets in intensive shrimp ponds：Implications for sustainability[J]. Aquaculture，1998，164（1-4）：117-133.

German Müller，G. Grimmer，H. Böhnke. Sedimentary record of heavy metals and polycyclic aromatic hydrocarbons in lake constance[J]. Naturwissenschaften，19776，4（8）：427-431.

Golterman，H. L. The Chemistry of Phosphate and Nitrogen Compounds in Sediments[M]. Dordrecht：Kluwer Academic Publishers，2004.

Gordon Sanders，Kevin C. Jones，John Hamilton-Taylor. Concentrations and deposition fluxes of polynuclear aromatic hydrocarbons and heavy metals in the dated sediments of a rural english lake[J]. Environmental Toxicology and Chemistry，1993，12（9）：1567-1581.

Hakanson L. An ecological risk index for aquatic pollution control：A sediment logical approach[J]. Water Research，1980，14（8）：975-1001.

Heike Schmidt，Clare E. Reimers. The recent history of trace metal accumulation in the Santa Barbara Basin，southern California Borderland[J]. Estuarine，Coastal and Shelf Science，1991，33：485-500.

Holbrook，et al. Characterizing natural organic material from the Occoquan watershed（Northern Virginia，US）using fluorescence spectroscopy and PARAFAC[J]. Science of the Total Environment，2006，361（1）：249-266.

Holtan H L，et al. Phosphorus in sediment，water，and soil：an over view[J]. Hydrobiologia，1988，170（1）：19-34.

Horikawa S I, et al. On Fuzzy Modeling Using Fuzzy NeuralNetworks[J]. Proceeding of IEEE，1992，3（5）：801-806.

Huang S S，et al. Jin Y A temporal assessment on ecological risk caused by heavy metals in north Taihu basin[J]. Jiangsu Geology，2005，29（1）：43-45.

Hupfer，M.，Lewandowski，J. Oxygen controls the phosphorus release from lake sediments-a long-lasting paradigm in limnology[J]. Int. Rev. Hydrobiol，2008，93：415-432.

Ingemar Renberg. Concentration and annual accumulation values of history of heavy metal pollution[J]. Hydrobiologia，1986，143（1）：379-385.

Ishii，Y，et al. Characteristics of fractional phosphorus distribution in sediment of fish farming area at Lake Kasumigaura，Japan[J]. Nippon Suisan Gakkaishi，2008：4，607-614.

Istvánovics V. Eutrophication of Lakes and Reservoirs[J]. Encyclopedia of Inland Waters，2009，4（83）：157-165.

James M. Russell，S. J. McCoy，D，et al. Human impacts，climate change，and aquatic ecosystem response during the past 2000 yr at Lake Wandakara，Uganda[J]. Quaternary Research，2009，72（3）：315-324.

Jia，B. Y.，Tang，Y.，Wu，Y. H.，Yin，D. S. Driving effect of human activity on the environmental change of the Sancha Lake[J]. International Conference on Biomedical Engineering and Biotechnology（iCBEB），2012：1361-1366.

Jin X C，Wang S R，Pang Y，et al. Phosphorus fractions and the effect of pH on the phosphorus release of the sediments from different trophic areas in Taihu Lake，China[J]. Environmental Pollution，2006，139：288-295.

Juan Pablo Corella，Ana Moreno，Mario Morellón，et al. Climate and human impact on a meromictic lake during the last 6 000 years（Montcortès Lake，Central Pyrenees，Spain）[J]. Journal of Paleolimnology，2011，46（3）：351-367.

Jungjae Park，Roger Byrne，Harald Böhnel，et al. Holocene climate change and human impact，central Mexico：a record based on maar lake pollen and sediment chemistry[J]. Quaternary Science Reviews，2010，29（5-6）：618-632.

Kaiserli，A.，Voutsa，D.，Samara，C. Phosphorus fractionation in lake sediments-Lakes Volvi and Koronia，N. Greece[J]. Chemosphere，2002，46：1147-1155.

Kamiya H，et al. Effluxes of dissolved organic phosphorus（DOP）and phosphate from the sediment to the overlying water at high temperature and low dissolved oxygen concentration conditions in an eutrophic brackish lake[J]. Japanese Journal of Limnology，2001，62（1）：11-21.

Karl K Turekian，et al. Distribution of the Elements in Some Major Units of the Earth's Crust[J]. Geological Society of America Bulletin，1961，72（2）：175-192.

Karuppiah M，et al. Chronological changes in toxicity of and heavy metals in sediments of two Chespeake Bay tributaries[J]. Jounral of Hazardous materials，1998，59：159-166.

Kauppila Tommi，et al. A diatombased inference model for autumn epilimnetic total phosphorus concerntration and its application to a presently eutrophic boreal lake[J]. Journal of Paleolimnology，2002，27（2）：261-273.

Khanlari，Z. V.，Jalali，M. Effect of sodium and magnesium on kinetics of phosphorus release in some calcareous soils of Western Iran. Soil. Sediment[J]. Contam，2011，20：411-431.

Kim，L. H.，Choi，E.，Stenstrom，M. K. Sediment characteristics，phosphorus types and phosphorus release rates between river and lake sediments[J]. Chemosphere，2003，50：53-61.

Kimio Hirabayashi，et al. Progress of eutrophication and change of chironomid fauna in Lake Yamanakako[J]，Japan Limnology，2004，5（1）：47-53.

Kirchner W. B，et al. An empirical method of estimating the retention of phosphorus in lakes[J]. Water Resources Research，1976，11（6）：182-183.

Kristiina A，et al. Ecosystems：balancing science with management[M]. Spring-Verlag New York，Inc.，1996.

Kuo J T, et al. Eutrophication modelling of reservoirs in Taiwan[J]. Environmental Modelling & Software, 2006, 21（6）: 829-844.

Kwon YT, et al. Ecological risk assessment of sediment in wastewater discharging area by means of metal speciation[J]. Micro-Chem J., 2001, 70（3）: 255-264.

Kyeong Park, et al. Three-dimensional hydrodynamiceutrophication model（HEM-3D）: application to Kwang-Yang Bay, Korea[J]. Marine Environmental Research, 2005, 60: 171-193.

Landajo A, et al. Analysis of heavy metal distribution in superficial estuarine sediments（estuary of Bilbao, Basque Country）by open-focused microwave-assisted extraction and ICP-OES[J]. Applied chemisty papers, 2004, 56（11）: 1033-1041.

Le C, et al. Eutrophication of lake waters in China: cost, causes, and control[J]. Environ Manage, 2010, 45（4）: 662-668.

Libby W F. Radiocarbon Dating[M]. Unversity of Chicage Press, 1952.

Lindeman B L. The trophic dynamic aspect of ecology[J]. Ecology, 1942, 23: 399-418.

Lotter A F, Sturm M, Wehrli B. Varve formation since 1885 and high-resolution varve analyses in hypertrophic Baldeggersee（Switzerland）[J]. Aquatic Sciences, 1997, 59: 304-325.

Lovlie R. Paleomagnetic stratigraphy: a correlate-on method[J]. QuaternaryInternational, 1989, 1: 129-149.

Mackereth, F. J. H. Chemical investigation of lake sediments and their interpretation[J]. Proceedings of the Royal Society of London, 1965, B161: 295-309.

Malmaeus J. M, et al. A dynamic model to predict suspended particulate matter in lakes[J]. Ecological Modelling, 2003, 167（3）: 247-262.

Malmaeus J. M, et al. Development o f a lake eutrophication model[J]. Ecological Modelling, 2004, 171（1）: 35-63.

Malmaeus J. M, et al. Development of a lake eutrophication model[J]. Ecological Modelling, 2004, 171（1）: 35-63.

Marion Garçon, Catherine Chauvel, Emmanuel Chapron, et al. Silver and lead in high-altitude lake sediments: Proxies for climate changes and human activities[J]. Applied Geochemistry, 2012, 27（3）: 760-773.

Markert B E, et al. An in situ sediments oxygen demand sampler[J]. Water Research, 1983, 17（6）: 603-605.

Martin C W. Heavy Metal Trends in Floodplain Sediments and Valley Fill, River Lahn, Germany[J]. Catena, 2000, 39（1）: 53-68.

Martina Stebich, Cathrin Brüchmann, Thomas Kulbe, et al. Vegetation history, human impact and climate change during the last 700 years recorded in annually laminated sediments of Lac Pavin[J]. Review of Palaeo-botany and Palynology, 2005, 133（1-2）: 115-133.

Mudroch A. Manual of aquatic sediment sampling, Boca Raton[M]. Lewis pubilication, 1995: 1-20.

Muller G. Index of Geoaccumulation in Sediments of the Rhine River[J]. Geojournal，1969，2：108-118.

Nakagawa T，Kitagawa H，Yasuda Y，et al. Asynchronous climate changes in the North Atlantic and Japan during the last Termination[J]. Science. 2003，299：688-691.

Nriagu J. O，. W Kemp A. L，T Wong H. K. Sedimentary record of heavymetal pollution in Lake Erie[J]. Geoch-imica et Cosmochimica Acta，1979，43（2）：247-258.

Nyholm N. A simulation model for phytoplankton growth and nutrient cycling in eutrophic，shallow lakes[J]. Ecological Modelling，1978，4（2）：279-310.

Ojala A E K，Saarnisto M，Snowball L F. Climate and environmental reconstructions from Scandinavian varved lake sediments[J]. Pages News，2003，11（2-3）：10-12.

Oldfield F，Crooks P R J，Harkness，D D，et al. AMS radiocarbon dating of organic fractions from varved lake sediments：an empirical test of reliability[J]. J Paleolimnol，1997，18：87-91.

Oldfield F. Magnetic measurements of recent sediments from Big Moose Lake，Adirondack Mountains[J]. NY，1983，103：37-44.

Olsson I.. Radiocarbon dating. In：Berglund B E. Handbook of Hollocene Palaeoecology and Palaeohydrology[M]. New York，1986：273-312.

Otlet，R. L.，Huxtable，G.，Sanderson，D. C. W. The development of practical systems for ^{14}C measurements of small samples using miniature counters[J]. Radiocarbon，1986，28：603-614.

Owen R B，et al. Heavy metal accumulation and anthropogenic impact on Tolo Habour，Hongkong[J]. Marine Pollution Bullctin，2000，40：174-180.

Padisák J，et al. Use and misuse in the application of the phytoplankton functional classification：a critical review with updates[J]. Hydrobiologia，2009，621（1）：1-19.

Paerl，H. W. et al. Harmful freshwater algal blooms，with an emphasis on cyanobacterial. Sci[J]. World，2001，1：76-113.

Paerl，H. W. Nuisance phytoplankton blooms in coastal esturine inland waters[M]. Limnol：Oceanogr，1988，33：823-847.

Pennington W，Cambray RS，Eakins JD，et al. Radio nuclide dating of the recent sediments of Blelham Tarn[J]. Freshwater Biology，1976，6：317-333.

Peter R H. Phosphorus availability in Lake Memphremagog and its tributaries[J]. Limnol Oceanogr，1981，26（6）：1150-1161.

Pilar Hernandez，et al. Modeling eutrophication kinetics in reservoir microcosms[J]. Water Research，1997，31：2511-2519.

Ranft S，et al. Eutrophication assessment of the Baltic Sea Protected Areas by available data and GIS technologies[J]. Mar Pollut Bull，2011，63（5-12）：209-214.

Reid I，Frostick L. Late Pleistocence rhyhmite sedimentation at the margin of the Dead Sea trough：a guide to paleo food frequency In：McManus J，Duck R W，eds[J]. Geomorphology and sedimentology of lakes and reser-veoirs . John Wiley&Sons，1993，259-273.

Ritchie J C，Mchenry J R. Application of radioactive fallout cesium-137 for measuring soil erosion and sediment accumulation rates and patterns：A review[J]. Journal of Environmental Quality，1990，19：215-237.

Rodhe W. Crystallization of eutrophication concepts in North Europe. In：Eutrophication，Causes，Consequences，Correctives[M]. National Academy of Sciences，Washington D. C，1969，Standard Book Number 309-01700-9，50-64.

Ruban v，et al. An inverstigation of the origin and mobility of phosphorus in freshwater sediments form Bort-Les-Orgues Resevoir，France[J]. Journal of Environmental Monitoring，1999，1（4）：403-407.

Ruiz-Fernández A C，Hillaire-Marcel C，Ghaleb B，et al. Recent sedimentary history anthropogenic impacts on the Culiacan River Estuary，North western Mexico：Geochemical evidence from organic matter and nutrients. Environmental Pollution，2002，118（3）：365-377.

Rydin E，et al. Seasonal dynamics of phosphorous in Lake Erken surface sediments[J]. Arch Hydrobiol Spec Issues Advanc Limnol，1998，51：157-167.

Ryding S O. The control of eutrophication of lakes and reservoirs[M]. Beijing：China Environmental Science Press，1992.

Şahin，Y.，Demirak，A.，Keskin，F. Phosphorus fractions and its potential release in the sediments of Koycegiz lake，Turkey[J]. Lakes Reserv，2012，6：139-153.

Santschi P，et al. Chemical processes at the sediment-water interface[J]. Marine Chemistry，1990，30（90）：269-315.

Sarazin G，et al. Organic matter mineralization in the pore water of an eutrophic lake（Aydat Lake，Puy de Dome，France）[J]. Hydrobiologia，1995，315：95-118.

Sas H. Lake restoration by reduction of Nutrient Loading：Expectations，Experiences，and Extrapolations[M]. St Augustin：Academia Verlag Richarz，1989.

Schindler D W，et al. Exchange of nutrients between sediments and water after 15 years of experimental eutrophication[J]. Fish. Aquat. Sci，1988，44：26-33.

Seralathan K，et al. Assessment of heavy metal（Cd，Cr and Pb）in water，sediment and seaweed in the pulicat Lake，Southeast India[J]. Chemosphere，2008，71（7）：1233-1240.

Singh K P，et al. Studies on distribution and fractionation of heavy metals in Gomti river sediments atributary of the Ganges，India[J]. Journal of Hydrology，2005，312（1）：14-27.

Skulber M O，et al. Toxic blue-green algae blooms in europe：a gorwing Problem[J]. Ambio，1984，13（4）：244-247.

Smith V H，et al. Eutrophication science：where do we go from here？[J]. Trends in Ecology & Evolution，2009，24（4）：201-207.

Snodgrass W J，et al. Model for lake-bay exchange flow[J]. Great Lakes Research，1985，11（1）：43-52.

Sondergaard M，Jensen J P，Jeppesen E. Retention and internal loading of phosphoeus in shallow，eutrophic lakes[J]. Sci World，2001，1：427-442.

Sondergaard，M，et al. Phosphorus release from resuspended sediment in the shallow and wind-exposed Lake Arreso Denmark[J]Hydrobiologia，1992，228（1）：91-99.

Soto-Jiménez M，et al. Geochemical evidences of the anthropogenic alternation oftrace metal component of the sediments of Chiricahuetomarsh（SE Gulf of California）[J]. Environ Pollut，2003，125（3）：423-432.

Spiteri，C.，Van Cappellen，P.，Regnier，P. Surface complexation effects on phosphate adsorption to ferric iron oxyhydroxides along pH and salinity gradients in estuaries and coastal aquifers[J]. Geochimica et Cosmochimica Acta，2008，72：3431-3445.

Stiller M et al.. Calibration of lacustrine sediment ages using the relationship between ^{14}C levels in lake waters and in the atmosphere：the case of Lake Kinneret[J]. Radiocarbon，2001，43：821-830.

Sun Q L . Characteristics of the Holocene op timum in the monsoon/arid transition belt recorded by core sediments of Daihai Lake，North China[J]. Quaternary Sciences，2006，26（5）：781-790.

Swennen R，et al. Anthropogenic impact on sediment composition and geochemistry in vertical overband profiles of river alluvium from Belgium and Luxembourg[J]. Jounral of Geochemical Exploration，2002，75（1）：93-105.

Sφndergaard M，et al. Phosphorus fractions and profiles in the sediment of shallow Danish lakes as related to phosphorus load，sediment composition and lake chemistry[J]. Water Research，1996，30（4）：992-1002.

Taylor S E，et al. The environmental implications of readely resuspended contaminated estuarine sediments[J]. 30th international geollgical congress abstract，Beijing，1996，3：424.

Teasdale P R，et al. Geochemical cycling and speciation of copper in waters and sedments of Macquare Harbour，Western Tasmania[J]. Estuarine Coastal and Shelf Science，2003，57（3）：475-487.

Tetra Tech Inc. The Environmental Fluid Dynamics Code Theory and Computation Volume 3：Water Quality Module[R]. 10306 Eaton Place Suite，2007，340：1-10.

Thomsen，R.. Palacomagnetic dating. In Quaternary Dating Methods-a User's Guid（edited by P. L. smart & P. D. Frances），Technical Guide 4，Quatrernary Research Association[M]. Cambridge，1991：177-198.

Thomton L. Applied Efivirortmental Geochemistry[M]. Academic Ress，London.，1983.

Tohru S，et al. Benthic nutrient remineralization and oxygen consumtion in rhe coastal area of Hiroshima Bay[J]. Water Research，1989，23（2）：219-228.

Uede，T. Chemical characteristics and forms of phosphorus compounds in sediment of fish farming areas[J].

Nippon Suisan Gakkaishi，2007，73（1）：62-68.

Vicente de，I.，Jensen，H. S.， Andersen，F. O. Factors affecting phosphate adsorption to aluminum in lake water：Implications for lake restoration[J]. Sci. Total Environ. 2008，389：29-36.

Vollenweider R A. Advances in defining critical loading levels for phosphorus in lake entrophication[J]. Memorie Istituto Italiano di Idrobiologia，1976，33（2）：53-83.

Vollenweider R A. Input-Output Models with Special Reference to the Phosphorus Loading Concept in Limnology[J]. Schweizerische Zeitschrift Hydrol，1975，37：53-83.

Von Gunten H. R.，M Sturm，R. N. Moser. 200-Year Record of Metals in Lake Sediments and Natural Backg-round Concentrations[J]. Environ. Sci. Technol.，1997，31（8）：2193-2197.

WAN Guo-ping，et al. Soil phosphorus forms and their variations in depressional and riparian freshwater wetlands（Sanjiang Plain，NortheastChina）[J]. Geoderma，2006，132（1）：59-74.

Webb J S，et al. Foster R，Provisional Geochemical Atlas of Northern Ireland[M]. London：Appllied Geochemis by Research Group，Imperial College of Science and Techology，1973.

Webb J S，et al. Regional geochemical reconnaissance in the Namwala Concession area，Zambia. Geochemical Prospecting Research Centre[M]. Technical Communication，1964：47.

Wetzel，R. G.，et al. In Phosphorus biogeochemistry in subtropical ecosystems[M]. Lewis Publishers.，1999.

Wick L，G Lemcke. Evidence of Lateglacial and Holocene climatic change and human impact in eastern Anatolia：high-resolution pollen，charcoal，isotopic and geochemical records from the laminated sediments of Lake Van，Turkey[J]. The Holocene，2003，13（5）：665-675.

Wohlfarth B et al.. The Swedish Time Sclel-a potiential calibration tool for the radiocarbon time scale during the Late Weichselian[J]. Radiocarbon，1995，37：347-360.

Wu F C，et al. Geochemical Processes of Iron and Manganese in a Seasonally Stratified Lake[J]，Affected by Cola-Mining Drainage in China[J]. Limnology，2001，2（1）：55-62.

Xu F. L，et al. The distributions and effects of nutrients in the sediment of a shallow eutrophic Chinese lake[J]. Hydrobiologia，2003，492：85-93.

Xu L，et al. Mineral magnetic characteristics of sediments from Xiaohe Reservoir in karst hilly plain，central Guizhou Province and their implications on soil erosion[J]. Quaternary Sciences，2007，27（3）：408-416.

Xu ZQ，et al. Calculation of heavy metal toxicity coefficient in the evaluation of potential ecological risk index[M]. Environ Sci &Technol，2008，31（2）：112-115.

Yang Jizhong. The researchment on the development perspective and environmental quality of Three-fork Lake[M]. The Publishing Company of Chengdu University of Science and Technology，1996.

Yoshimi，H. Simultaneous construction of single-parameter and multiparameter trophic state indices[J]. Water Research，1987，21（12）：1505-1511.

Yuan X，Xu N，Tao Y. Spatial distribution and eutrophic characteristics of bottom sediments in Taihu Lake[J]. Res Surv Environ，2003，24（1）：20-28.

Zanini L，et al. Phosphorus characterization in sediments impacted by septic effluent at four sites in central Canada[J]. Journal of Contaminant Hydrology，1998，33（3-4）：405-429.

Zeng Zhao-hua. A Study of Elemental Contents in Soil and Ecologic and Agricultural Geology in Sichuan[J]. Acta Geologica Sichuan，2005，25（1）：.44-50.

Zhang H C，et al. Dilemma of dating on lacustrine deposits in a hyper arid inland basin of NW China[J]. Radiocarbon，2006，48（2）：219-226.

Zheng J，Liao H Q，Wu F C，et al. 2008. Vertical distributions of $^{239+240}$Pu activity and ^{240}Pu/^{239}Pu atom ratio in sediment core of Lake Chenghai，SW China［J］. Journal of Radio analytical and Nuclear Chemistry，275（1）：37-42.

Zhu Li-xue，et al. Geochemical Background and Element Distribution in Soil in Chengdu，Sichuan[J]. Acta Geologica Sichuan，2004，24（3）：159-164.

第三篇

三岔湖环境容量与环境承载力

第 **9** 章

湖泊环境容量及承载力的基本概念

9.1 湖泊环境容量

湖泊作为陆地水资源的重要载体，是地球水圈的关键组成部分，是人类生产以及生活的重要物质基础，同时，湖泊也是人类最重要的环境资源之一，是人类赖以生存和可持续发展的自然依托（古滨河，2011）。但是，随着人口的增长和经济的发展，入湖污染量不断增多，湖泊水环境恶化等一系列问题日益突出。面对资源约束趋紧、环境污染严重的严峻形势，如何在湖泊环境得以有效保护的前提下促进可持续发展，已经成为一个必要又紧迫的问题。

对于我国的水环境污染现状来说，污染物总量控制是目前水污染防治的一项基本政策，污染物总量控制的依据是水环境容量。可以说水环境容量研究不仅是环境保护的基础工作，也是环境管理的重要手段之一，因此，深入研究水环境容量可以为水环境规划与管理提供技术支持，对社会经济与环境的和谐发展也有着重要的意义（冯启申，2010）。

9.1.1 水环境容量的基本特征及概念

9.1.1.1 水环境容量的提出和发展

1938 年，比利时著名数学家、生物学家 P. E. Forest 首先提出了容量这一概念，是指环境中的生物种群可利用的实物量有一个最大值，同时动植物的增加也相应有一个极限值，这一理论后来被广泛应用于环境保护、人口研究等多个领域。"环境容量"（Environmental Capacity）这一概念最早出现在日本（夏青，1981）。在经历了第二次世界大战的惨重失败后，日本用了短短不到 30 年时间一跃成为当时继美苏之后的世界第三大工业国和经济强国，实现了继明治维新以后的又一次经济飞跃。但众所周知的是，日本是一个资源十分匮乏的国家，在经济快速发展的同时，空气、土壤、水污染也随之而来。对环境污染的应对措施，最早是浓度控制，但是浓度控制有很大的缺陷，由于只是规定污染物的排放浓度，很多企业会通过增加污水排放量来控制排污浓度，虽然污染物的排放浓度达到了控制水平，但是污染物的总量并没有减少。因此，在20世纪60年代末，为改善水环境质量和大气环境质量，日本学者提出要把污染物总量控制在一定的容许范围以内，这便是环境容量这一概念的根本。随后，日本卫生工学小组在《1975年环境容量计算量化调查研究》报告中提出了污染物总量控制，西村肇则又根据总量控制原则，提出了环境容量的概念，这一概念得以应用推广。

1972年，美国环境保护局提出了基于水质决策的污染物总量控制方法，提出了"最大日负荷总量"（total maximum daily loads）计划（Borsuk et al.，2002）。该计划确定水体受损的污染物种类，针对不同污染物做相应的最大日负荷总量计算，最大日负荷总量的制定包含了污染负荷、安全余量以及排放分配三个要素，利用系统优化和随机理论结合的方法对污染水体进行研究。从含义上来看，欧美国家使用的"同化容量"（assimilative capacity）"最大日负荷总量""水体容许污染水平"等概念（Cairns，1977，1999；Ecker，1975；Liebman et al.，1966）。与水环境容量定义类似，同样，中国台湾地区使用的"涵容能力"也有类似含义（黄圣授，2001）。我国对环境容量概念的解释与应用也是从国外引来的，例如《辞海》中把环境容量定义为"自然环境或环境组成要素对污染物质的承受量和负荷量"（张永良，1991）。

它是基于对流域水文特征、排污方式、污染物迁移转化规律进行充分的科学研究，结合环境管理需求确定的环境管理控制目标。水环境容量既反映流域的自然属性水文特征，又反映人类对环境的需求水质目标，由此可见，水环境容量不是一个定值，将随着水资源的变化和人们环境需求的提高而不断发生变化。

9.1.1.2　水环境容量定义及要素

环境容量是环境科学的一个基本理论问题，也是环境管理中重要的实践应用问题。在实际工作中，环境容量既是环境目标管理的基本依据和环境规划的主要约束条件，也是污染物总量控制的关键技术支持（张永良，1992；唐献力，2006）。由于水环境容量是反映水环境和社会经济活动的密切关系的度量尺度，是一个相对复杂和模糊的概念，学术界至今尚未达成共识。对于水环境容量的定义主要有以下几种观点：

① 水环境容量是指在一定的水质目标下，水体环境对排放于其中的污染物所具有的容纳能力。

② 水环境容量是指一定水体在规定环境目标下所能容纳污染物的量（张永良，

1991），也就是单位水体依靠自身特性使其功能不被破坏所能容纳污染物的量。

③ 在一定环境目标条件下，某一水域能承担外加某种类污染物的最大允许负荷量，也可以表达为在保证某一水域水体质量符合规定级别，在单位时间内能够连续均匀地接纳某种污染物的最大允许负荷量。

④ 水环境容量是指在保持水环境功能用途的前提下，受纳水体所能承受的最大污染物排放量，或者在给定水质目标和水文条件下，水体的最大容许纳污量（方国华，2007；王修林，2006）。

本书采用第 4 种定义。尽管关于水环境容量的定义不尽相同，但本质上都强调了三个方面的要素，即水质目标、水体特征、污染物特性。

（1）水质目标

水体对污染物的纳污能力是相对于水体满足一定的用途和功能而言的，因此，不同用途的水体，允许存在于水体的污染物的量也不同（张永良，1991）。依据《地表水环境质量标准》（GB 3838—2002）中的水域功能和标准分类，地表水按功能高低依次划分为五类：Ⅰ类—源头水，国家自然保护区；Ⅱ类—集中式生活饮用水地表水源地一级保护区、珍稀水生生物栖息地、鱼虾类产卵场、仔稚幼鱼的索饵场等；Ⅲ类—集中式生活饮用水、地表水水源地二级保护区、鱼虾类越冬场、洄游通道、水产养殖区等渔业水域及游泳区；Ⅳ类—一般工业用水区及人体非直接接触的娱乐用水区；Ⅴ类—农业用水区及一般景观要求水域。不同类水体有不同的水质目标，不同的水质目标影响水环境容量的大小。此外，由于各个地区的自然条件、经济技术等条件差异较大，因此水质目标具有一定的地域差异性，这也就决定了水环境容量存在地域差异性。

（2）水体特征

某一特定水体的特征通常从以下几个方面来具体描述：几何特征、水文特征、物理特征、化学特征、生物学特征、沉积物特征等，详见表 9-1。

表 9-1　湖泊水体特征

特征	主要特征参数及特性
几何特征	湖泊平面的立体几何形状：包括湖泊的长度、最大宽度与平均宽度、湖泊长轴的长度与方向、短轴的长度、湖岸线长度（湖周长）、湖岸发育率（湖岸线发展系数）、湖泊面积、岛屿率、湖水面积、湖泊最大深度与平均深度、湖泊容量（湖水容积）、湖泊流域面积等
水文特征	水位：降水补给的湖泊，雨季水位高，旱季水位低；冰雪融水补给的湖泊，夏季水位高，冬季水位低；地下水补给的湖泊，水位变动不大
	含沙量：湖盆容易淤积泥沙，使得从湖泊流出的河流含沙量减少。而湖盆含沙量大小主要取决于入湖河流的含沙量，以及当地的风沙情况
	结冰情况：影响结冰的直接因素是气温，间接因素有纬度、地形、水深、盐度、地热等
	盐度：湖泊的盐度涉及水和盐两个要素多寡的关系

特征	主要特征参数及特性
物理特征	温度：影响水生生物、水体自净和人类的利用
	浊度：是指溶液对光线通过时所产生的阻碍程度，它包括悬浮物对光的散射和溶质分子对光的吸收
	固体悬浮物：通常指在水中不溶解而又存在于水中不能通过过滤器的物质，主要指黏土颗粒、沙砾等
	电导率：生态学中，电导率是以数字表示的溶液传导电流的能力，主要用于推算水中溶解物质的总量
	溶解氧：水体中的溶解氧含量直接影响水生生物的生存繁衍以及物质的化学、生物行为
化学特征	具有混合溶液特性：水是一种良好的溶剂，能够溶解与之接触的固体、液体和气体，因此天然的水体不是化学上的纯水
	氧化还原系统：水体中的各种物质、离子之间会发生氧化还原反应（张永良，1991）
	缓冲溶液系统：水体中的碳酸、碳酸盐和重碳酸使水体具有缓冲能力（张永良，1991）酸碱度：描述的是水体的酸碱性强弱程度，用 pH 来表示
生物学特征	水体中各种生物构成水生生态系统：水中的生物依照其生态功能可以分为生产者、消费者和分解者三大类。生产者即水生植物、藻类等，消费者则指水生动物，分解者指细菌、真菌等微生物以及部分原生生物。生产者通过光合作用生成有机物，供消费者生长繁殖，分解者分解水生动植物及其排泄物，使之转化为可供生产者重新利用的形态
沉积物特征	水体中的一部分物质在水流过程中会沉降下来，堆积在水体底部，称为沉积物沉积物的来源：地表径流挟带的泥沙以及黏土颗粒等、流域范围内的岩石风化产物，以及大气沉降物等

（3）污染物特性

不同的污染物具有不同的物理化学特性和生物反应规律，不同类型的污染物对水生生物和人体健康的影响程度不同。水体中的主要污染物有 10 类。

1）无机无毒物污染：主要指酸、碱、盐污染、酸雨、硬度升高等，此类污染对人体无毒，但对环境有害。

2）需氧有机物：也称耗氧有机物，其特征是分解过程中消耗水中的溶解氧（O_2），使水质恶化。表示方法和指标有 COD、BOD_5、TOD、TOC 等。

3）有毒污染：主要指有毒物质的污染，该类污染物质主要有非金属无机毒物、重金属与类金属无机毒物、易分解有机毒物、难分解有机毒物等。

4）富营养性污染：主要指氮、磷等营养物质对水体的污染，大多数情况下是生活污水所致，该类污染是造成"赤潮""水华"的根源。

5）病原微生物：主要是细菌、病毒、病虫卵等的污染，其特点是数量大、分布广、存活时间长。通常用细菌总数和大肠杆菌作为病原微生物污染的间接指标。

6）油污染：主要是石油污染，其特点是大部分漂浮在水面，少量溶于水中或呈吸附状态。污染对象主要是河口、码头地带。

7）放射性污染：放射性核素造成的污染，其特点是难以处理和消除，主要靠自然衰变降低放射性强度。

8）固体污染：主要指悬浮物和泥沙。通常用悬浮物和浊度两个指标表示，地面径流中的主要组分是固体污染物。

9）感官性污染：包括异色、异味、浑浊、泡沫、恶臭等，这类污染物一般属物理性污染，其中恶臭是一种普遍的污染危害，它损坏水的功能，危害水环境。

10）热污染：是一种能量污染，其危害主要是使水中生物死亡、溶解氧减少（王宪，2006）。

9.1.1.3　水环境容量的分类及特性

根据不同的应用目的，水环境容量主要分为以下几类：

（1）按水环境目标分类

1）自然水环境容量：以污染物在水中的基准值为水质目标计算得到的水环境容量称为自然水环境容量，它反映水体和污染物之间的客观规律，不受人为因素、社会因素影响，具有客观性。自然水环境容量的概念模型为

$$W = \int K(C_0 - C)\mathrm{d}V \qquad\qquad (9\text{-}1)$$

式中，W——水环境容量，g；

$\quad\quad K$——表征水体对污染物稀释和自净能力的一个参数；

$\quad\quad C_0$——污染物在水体中的基准值，$\mathrm{g/m^3}$；

$\quad\quad C$——水体中污染物的浓度，$\mathrm{g/m^3}$。

$\quad\quad V$——水体的体积，$\mathrm{m^3}$。

2）管理水环境容量：以污染物在水中的标准值为水质目标计算得到的水环境容量称为管理水环境容量，它以人为规定的水质标准为约束条件，不仅取决于水体本身的自然特性，还与经济水平与技术水平密切相关。管理水环境容量是水环境的自然规律参数与社会效益参数等两类参数的多变量函数（张永良，1991），其概念模型为

$$W = \int K(K_1 C_0 - C)\mathrm{d}V \qquad\qquad (9\text{-}2)$$

式中，W——水环境容量，g；

$\quad\quad K$——表征水体对污染物稀释和自净能力的一个参数；

$\quad\quad K_1$——表征以技术经济指标为约束条件的社会效益参数；

$\quad\quad C_0$——污染物在水体中的基准值，$\mathrm{g/m^3}$；

$\quad\quad C$——水体中污染物的浓度，$\mathrm{g/m^3}$；

V——水体的体积，m^3。

（2）按污染物降解机理分类

1）稀释容量。天然水体对进入的污染物有一定的稀释纳污作用，通常认为当污水与净水比例大于1：20时，物理稀释过程起主要作用，而污染物的同化自净过程稍弱。当水体通过物理稀释作用使污染物达到规定的水质目标时，能容纳污染物的量称为稀释容量。其中，稀释容量又分为定常稀释容量和随机稀释容量。

定常稀释容量是指在设计条件（水体流量、污水排放量及排放浓度等）常定条件下求得的稀释容量。

随机稀释容量是指在考虑水体流量、污水排放量及排放浓度随机波动的条件下，求得达到某一达标概率的环境容量。随机稀释容量是用一系列连续的数值来表示的，能够比较真实地反映水文条件及污染源排放的随机情况，能够比较科学地给出不同达标率的水体纳污能力和允许排放量（张永良，1991）。

2）自净容量。水体通过物理、化学、物理化学、生物等作用对污染物所具有的降解或无害化能力，即为自净容量。自净容量反映水体对污染物的自净能力，若污染物主要为易降解有机物，则自净容量又称为同化容量。自净容量是水环境容量中重要的组成部分，绝大部分水环境容量模型的计算方法主要是自净容量的计算。

图9-1所示为水环境容量示意图。

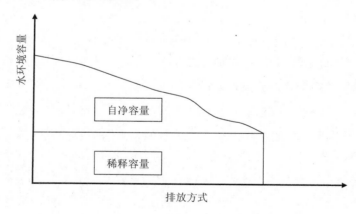

图9-1   水环境容量示意

（3）按污染物性质分类

1）易降解有机物（或者耗氧有机物）水环境容量：易降解有机物能被水中氧、氧化剂或微生物氧化分解成简单有机物或无机物，具有较大的水环境容量。我们通常所说的水环境容量，也主要是指这一部分容量。

2）难降解有机物（或者有毒有机物）水环境容量：难降解有机物的毒性较大，化学稳定性高，自净容量小，通常仅考虑它们的稀释作用。

3）重金属水环境容量：重金属可以被水体稀释到阈值以下，因此重金属也有环境容量。但是重金属是保守性物质，它在水体中不能分解，只存在形态变化和相的转移。因此，重金属没有自净容量，要严禁排入水体。

（4）按容量的可再生性分类

1）可更新容量：可再生性是指水体对进入的污染物的同化能力，因此可更新容量指的是水体的自净能力，如易降解有机物水环境容量就是可更新容量。可更新容量如果利用得当，是可以永续利用的，因此，可更新容量是最具有实际开发利用价值的环境容量。需要注意的是，要合理利用可更新容量，一旦超负荷开发利用，同样会造成水环境污染。

2）不可更新容量：指的是水体对长时间只能微量降解甚至不能降解的污染物所具有的容量，如难降解有机物水环境容量和重金属水环境容量就是不可更新容量。不可更新容量的恢复只表现在污染物的迁移、吸附、沉积及相转移，在水体中的总数量和性质都不变，因此不宜强调该容量的开发利用。

9.1.1.4　水环境容量的特征

（1）地带性特征

不同的天然水体处在不同的地理环境和地球化学环境中，因此，在不同的水文、气象条件下水体对污染的物理自净、化学自净、生物自净能力不同，从而决定了水环境容量具有地带性特征。海陆分布和地质地貌形成了水体的经向差异，太阳辐射的差异形成水体的纬向差异，经纬向地带性差异的叠加作用使地带性特征变得异常复杂。例如，南方多处于多水带和丰水带，水体径流量大于北方水体，水体对污染物的物理自净能力也大于北方，同时，由于南方的温度、湿度均高于北方，水体的化学、生物活性也强于北方。

水环境容量不仅受自然环境的地带性特性的影响，还受人为以及社会环境特性的影响。在人类社会活动影响较小的地带，水体的环境容量丰度相对较大，水体能保持在背景浓度的水平，有机物含量、重金属含量一般比城市环境水体低。而人为以及社会环境特征有地带性差异，这也是水环境容量的地带性特征。

（2）资源性特征

联合国环境规划署将自然资源定义为在一定时间和一定条件下，能产生经济效益，以提高人类当前和未来福利的自然因素和条件。从此定义来看，水环境容量也是资源，因为水体对进入水体的污染物有缓冲和稀释作用，能够容纳一定量的污染物来适应人类生产生活的需要，这与用于人类生产和生活的水资源是不同的两个概念。

需要注意的是，水环境容量资源中有部分是可更新的，只要保证在一定的开发强度以内，这部分容量是可以永续利用的。但是水环境容量又是有限的可再生自然资源，所以，必须弄清水体对污染物的承受能力，确定环境容量保护和利用的界限，充分合理利用水环境容量资源。另外，水环境容量资源的恢复和更新，主要依靠自然力，资源开发一旦超过界限，恢复就比较困难，因此要立足于保护，适度开发和利用水环境容量资源。

（3）不均衡性特征

水环境容量的计算需要针对特定的污染物和特定的环境目标。不同性质的污染物对化学、生物等迁移转化方式的响应程度存在一定的差异性，因此水环境容量对污染物具有不均衡性。例如易降解有机物水环境容量的丰度很高，难降解有机物水环境容量的丰度则很低，重金属的水环境容量的丰度甚微。

（4）社会性特征

除地带性、资源性和不均衡性等自然属性外，水环境容量还具有社会性特征。社会经济的发展程度，一方面以排放污染物的形式对水环境系统造成影响，同时，另一方面又以科学技术水平的提高和管理制度的进步促进水环境质量的改善。另外，水环境容量的社会性特征还体现在环境目标的制定上，环境目标应满足生产、生活需要，是水环境容量的重要前提条件。因此，水环境容量是描述自然水体和人类社会需求关系的度量名词，具有社会性特征。

（5）动态性特征

水环境容量的大小与水体自然属性、水质保护目标及污染物的特性有关，由于水体的自然属性（包括水文条件等）和污染物特性（包括污染物排放特性和水体中的输移转化过程等）都是随着时间和空间的变化而变化的，因而水环境容量也是一个随时空而变化的动态变量，水环境容量具有动态性特征。

9.1.2 湖泊环境容量的计算方法

湖泊水环境容量的计算是以水质目标和水质模型作为基础的。与河流相比，湖泊具有更加广阔的水域、更缓慢的水流流速等特点，因此，湖泊的水质模型跟河流的水质模型相比，源和汇项更加复杂。

9.1.2.1 水环境容量的构成

按照污染物的降解机理，水环境容量 W 一般可以分为自净容量（W_1）和稀释容量（W_2）两个部分。自净容量是水环境容量中最重要的组成部分，其特征是无害的生化过程可以不断再生，因此是水环境容量组成中应该重点关注的部分，目前我国也将水体的自净容量作为开发利用的首要目标。

根据上述两个部分对水环境容量进行计算：

$$W = W_1 + W_2 \tag{9-3}$$

自净容量 W_1 通过水质模型计算得到，稀释容量 W_2 计算公式如下：

$$W_2 = C_s \left(Q_0 + q_m\right) - Q_0 C_0 \tag{9-4}$$

式中，W_2——稀释环境容量，g；

C_s——控制点的水质标准，g/m^3；

Q_0——该水域的设计流量，m^3/s；

q_m——污水排放量，m^3/s；

C_0——污染物混合完成区的初始浓度，g/m^3。

9.1.2.2　计算流程

（1）基础资料调查与评价

包括研究水域的空间范围、水文资料、水质资料、排污口资料、取水口资料、污染源信息等，通过分析整理，形成基础资料数据库，具体资料如表 9-2 所示。

表 9-2　基础资料详表

分类	内容
空间范围	经度、纬度、所属行政区域等
水文资料	水域面积、流速、流量、水位、含沙量、体积等
水质资料	多项污染因子的浓度值
排污口资料	废水排放量及污染物浓度
取水口资料	取水量、取水方式
污染源信息	排污量、排污去向、排放方式

（2）水功能区划和水质指标的确定

我国的水域一般都划分了水环境功能区，不同的水环境功能区划提出不同的水质功能要求，因此，不同的水环境功能区划对水环境容量的影响很大。此外，不同水体的水体特征不同，水环境不同，水体的污染程度也不同。因此要根据水域的具体污染特征，通过调查评估水体的水质状况及达标情况，分析导致水功能区无法达标的特征污染物类型，选择相应的污染控制因子。

（3）水域概化

天然水域往往呈现不规则的自然形态，其水流特性、边界条件等也相对复杂。可根据《全国水环境容量核定技术指南》的相关要求，将天然水域（如河流、湖泊、水库等）概化为简单的计算单元，如天然河道可概化为顺直河道，非稳态水流可概化为稳态水流等。同时，支流、排污口等也可以进行一定概化，若排污口距离较近，多个排口可简化为一个集中的排口等。通过以上的概化过程，复杂水域的水质变化规律就可以用简单的数学模型加以描述。

（4）水质模型选取

水质模型是水环境容量计算的核心，应选用合理的水质模型来定量表述水中污染物的迁移转化规律。模型的选择取决于诸多因素，主要根据研究水域几何特征以及流速、流量等水动力学因素，以及迁移扩散速率等水环境学因素来决定哪个模型更为恰当。由于模型具有一定的假设条件，因此模型的计算实际上也是一个概化的过程。根据实际情况选择最恰当的模型不仅能减少计算工作量，还能减少计算结果与实际的偏差，保证其准确度。

（5）模型参数确定

参数确定是水环境容量计算的关键。模型各参数取值的合理性将直接影响模型计算结果的合理性（成功与否），参数的理论研究与计算方法也是环境科学的一大难题。目前，论述模型形式的文章较多，介绍参数识别的文章较少，国内外至今尚没有比较公认及比较成熟的经验（刘媛媛，2013）。

1）本底浓度：就是水域的初始浓度，其取值应该是研究水域中上断面的污染物浓度，如果上断面的污染物浓度低于上断面水质标准所规定的浓度，则取上断面的水质标准浓度为本底浓度（胡锋平，2010）。

2）目标浓度：首先应该根据水体的污染物组成以及水污染物总量控制现状，选取主要污染控制因子，再根据各个控制断面的水质目标确定各污染物控制因子对应的目标浓度值。应以水环境功能区环境质量标准类别的上限值为水质目标值，此外，由于各类污染物在水域中的转化规律十分复杂且相互影响，大尺度的容量计算简化了微观复杂的物化和生化转变过程，仅关注整体结果。

3）设计流量：主要计算方法有水文保证率法、最枯月平均流量法、径流系数法等。一般条件下，水文条件年际、月际变化非常大，作为设计水环境容量的重要参数，一般选择近10年最枯月平均库容作为湖泊的设计流量。

4）流速：当实测资料比较丰富的时候，能够绘制出水位-流量关系曲线、水位-面积关系曲线，通过设计流量则可推算出各断面的设计水位和面积。如果资料不足，则采用经验公式计算各个断面的流速，或通过实测法测定各个断面流速（庞爱萍，2010）。

5）降解系数：是水环境容量计算的关键参数之一，反映了污染物在水体中降解的快慢程度。计算降解系数的主要方法有类比法和实测法。

（6）容量计算分析

应用设计水文条件和上下游水质限值条件进行水质模型计算，利用试算法或建立线性规划模型等方法确定水域的水环境容量。

9.2　湖泊环境承载力的基本概念

9.2.1　承载力概念的演变和发展

9.2.1.1　承载力的提出

"承载力"一词原来是物理力学中的一个物理量，指物体在不产生任何破坏时所能够承受的最大负荷，学者在研究区域系统时，普遍借用了承载力这一概念。承载力的理论起源于人口统计学、应用生态学和种群生物学（Cohen，1995；Dhondt，1988；Graymore，2005；Seidl et al.，1999；Clarke，2002），最早可以追溯到1798年英国经济学家马尔萨斯（T.R.Malthus）在《人口法则随笔：他对社会进步的潜在影响》中提出的人口理论（张林波，2009），他认为粮食的线性增长终究赶不上人口的几何、指数增长，最终会产生疾病饥荒和战争，对人口数量产生抑制作用（Trewavas，2002；Seidl et al.，1999）。马尔萨斯是第一个看到环境限制因子对人类社会物质增长过程有重要影响的科学家，他的资源有限并影响人口增长的理论，不仅反映了当时的社会存在，而且对后来的科学研究产生了广泛的影响（Seidl et al.，1999；顾康康，2012）。可以说，马尔萨斯关于自然因素是有限的，生物的增长必然受到自然因素制约的假设构成了承载力理论的基本要素和前提。

承载力起源的另一个突破性进展则是数学表达公式逻辑斯蒂方程（Logistic Equation）的提出。1838年比利时数学家皮埃尔·弗朗索瓦·韦吕勒（Pierre François Verhuls）将马尔萨斯的人口理论用逻辑斯缔方程的形式表示出来，用因子K代表一定资源空间下承载人口的最大值，这也是承载力理论最原始的数学模型（Cohen，1995），如图9-2所示。还有诸多学者用人口数据、实验数据对逻辑斯蒂方程进行了验证，这些研究均为承载力起源提供了坚实的科研基础，但那时多以"饱和水平"（Clarke，2002）、"上限"等词来表述环境约束下某生物的最大种群数量（Young，1998；Monte-Luna et al.，2004），并没有明确提出承载力这一概念。

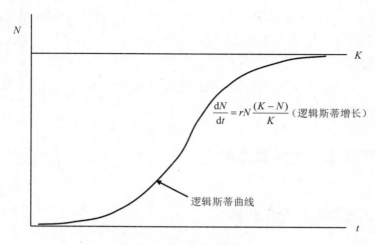

图 9-2   逻辑斯蒂增长曲线

承载力这一明确的概念最先出现在生态学中，1921 年，帕克、伯吉斯提出了生态学中的承载力概念，他们将某一特定环境条件下、某种个体存在数量的最高极限称为承载力。最早将承载力理论应用到实践中的是畜牧业，把草原生态系统看作承载的主体，把放牧的牲畜看作承载客体，通过最大载畜量的计算来有效管理草原，防止过度放牧，以取得长期最大经济效益。20 世纪 60 年代以后，随着人口的不断增加、经济的快速增长，环境污染蔓延全球，资源短缺和生态环境恶化问题日趋严重，承载力成为探讨可持续发展问题时不可缺少的概念。现在，承载力是衡量人类经济社会活动与自然环境之间相互关系的科学概念，是人类可持续发展度量和管理的重要依据（Seidl et al., 1999；顾康康，2012）。

近几十年来，人类所面临的资源、环境、生态压力日益增强，承载力的概念在研究社会经济发展和资源环境的关系中得到更进一步的扩展。20 世纪 90 年代以来，"承载力"这一术语被应用于土地、资源、环境、经济等各个领域，科学家相继提出了生态承载力、资源承载力、环境承载力等概念。

9.2.1.2   环境、资源与生态概念的界定

目前学术界对于环境、资源与生态三个概念混淆不清，针对其中之一的研究常常囊括了另外两项（曾维华，2012）。

环境一词，最早出现在中国元史《余阙传》，"环境筑堡寨，选精甲外捍，而耕稼于中"。从哲学角度来说，环境是一个相对于主体而存在的客体。环境是相对于某一特定事物而言的，这一特定事物的外部空间、条件和状况就构成了这一特定事物的环境。我们通常意义上所称的环境其实是指人类的环境，按系统论的说法，可以称为人类环境系

统，即影响人类生存发展的各种自然因素和社会因素的总和（曲向荣，2009）。

　　资源一词，最一般的意义是指自然界及人类社会中一切对人类有用的资财。在自然界及人类社会中，有用物即资源，无用物即非资源。因此资源既包括一切为人类所需要的自然物，如阳光、空气、水、矿产、土壤、植物及动物等，也包括以人类劳动产品形式出现的一切有用物，如各种房屋、设备、其他消费性商品及生产资源性商品，还包括无形的资财，如信息、知识和技术及人类本身的体力和智力。所谓广义资源，是指为了保证资源开发利用中人、资源、生态三者能够协调发展的全部要素，包括自然资源、经济资源、社会资源三大部分（陈文宽，2002）。

　　生态一词，源于古希腊 oikos，原意指"住所"或"栖息地"。1865 年，勒特（Reiter）合并两个希腊字 logos（研究）和 oikos（房屋、住所）构成生态（oikologie）一词。德国生物学家海克尔（H. Haeckel）首次把生态定义为"研究生物与有机及无机环境相互关系的科学"。简单地说，生态就是指一切生物的生存状态，以及它们之间和它们与环境之间环环相扣的关系。

　　由上述定义可以看出，"资源"是为人类所用的一种环境要素，是作为环境内涵中的一部分存在的，该定义是比较容易与另外两个区分开来的。"生态"与"环境"两者在其基本内涵上相互交叉、包含，还有"生态环境"这一出现频率较高且较有争议的词汇存在。有学者认为，生态和环境的定义中存在偏正关系。需要注意的是，这里的环境是一个相对概念，是相对于一定的主体而存在的，主体不同，"环境"的内涵也不相同，当涉及社会因素时，就称为社会环境；当涉及经济时，就称为经济环境；当涉及生态因素时，就称为生态环境。然而"生态环境"这个词的英文仅出现在亚洲人的语境中，在正式的欧美文献中是没有 ecological environment 或 ecoenvironment 存在的，这也是很多学者质疑"生态"和"环境"的偏正关系的原因。当"环境"二字作为科学术语使用的时候，已赋予了以人为中心的意味，而并不仅仅是字面上"泛环境"的概念了，"生态"则偏重于生物关系层面，但不可否认，"生态"和"环境"都包含了生物、物理和化学要素。

9.2.1.3　水生态、水资源与水环境承载力的研究概况及关系辨析

　　（1）水生态承载力

　　随着流域资源短缺和环境污染，水土流失、水体富营养化、水生生物灭绝等严重生态问题凸显，流域的生态系统的严重破坏引发了人们对生态文明建设的思考。应用于水生态领域中的承载力理论——水生态承载力概念便在这种背景下得以产生。

　　20 世纪初，Park 等在人类生态学研究中首次提出了生态承载力的概念，将其定义为在某一特定环境条件下，某种种群存在数量的最大极限。国外关于生态承载力的研究

大多数都是从种群生态学出发的，其定义主要是在现有状况下生态系统所能承载的最大种群数量（王宁，2004）。国内学者于20世纪90年代初开始对生态承载力进行研究：王中根等根据环境承载力理论，认为区域生态环境承载力是指在某一时期某种环境状态下，某区域生态环境对人类社会经济活动的支持能力，它是生态环境系统物质组成和结构的综合反映（王中根，1999）；王家骥认为生态承载力是自然体系调节能力的客观反映，地球上不同等级自然体系均具有自我维持生态平衡的功能，这是由于系统功能的核心是生物，生物有适应环境变化的功能，生物的适应性是其细胞、个体、种群和群体在一定环境的演化过程中逐渐发展起来的生物学特性，是生物与环境相互作用的结果（王家骥，2000）。高吉喜认为生态承载力是生态系统自我维持、自我调节的能力，资源与环境子系统的供应能力及其可维系的社会经济活动强度和具有一定生活水平的人口数量，并指出资源承载力是生态承载力的基础条件，环境承载力是生态承载力的约束条件，生态弹性力是生态承载力的支持条件（高吉喜，2001）。

但目前，国内外关于流域水生态承载力的研究尚处于起步阶段，完整的水生态承载力理论还未形成。

（2）水资源承载力

随着区域人口的不断增加和城市化进程的不断加快，水资源的需求量和利用强度不断增大，水资源短缺问题成为社会经济发展的重要限制因子，应用于水资源领域的承载力理论——水资源承载力概念便在这种背景下得以产生。

20世纪80年代初，联合国教科文组织提出了资源承载力的概念，是指在可以预见的期间内，在遵循其社会文化准则的物质水平前提下，综合利用本地自然资源、能源、技术以及智力等条件，所能维持的、供养的人口总数（李罡，2011）。美国URS公司在对佛罗里达Keys流域进行区域发展研究时，曾经定义在不损害自然、人工资源的条件下水资源对该地区所能承受的最大发展水平为水资源承载力（National Research Council，2002）。国内最早提出水资源承载力定义的是施雅风，定义为某一地区的水资源，在一定社会历史和科学技术发展阶段，在不破坏社会和生态系统的前提下，最大可承载的农业、工业、城市规模和人口的能力，是一个随着社会、经济、科学技术发展而变化的综合目标（施雅风，1992）。阮本青等将其定义为在未来不同的时间尺度、一定生产条件下，在保证正常的社会文化准则的物质生活水平下，一定区域（自身水资源量）用直接或间接方式表现的资源所能持续供养的人口数量（阮本清，1993）。夏军等将其定义为在一定的水资源开发利用阶段，满足生态需水的可利用水量能够维系该地区人口、资源与环境有限发展目标的最大的社会经济规模（夏军，2002）。从上述学者对水资源承载力的研究中可以看出，水资源承载力主要从水资源供给量和水资源对社会经济发展的支撑能力两个方面进行描述。

（3）水环境承载力

随着流域水环境污染问题的不断凸显，在水资源承载力研究的基础上，国内外学者将承载力理论应用到了水环境的领域，开展了诸多对水环境承载力的研究。

环境承载力是在环境容量的基础上发展而来的，1991年，环境承载力的概念在我国得以提出，《我国沿海经济技术开发区环境的综合研究——福建省湄洲湾开发区环境综合研究总报告》将其定义为：在某一种时期、某种状态或条件下，某地区的环境所能承受的人类生活的阈值（福建省湄洲湾开发区环境规划综合研究总课题组，1991），该定义中的"某种状态或条件"指的是拟定的或者现实的环境结构不向明显不利于人类生存方向改变的情况，"能承受"指的是不影响环境系统发挥正常功能。如果人类活动对环境的索取超过了一定的限度，那么环境将反过来影响人类的生存与发展。从哲学层面上看，环境承载力是一个表示环境系统属性的客观量，是环境系统功能的表现，是环境系统支持能力和自我调节能力的表现（李建兵，2009）。

作为环境承载力的重要组成部分的水环境承载力，其概念与水生态承载力和水资源承载力容易混淆，从上一节中生态、资源、环境的概念辨析中可以看到，虽然水生态承载力、水资源承载力、水环境承载力三者都反映了水体对社会经济发展的支持能力，但水资源承载力侧重的是水体供给水资源的能力，水生态承载力侧重的是水体维持水生态系统健康和功能的能力，而水环境承载力则是侧重于水体能容纳各种污染物的能力。

9.2.2　水环境承载力的基本概念

9.2.2.1　水环境承载力的定义

人口剧增、资源短缺、环境污染等问题阻碍了经济的可持续发展和人类生活的稳步提高，人们想要协调资源利用、环境保护及经济发展的迫切需求，也催生了环境承载力相关研究的发展。

水环境承载力是水环境（water environment）和承载力（carrying capacity）两个概念的结合，随着水资源的利用逐年增加和水污染的逐年加剧，从科研层面到管理层面都加大了对水环境承载力研究的重视。水环境承载力最初是由水环境容量概念演化而来，最早出现于20世纪70年代，被定义为在能够接受的生活水平条件下，一个区域所能持续地承载的人类活动的强度。

水环境承载力的相关研究目前主要集中在我国，国外专门研究的较少，一般在研究可持续发展的文献中会涉及水环境承载力的内容。我国对水环境承载力的研究始于20世纪80年代后期。郭怀成、马文敏等将水环境承载力定义为某一时期、某种环境状态下，某一区域水环境对人类活动支持能力的阈值（郭怀成，1995；马文敏，2002）；贾振邦等将水环境承载力定义为在一定的自然环境条件和特定的社会经济发展模式下，区域水环境（包括水资源和水污染）对其社会经济发展的支撑能力（贾振邦，1995）；唐剑武和叶文虎等认为流域水环境承载力是指一定环境系统的结构表现出一定的功能，其维持物质循环和能量流动的能力有一定的限度，环境承载力的本质就是环境系统的结构和功能的外在表现；廖文根等认为水环境承载力是指水环境持续正常发挥其系统功能所能接纳污染物的能力和承受对其基本要素改变的能力（水利部国际合作与科技司，2002）；王海云认为水环境承载力在一定的水资源开发利用阶段，满足生态需水的可利用水量能够维持有限发展目标的最大的社会经济规模（王海云，2003）；李清龙等认为水环境承载力为在某一时期、在一定环境质量要求下、在某种状态或条件下，某流域（区域）水环境在自我维持、自我调节能力和水环境功能可持续正常发挥的前提下，所支撑的人口、经济及社会可持续发展的最大规模（李清龙，2004）；陈永灿等认为水环境承载力是在某种环境保护目标下，某一水域水体所能容纳污染物的最大能力（陈永灿，2005）；左其亭等将水环境承载力定义为在一定区域、一定时段内，维系生态系统良性循环，水资源系统支撑社会经济发展的最大规模（左其亭，2005）；龙平沅等指出水环境承载力是在某一特定时期、在一定的环境质量目标要求下，流域水环境自我维持、自我调节能力和水环境功能可持续的最大程度（龙平沅，2005）；邢有凯等将水环境承载力定义为在一定的时期和水域内，在一定生活水平和环境质量要求下，以可持续发展为前提，在维护生态环境良性循环发展的基础上，水环境系统所能容纳的各种污染物，以及可支撑的人口与相应社会经济发展规模的阈值（邢有凯，2008）；王莉芳等指出水环境承载力为在某一特定的生产力状况和满足特定环境目标的条件下，以及区域水体能够自我维持、自我调节并可持续发挥作用的前提下，所能支撑的人口、经济及社会可持续发展的最大规模（王莉芳，2011）。

由上述定义可以看出，目前国内对水环境承载力的基本概念并没有达成共识，学术界对水环境的概念归纳起来主要有以下几种：

① 在一定的水域，其水体能够被继续使用并保持良好生态系统时，所能够容纳污水及污染物的最大能力（汪恕诚，2001；申献辰，2001）；

② 在某一时期、某种状态或条件下，某地区的水环境所能承受的人类活动作用的阈值（能力）（郭怀成，1994；王淑华，1996；崔凤军，1998；何少苓，2001；马文敏，2002）；

③ 在水环境系统功能可持续正常发挥作用的前提下接纳污染物的能力即纳污能力和承受对其基本要素改变的能力（缓冲弹性力）；

④ 水环境承载力也就是通常所说的水环境容量或者说是水环境水体纳污能力、水环境容许污染负荷量（崔树彬，2003）。

从以上关于水环境承载力概念的定义来看，虽然各种表述不尽相同，但定义的侧重点均为承载主体和承载客体。从承载主体的角度来说，以自然能力为对象，认为水环境承载力就是水体能够被持续使用并仍保持良好生态系统时所能够容纳的污染物的最大量，强调水体纳污能力等同于水环境容量、水环境容许污染负荷量等概念，是水环境承载力自然属性的反映。从承载客体的角度来说，以外部作用为对象，认为水环境承载对象具体为人口数量和社会经济规模，强调水环境对流域社会经济发展以及生活需求的支持能力，是水环境承载力社会属性的表现。

9.2.2.2　水环境承载力的本质

水环境承载力是在人们对水环境和可持续发展相互关系有了比较深刻的认知以后被提出来的，人们认识到，仅仅从污染预防和治理方面已经不能协调人类社会发展与水环境的关系，必须把水环境系统结构功能和人类活动两个方面有机地结合起来，量化分析这两个方面的协调程度，才能保证水环境和社会经济协调发展。

根据水环境承载力的定义，其本质有四个方面的内容：一是人们在一定生活水平和生活质量要求下的承载力，反映在环境方面就是要求满足一定的环境质量标准；二是水体的纳污能力，反映在环境方面为相应的污染物容量；三是在满足前两个条件的前提下，可以支撑社会可持续发展规模，而这又与人们的生产活动方式有关；四是水体自我维持、自我调节能力和纳污能力，是水环境承载力的支撑部分，社会可持续发展规模是水环境承载力的压力部分（李清龙，2004）。

水环境承载力发展的根源在于水环境是一个有机的远离平衡态的开放系统。其内部组成要素按照一定的组合方式结合在一起，形成稳定的结构，使系统具有能维持自身稳态的组织能力，以抵御外界一定的冲击。然而这种冲击是有限的，如果超过一定的阈值，水环境系统的结构将遭到破坏，单纯依靠其自身的自组织能力无法恢复，进而导致其功能的丧失。所以，水环境承载力的本质就是水环境承载力的结构和功能的外在表现。

从本质上来说，水环境承载力是由水环境系统结构决定的，表征水环境系统的一个客观属性，是水环境系统与外界物质输入/输出、能量交换、信息反馈的能力和自我调节能力的表现，它体现了水环境与人和社会经济发展活动之间的联系，水环境承载力是有限度的，当人类的行为活动超越了这个限度，它反过来影响人类的生存和发展，而远离水环境承载力这个限度的人类行为不能让人类取得最大的利益，从而又影响人类社会经济的快速发展。

9.2.2.3　水环境容量与水环境承载力辨析

水环境容量和水环境承载力都是研究水环境的重要概念，两者之间既有联系又有区别。狭义的水环境承载力就是指在一定的水域，其水环境能够被持续利用的条件下，通过自身调节净化并仍能够保持良好的生态环境的条件下所能容纳污水及污染物的最大量，这里的水环境承载力也就是我们通常所说的环境容量（张旋，2010）。从广义上来说，水环境承载力和水环境容量主要有以下区别。

① 水环境承载力比环境容量具有更广泛的内涵。如前所述，水环境综合了水量、水质以及水生态的内涵，水环境容量是指水环境为区域发展提供的污染物阈值，水环境承载力除了水体容纳污染物的能力，还包括对水资源开发利用的承受能力，以及对水生态系统变化的容忍限度。

② 水环境容量和水环境承载力定量化表征采用的指标属性不同。水环境容量用水体的自然尺度衡量水环境与人类经济活动的关系，它侧重于对进入水体的污染物的接纳能力，而水环境承载力用经济社会的尺度来衡量水环境与人类经济活动的关系，它侧重于对社会经济发展的支撑能力。水环境承载力采用的是社会经济的指标，而水环境容量采用的是自然结构的指标。

③ 水环境容量和水环境承载力的服务对象不同。水环境容量是以对自然的研究为基础的，为污染防治、污染物总量控制提供量化依据，并为区域环境规划提供选择方案和措施方面的建议，对水环境与经济社会发展的关系是一种间接的反映，不能直接用于社会经济预警。水环境承载力除了能提供合理的污染物排放量，还要提供与水环境系统相适应的社会、经济指标，通过经济社会发展的指标，直接表征经济社会发展的目标，主要用于社会经济发展规划，对区域社会经济发展规模提供量化后的规划意见。

9.2.2.4　水环境承载力的影响因素

水环境承载力指标体系的建立应遵循科学性、完备性、可量性、区域性、规范性和实用性等原则。在遵循以上原则的同时还要兼顾正向指标和逆向指标、发展指标和限制指标的平衡。同时，影响水环境承载力的因素也有多种，除涉及水体的自身特性外，也涉及经济社会与人类活动所有的涉水事务。

（1）水体纳污能力

水体纳污能力反映了水环境在自我维持、自我调节的能力，以及在水环境功能可持续正常发挥条件下，水环境所能容纳污染物的量。在实践中，水体的纳污能力是环境目标管理的基本依据，是环境规划的主要约束条件，也是污染物总量控制的关键技术支持（蒋晓辉，2001）。需要注意的是，水体的纳污能力是相对于水环境满足一定的水环境质量标准而言的，一般情况下执行的标准不同，其容纳污染物能力的大小也就不同，在确定水环境承载力时，必须以相应的环境质量标准为依据。

（2）科学技术水平

科学技术是第一生产力，科学技术的进步对水环境承载力的提高具有积极作用。不同历史时期或同一历史时期的不同地区都具有不同的生产力水平，因此水环境承载力也有所不同。科学技术是推动生产力进步的重要因素，新技术进步为改善环境和提高水环境承载力提供了极大的潜力（翁文斌，2004）。例如，在不同生产力水平下所采取的生产工艺、污染治理措施不同，相同数量或相同质量的工农业产品产生的污染物数量可能不同。可以说，科学技术水平的进步可提高水资源开发利用率、重复利用率、污水处理率等，从而提高水环境承载力。

（3）产业结构

产业结构对水环境承载力有很大的影响。我们知道，实现经济持续增长的推动力就是产业发展，同时产业发展也带来了不同程度的水环境污染，因此产业结构的调整和优化升级是减少水污染、提高水环境承载力的重要举措（赵海霞，2010）。通过以下方式可以提高水环境承载力：遵循生态规律，调整工业布局，形成合理的生态工业链；调整产业结构，优先发展第三产业；发展、促进、鼓励、推广清洁生产工艺，鼓励企业不断更新工艺和设备，抓节水、节能和节约资源。

（4）人类活动

在一定的科技水平条件下，水环境承载力还受人类活动的影响。通过改变人们的生活方式和消费方式，加强水环境保护宣传教育，普及人们的环保生态意识和可持续发展的意识，提高人们对环境资源价值认识，以此提高水环境承载力。

（5）区域外因素

任何区域都不是孤的，而是与其他区域存在千丝万缕的联系。区域内的人类活动不仅对区域的环境产生影响，还会对其他区域特别是相邻区域产生影响；同样，其他区域的人类活动也会对本区域产生影响。随着人类社会活动强度的加大，影响范围越来越广，使得区域间的联系越来越紧密，区域间的相互影响会波及社会经济生活的方方面面，所以区域间的协调发展是每个区域可持续发展的前提；充分调动区域外因素，利用区域间的水环境承载力的互补作用，协调区域间的发展强度，可以提升区域承载力（张璇，2010）。

（6）政策、法规等政府干预措施

政府所做出的区域发展战略反映区域的发展规划和发展模式，对水资源的分配和利用有重要影响，从而影响水环境承载力的水资源子系统的支撑情况。政府管理体制和法制反映了人们用水、治水、保护水环境的基本思路，政府的政策法规可以对水环境承载力产生极大影响，合理的管理体制或法制对水资源的利用和水环境的保护有积极作用，相反，不合理的规划或发展策略则有消极的作用，这在很大程度上影响了水环境承载力（张璇，2010）。

（7）气候变化因素

气候变化对区域水环境承载力的影响是巨大的，气候变化对我国水文循环和水资源系统已经产生了不可低估的影响，引起水资源在时空上的重新分配，随着人口增长和社会经济的发展，干旱和洪涝等灾害和日益突出的水资源供需矛盾将成为制约我国国民经济发展的一个重要因素。气候变化将使基因多样性、物种分布和生态系统改变，湿地面积减少，自然保护区功能下降，土壤侵蚀力加速，泥石流增加，土壤肥力下降，从而使区域水环境承载力发生变化（张建云，2007）。

9.2.2.5　水环境承载力特性

水环境承载力随时间、空间、技术条件等变化而发生改变，具有动态性、不确定性、区域性、协调性、有限性、客观性与主观性的统一等特性。

（1）动态性

从水环境承载力的承载主体和承载客体来看，在不同的历史发展时期水体的自然属性、科学技术手段、人们的生产和生活方式、相关的政策法规等都不同，水环境承载力也会发生相应的变化，因此，水环境承载力是相对于一定时期、区域内一定的社会经济发展状况和水平而言的，具有动态性。

（2）不确定性

首先，水作为承载主体，受气象、天文等自然现象的影响，人们对自然现象的认识和预测尚且难以达到确定的范围，因此，人们对水环境承载力的预测存在不确定性。再者，湖泊环境承载力的确定不仅依赖于湖泊自然环境，还依赖于人类的生活方式、国家及地方政策、科学与技术支撑、文化氛围等一系列的因素，正是这些人为因素的不确定性决定了湖泊环境承载力的不确定性。

（3）区域性

区域性是指水体的环境特性具有较强的地区差异性，不同水体的水文特性与环境资源不同，同时，不同水域社会经济发展模式也不尽相同，因此，水环境承载力也具有较强的地区差异性。作为水环境核心要素的水体，其水量、水质等在空间分布上有很大的差异，此外，不同的区域，水环境系统的结构、功能及组合类型也不同，其社会经济活动的发展水平、规模方向等也有差异。水环境作为人类重要的自然资源，不同水域的功能及保护标准也有差异。因此，水环境承载力也有很强的区域性。由于水资源和水环境都有较强的地区性，它对社会经济发展的支撑形式也有较强的地区性，水环境承载力只有相对于某一区域才有意义。

（4）协调性

水环境承载力在很大程度上是可以由人类活动加以控制的，人类可以利用对水环境系统运动变化规律的掌握，通过水环境承载力的分析以及计算，对水域的资源进行合理的配置，对人类活动的冲突进行有效的调节，协调人与水环境之间的关系，这可称为可协调性。

（5）有限性

某一历史发展阶段，由于自然因素和社会因素的约束，水环境承载力的提高不是没有限度的，具有一个最大承载的上限。但水环境承载力不是任何时间、任何技术水平和任何管理水平下的绝对极限，而是一个有条件的、可能发生跳跃式变化的相对极限，受区域水环境条件、社会经济条件和生态环境条件的约束。

（6）客观性与主观性的统一

水环境承载力受人类活动制约，通过调整人类的社会经济活动可以有限度地改变水环境承载力。水环境承载力是一个客观的量，是水环境系统的客观属性，对于一定时期、一定条件下的区域而言，水环境承载力的结构和功能是客观存在的。一定功能结构的水环境系统，就有承受人类活动、满足人类需求的支持能力。一定地区的水资源不但具有可利用水量和水环境容量方面的自然限度，而且有社会经济方面的限度，表现为水资源管理技术和社会生产力的水平是有限的，在一定的历史时期，水环境系统对社会经济发展总有一个客观存在的承载阈值。作为衡量水环境承载力的人类活动在很大程度上取决于主观因素，用不同性质的人类活动来衡量同一区域的水环境承载力，可能会得出不同的结论，因此，水环境承载力涉及人们有怎样的生活期望和判断标准，具有主观性。

第 *10* 章

湖泊水质模型

水环境容量、水环境承载力的计算均依赖于水质模型的建立与选取。水质模型是描述污染物在水体中随时间和空间迁移转化规律及影响因素相互作用的数学方程，是水环境污染治理规划的重要工具，为水体治理提供理论依据（唐海滨，2012），可以说水质模型是水环境容量、水环境承载力计算的核心。

10.1 水质模型的基本概念

10.1.1 水质模型的定义与内涵

水质模型是根据物质守恒原理，利用数学语言和方法描述参与水循环的水体中水质组分所发生的物理、化学、生物化学和生态学等方面的变化、内在规律和相互关系的数学模型。从定义上可以看出水质模型主要包含如下几个部分的内容：

① 描述水动力学特性以及水质组分输移、转化特性的物理方程；

② 物理方程的计算方法，包括数值法、解析法等；

③ 模型范围、边界条件、输入负荷、参数的输入。

10.1.2 水质模型分类

水质模型按照不同的分类标准可以分为以下几类。

（1）空间维数

根据计算过程中所使用水质模型的维度，水质模型可以分为零维模型、一维模型、二维模型和三维模型（董飞，2014）。

零维模型中的零维是指在水域中的污染物进入水体后，在污染物完全均匀混合断面上，其值均可按节点平衡原理来推求，此时不需要考虑水域的维度差异，因此零维模型也称为完全混合模型。对于湖泊来说，可采用零维模型的情况有如下几种：①不存在分层现象且无须考虑混合区里范围的湖泊中的富营养化问题和热污染问题；②可依据流量、浓度场等分布规则进行分层的湖泊，其环境问题均可按照零维模型处理。对于河流，零维模型常见的表现形式为河流稀释模型，对于湖泊和水库，零维模型主要有盒模型，盒模型多用于湖库的水环境容量计算。

由于湖库具有水域宽广的特点，原则上应采用三维水质模型来描述湖库的水环境问题，但是三维建模的工作量非常大，且获取资料非常困难，一般会针对湖泊的实际情况，将模型进行简化。例如，分层明显湖泊可简化为二维分层求解，只考虑各层在水平方向上的变化，也可采用局部三维模拟的方法。

（2）时间尺度

水质模型从是否含有时间变量的角度可以分为动态模型和稳态模型。水质组分不随时间变化为稳态模型，水质组分随时间变化为动态模型。

实际的物理、化学和生物反应一般都是随时间变化的，是动态的过程。因此，在预测水质时，应采用动态模型，在水污染控制规划中，可以应用一定设计条件之下的稳态模型。

（3）参数及输入条件的确定性

从水质模型的确定性来说，水质模型可以分为随机（概率性）模型和确定性模型。

随机模型和确定性模型在结构方面是一致的，只是参数、输入条件的处理方法不同，因此模型的求解方法和结果不同。随机模型把参数和输入条件作为随机变量，一般来说，实时估计以及预测类的随机模型主要用于参数的实时估计、修正以及装填变量的实时估测。一般都采用确定性模型来进行水污染控制的模拟。

（4）水质组分

根据水质组分来分，水质模型可以分为 BOD/DO 模型、可降解有机物模型、无机盐模型、悬浮物模型、重金属模型等。

10.1.3　常用的水质模型

（1）QUAL 系列模型

QUAL 系列模型由美国国家环保局（U.S.EPA）研究开发并推出，该系列模型为一维模型。它以相同长度划分各个河段，各个河段的水力学条件均相同。在每个河段内，污染物均处于均匀混合的状态，迁移、对流、扩散等污染物变化的情景只发生在和水流相同的方向，其他方向的流入流出将视为恒定。从适用范围来看，QUAL 系列模型既可以用于点源污染，也可以用于非点源污染，还可以模拟动态和稳态两种情况。模拟的变量为溶解氧（DO）、有机磷（OP）、氨氮（NH_3-N）、亚硝态氮（NO_2-N）、硝态氮（NO_3-N）、生化需氧量（BOD）、叶绿素 a（Chla）和大肠杆菌。

（2）WASP 模型

WASP 模型同样是由美国国家环保局开发的水质模型系统，该模型具有三个子模块，分别是一维水动力模块 DYNHYD，三维富营养化水质模块 WASP-EUTRO 和三维有毒污染物模块 WASP-TOXI。其中，三维富营养化水质模块 WASP-EUTRO 包含 8 个变量，分别是溶解氧（DO）、有机磷（OP）、正磷酸盐（PO_4^{3-}）、有机氮（ON）、氨氮（NH_3-N）、硝氮（NO_3-N）、生化需氧量（BOD）和叶绿素 a（Chla）。

（3）CE-QUAL 系列模型

CE-QUAL 系列模型是由美国陆军工程兵团（USACE）开发的水动力水质模型，其中包括一维 CE-QUAL-R1 模型和二维 CE-QUAL-W2 模型。CE-QUAL-R1 模型能够模拟湖泊、水库水质等在纵向上随时间的变化规律，CE-QUAL-W2 模型可以模拟水质纵向、横向的变化情况。该模型模拟包括 DO、碳循环的变量、磷循环的变量、氮循环的变量等 22 个变量。

（4）MIKE 系列模型

MIKE 系列模型是由丹麦水动力研究所（DHI）开发的商业软件，模拟的范围包括河流、湖泊、河口、近海、深海，在水文方面能够模拟城市降雨和流域水文变化。MIKE 拥有从包括一维、二维和三维的子系统，能模拟水动力、水环境和水生态系统。

（5）Delft 3D 系列模型

Delft 3D 软件采用 Delft 计算方式模拟空间大尺度的水动力和水质变化过程，该软件在确保守恒的条件下，使用网格融合的方法，较大程度地降低了水质模块和水生态模块的计算时间。Delft 3D 模型包含在线动态耦合的 6 个子模块，分别是水动力模块、水流模块、波浪模块、泥沙模块、水质模块、生态模块。

（6）SMS 模型

SMS（Surface Water Modeling System）是由美国 Brigham Young 大学图形工程计算机图形实验室开发的综合系统水质模型，它包含一维、二维有限单元模型、有限差分模型以及三维水动力模型，可用于模拟河流、河口、湖泊的水流水质变化。

（7）EFDC 模型

EFDC 是美国弗吉尼亚海洋研究所开发的水动力水质模型，模拟的水体包括湖泊、水库、河口、河流、湿地、近岸海域。EFDC 共有 22 个水质变量，包括蓝藻（Bc）、硅藻（（Bd）、绿藻（（Bg）、大藻（Bm）、稳定颗粒态有机碳（RPOC）、不稳定颗粒态有机碳（LPOC）、溶解态有机碳（DOC）、稳定颗粒态有机磷（RPOP）、不稳定颗粒态有机磷（LPOP）、溶解态有机磷（DOP）、总磷酸盐（PO_4）、稳定颗粒态有机氮（RPON）、不稳定颗粒态有机氮（LPON）、溶解态有机氮（DON）、氨氮（NH_3-N）、硝态亚硝态氮

（NO$_2$-N、NO$_3$-N）、颗粒态活性硅（SU）、溶解态活性硅（SA）、无机组分化学需氧量（COD）、溶解氧（DO）、总活性金属（TAM）和大肠杆菌（FCB）。

本书选用 EFDC 模型进行三岔湖水环境承载力计算，EFDC 模型的原理将在第 12 章进行详细描述。

10.2　水质模型的建立

水质模型建立的一般步骤。

（1）问题提出

水质模型的应用是为了解决水质问题，因此，在水质模型开始建立之前要明确提出需要解决的水质问题。问题提出这一过程的第一步就是提出明确的目标，目标和问题是紧密结合的。

（2）模型选择

在问题提出以后，根据目标来选取适当的模型。这里的模型可以选择现有的，也可以根据需要去构建新的模型。

（3）搭建模型

选择或者构建好模型以后，就需要搭建模型。模型的搭建过程主要包括以下几个部分：

① 划定模拟区域，输入模拟区域内的地形数据或者水体模型的物理边界。

② 输入边界条件、初始条件等信息，包括模拟变量的污染负荷及排入研究区域的位置，变量的初始浓度等。

③ 模型参数的输入，水质模型的参数必须通过某种方式来确定，如经验公式、实验室测定或数学方法等。

（4）参数校准

参数确定是水质模型研究中极为重要的步骤，如果模型参数确定不当，整个模型结构就得重新考虑，一个好的数学模型，要求结构和参数协调匹配。当模型参数和结构确定好后，若模型能够较理想地重现观测数据，说明可以进行下面的步骤。

（5）模型的验证

模型搭建好后，为检验模型重现其他观测数据的能力，需要用另一组观测数据来检验其预测功能，如果检验结果能够满足精度要求，则认为模型具有较好的预测能力，否则需要重新选择模型的参数和结构，直到结果满意为止。

（6）模型的应用

经过验证的模型就可以应用于解决问题了，通过模拟实际中可能发生的情景，一定程度上可以表征水体及其中物质的变化状况，为水体管理决策提供支撑。

10.3 设计水文条件的计算

10.3.1 水文情势

10.3.1.1 降雨

地面从大气中获得的水汽凝结物，总称为降水。它包括两部分，一部分是大气中水汽直接在地面或地物表面及低空的凝结物，如霜、露、雾和雾凇，又称为水平降水；另一部分是由空中降落到地面上的水汽凝结物，如雨、雪、霰雹和雨凇等，又称为垂直降水。降水是水文循环的基本要素之一，也是区域自然地理特征的重要表征要素，是雨情的表征。降水的形式有很多种，但最主要的是降雨。降雨受地理、地形、气象因素影响，具有较强的地区差异性和季节差异性，我国大部分地区的降雨量主要集中在春夏季。

常用算术平均法或者泰森多边形法推求流域的时段平均雨量，一般只有当流域内的地形变化不大且雨量站分布比较均匀的时候采用算术平均法。算术平均法的计算公式为

$$\overline{P} = \frac{P_1 + P_2 + \cdots + P_n}{n} \qquad (10\text{-}1)$$

式中，$\overline{P}$——流域内的平均雨量，mm；

P_i——流域内第 i 个雨量站的时段降雨量，mm；

n——流域内的雨量站数，个。

泰森多边形法假定流域内各点的降雨量由最近的雨量站的数据代表，划定泰森多边形的方法是，先将相邻雨量站直线连接，使雨量站构成若干个三角形，三角形各边的中垂线同流域边界将流域划分为若干多边形，由此可计算流域的平均雨量

$$\overline{P} = \frac{P_1 f_1 + P_2 f_2 + \cdots + P_n f_n}{F} \qquad (10\text{-}2)$$

式中，$\overline{P}$——流域内的平均雨量，mm；

P_i——流域内第 i 个雨量站的时段降雨量，mm；

f_i——流域内第 i 个雨量站的对应的多边形面积，km^2；

F——流域面积，km^2。

10.3.1.2 蓄水量

湖泊水量变化可根据水量平衡原理得知

$$W_{in} = W_{out} + W_{lost} \pm \Delta W \qquad (10\text{-}3)$$

式中，W_{in}——时段内湖泊的来水总量，m^3；

　　　W_{out}——时段内湖泊的出水总量，m^3；

　　　W_{lost}——时段内湖泊损失的水量，包括下渗量和蒸发量，m^3；

　　　ΔW——时段内湖泊需水量的增减值，m^3。

10.3.1.3　动力特征

湖泊的运动主要分为振动和前进两种，具体包括如下形式。

（1）波浪

湖泊的波浪主要是风浪，这里仅介绍风浪的特征。风在水面吹起波浪，波浪出现后又改变波面附近气流的流场，因此风浪是风和水面相互作用的产物。风浪的产生和发展与风的速度、方向、持续长短，以及水体特征有关。由于风浪是一个极度复杂的过程，要严格加以定量分析是十分困难的。

（2）波漾

波漾即"定振波"，又称驻波，是指湖水位有节奏的垂直升降变化。风力、气压突变、地震或两种波的相互干扰均能产生波漾，发生波漾时，湖水总有一个或几个点水位没有变化，这些点称为波节或振节，两振节间水位变动的幅度，称为波腹或变幅。湖盆的形态特征对波漾有很大影响。不同湖泊中波漾的大小差异很大，即使在同一湖泊中不同湖区的波漾也极不相同。波漾的波腹为几毫米至几米，变化周期为几分钟至 30 小时。

（3）湖流

湖流是指湖泊中大致沿某一方向前进运动的水流，湖流在相当长时间内，基本保持其物理化学性质不变。根据湖流产生的原因，湖流分为风向流、梯度流、惯性流等。根据湖流的流动路线又可分为平面环流、垂直环流、朗缪尔环流。湖流要素有湖流方向和速度，湖岸、岛屿和浅水区对湖流要素有很大影响，湖岸能使湖流偏转、分股，促进逆流的形成。岛屿不仅能使湖流转向、分股，且在岛屿背后形成滞流和涡流区，湖流流经浅水区后不仅速度有变，且水质点运动轨迹也发生变化。

（4）混合

湖水混合是指湖泊水团或水分子从某一层水中转移到另一层水中相互进行交换的现象。由于交换作用，热量、质量和动量也随之迁移，致使相邻水层的物理、化学性质渐趋于均匀。湖水混合有分子混合和紊动混合两种，后者依引起紊动的原因又分为对流混合和动力混合两种方式。两种混合常同时发生，但分子混合作用不大，故常把湖水混合看作紊动混合的结果。湖水混合对湖泊水文特性和水生物的生长均具有重要意义。

10.3.1.4　水温

湖泊水温受多个复杂因素影响，其中包括外部因素和湖泊内部因素两类，外部因素主要为气温、风等气象因素，内部因素主要为湖泊的容积、水深以及湖盆形态。因此，湖泊水温具有比较明显的季节性变化和垂直变化特征。最受人们关注的就是水深引起的水温分层现象，从水面至水底，水温的垂向分布有三个层次，上层水温较高，中间层为温跃层，下层水温较低。

现行的水温分层判别方法主要有参数 α-β 判别法、Norton 密度弗汝德数判别法等（陈浩，2015），事实上，这些判定水温分层的方法都是公式加经验的判别法。

（1）参数 α-β 判别法

$$\alpha = \frac{多年平均径流量}{总库容} \tag{10-4}$$

$$\beta = \frac{一次洪水量}{总库容} \tag{10-5}$$

当 $\alpha>20$ 时，湖泊水温为混合型，当 $10<\alpha<20$ 时，湖泊水温为不确定分层型，当 $\alpha<10$ 时，湖泊水温为稳定分层型。需要注意的是，洪水期可能出现被判别为分层型但实际为混合型的情况，因此洪水需要用 β 作为第二判别的标准。如果 $\beta>1$，洪水可能出现临时混合现象，如果 $\beta<0.5$，洪水对水温的分布则没有影响。

（2）Norton 密度弗汝德数判别法

Norton 密度弗汝德数判别法的判别公式如下：

$$F_r = U\left(\frac{\Delta\rho}{\rho_0}gH\right)^{-1/2} \tag{10-6}$$

式中，　F_r——密度弗汝德数；

U——断面平均流速，m/s；

H——湖泊的水深，m；

$\Delta\rho$——水深 H 上的最大密度差，kg/m^3；

ρ_0——参考密度，kg/m^3；

g——重力加速度，m/s^2。

当 $F_r>1$ 时，湖泊水温为完全混合型，当 $0.1<F_r<1$ 时，湖泊水温为弱分层型或混合型，当 $F_r<0.1$ 时，湖泊水温为稳定分层型。

10.3.2 入湖径流量计算

10.3.2.1 水文频率的计算方法

水文频率分析是指根据某水文现象的统计特性，利用现有水文资料，分析水文变量设计值与出现频率（或重现期）之间的定量关系。目前国内外广泛使用的经验频率公式是数学期望公式

$$p = \frac{m}{n+1} \qquad (10\text{-}7)$$

式中，p——频率；

$\quad$ n——样本容量，$n=1$，2，3…；

$\quad$ m——该水文变量在样本容量的中排列序号。

频率具有抽象的数学意义，为了通俗起见，往往用"重现期"来替代"频率"，它表示在许多次试验中某一事件重复出现的时间间隔的平均数。枯水的水文计算中，重现期（T）的计算方法如下：

$$T = \frac{1}{1-p} \qquad (10\text{-}8)$$

10.3.2.2 单一入湖河流的湖泊设计入湖径流推算

如果入湖的河流只有一条，且该河流距离入湖口较近处、水文站有足够的水文资料时，可以由该水文站的数据推求入湖径流。设计时段入湖径流量按下式计算：

$$Q_\lambda = \frac{F_2}{F_1} Q_1 + Q_3 \qquad (10\text{-}9)$$

式中，Q_λ——入湖径流量，m^3/s；

$\quad$ F_2——湖泊的集水面积，m^2；

$\quad$ F_1——入湖河流上水文站的流域面积，m^2；

$\quad$ Q_1——水文站处的设计时段径流量，m^3/s；

$\quad$ Q_3——湖面的设计径流量，m^3/s。

湖面的设计径流量按下式计算：

$$Q_3 = 1\,000 \frac{H_p \cdot F_3}{T} \qquad (10\text{-}10)$$

式中，T——时段，年、季或月；

$\quad$ H_p——时段内与入湖设计时段径流同频率的雨量，mm；

F_3——湖面面积，m^2。

10.3.2.3   缺乏实测资料时入湖径流推算

（1）水文类比法

找一个与设计流域自然地理条件、气候相似以及流域面积相差不大的流域作为类比流域，该流域需要有长期的实测资料，此时，可直接移用该流域的时段径流量的统计参数、径流过程，或者经修正后移用至设计流域。类比流域和设计流域的时段降雨、蒸发量、气温、土壤、植被等条件都应相似，因此一般都从邻近地区选择类比流域。

设计径流量受流域面积影响较大，一般要考虑面积修正

$$Q_{设} = \left(\frac{F_{设}}{F_{类}} \right)^n Q_{参} \qquad （10-11）$$

式中，n——修正指数；

$F_{设}$——设计流域的流域面积，m^2；

$F_{类}$——类比流域的流域面积，m^2；

$Q_{参}$——参考流域的设计时段径流量，m^3/s。

（2）经验公式法

经验公式是以影响某参数的主要因素为基础建立的关系公式，它的地区性很强，适用条件有一定的限制（张永良，1991）。

第 *11* 章

三岔湖水环境容量

基于三岔湖的现状特征，结合上一章对湖泊水质模型的介绍可知，盒模型应用于三岔湖的水环境容量计算。因此，本章将先对盒模型进行简单的介绍，并运用盒模型对三岔湖的各类污染源的容量分配方案进行计算。

11.1 盒模型

11.1.1 模型原理

当以年为时间尺度来研究湖泊、水库的富营养化过程时，往往可以把湖泊看作一个完全混合反应器，这样盒模型的基本方程为

$$\frac{V\mathrm{d}C}{\mathrm{d}t} = QC_\mathrm{E} - QC + S_\mathrm{C} + \gamma(c)V \tag{11-1}$$

式中，V——湖泊中水的体积，m^3；

Q——平衡时流入与流出湖泊的流量，m^3/a；

C_E——流入湖泊的水量中水质组分浓度，$\mathrm{g/m}^3$；

C——湖泊中水质组分浓度，$\mathrm{g/m}^3$；

S_C——如非点源一类的外部源和汇，m^3；

$\gamma(c)$——水质组分在湖泊中的反应速率，$\mathrm{g/(a \cdot m}^3)$。

上式为零维水质组分的基本方程。当所考虑的水质组分在反应器内的反应符合一级反应动力学，而且是衰减反应时，则

$$\gamma(c) = -KC \tag{11-2}$$

公式变为以下形式

$$\frac{V\mathrm{d}C}{\mathrm{d}t} = QC_E - QC - KCV + S_C \qquad (11\text{-}3)$$

K 是一级反应速率常数（1/t）。当反应器处于稳定状态时，dC/dt=0，可得到下式

$$QC_E - QC - KCV + S_C = 0 \qquad (11\text{-}4)$$

$$K = \frac{QC_E - QC + S_C}{CV} \qquad (11\text{-}5)$$

$$C = \frac{C_E Q + S_C}{Q + KV} \qquad (11\text{-}6)$$

其中，t 为停留时间，$t=V/Q$。

根据以上各个零维模型公式所需的参数，总结输入数据见表 11-1。

表 11-1　湖泊零维模型数据和参数总结

类别	数据	注释
水力数据	• 水力停留时间 t_w • 平均深度 H • 水体容积 V • 湖泊表面积 A	t_w 是湖泊等滞流水体模型的一个重要参数，由 V/Q 计算得出
污染源数据	• 污水流量 Q_E • 污水外排浓度 C_E • 悬浮固体浓度 SS • 背景浓度 C_p	Q_E、C_E 指设计条件下的外排流量和浓度考虑溶解态和颗粒态污染物时需要使用 SS 值，常用于重金属

11.1.2　模型验证

11.1.2.1　验证估算方法

根据收集和调查后的污染源资料，引起三岔湖水质变化的污染源包括以下 5 类：东风渠来水形成的污染负荷、流域非点源污染负荷、流域生活废水形成的污染负荷、库区内渔业养殖形成的污染负荷及降雨引起的湿沉降等。

① 东风渠来水污染物浓度和负荷估算：根据上游张家岩水库历年出水水质监测数据确定东风渠来水污染物浓度。结合历年三岔湖水位数据表中记录的东风渠来水量计算污染负荷，COD$_{Mn}$：444 t/a，TN：159.4 t/a，TP：3.7 t/a。

② 流域非点源污染负荷：根据四川省土地利用图和流域边界，提取流域范围内的土地利用状况。依据《全国水环境容量核定技术指南》和现有的月、年降水数据核定 2000—2009 年非点源污染负荷，COD$_{Mn}$：163.4 t/a，TN：130 t/a，TP：2.9 t/a。

③ 流域生活废水污染负荷：根据资料，三岔湖周边地区内共有 6.5 万人，依据全国水环境容量核定技术指南进行核算，COD_{Cr}：294.1 t/a，TN：138.4 t/a，TP：4.3 t/a。

④ 渔业养殖污染负荷：根据现有资料核算，多年平均 TN：324 t/a，多年平均 TP：46.5 t/a。

⑤ 降雨湿沉降污染负荷：根据资料，三岔库区年平均 TN：17.88 t/a，TP：0.98 t/a，年平均降雨量 789 mm。依据每年降水量数据，反推降雨湿沉降负荷。

⑥ 水库沉积物内源负荷：根据前述实验室监测数据推导。

11.1.2.2　输入参数

三岔湖水力数据主要包括 2000—2009 年三岔湖的库容、入库水量、出库水量、东风渠进水量等，详见表 11-2。

表 11-2　三岔湖水力数据　　　　　　　　　　　单位：亿 m³

年份	库容	入库水量	出库水量	东风渠进水量
2000	1.70	1.64	1.88	1.16
2001	1.63	1.56	2.03	1.20
2002	1.69	1.60	1.93	1.25
2003	1.63	1.67	1.75	1.60
2004	1.85	2.48	2.57	2.13
2005	1.51	2.07	1.89	1.25
2006	1.71	1.79	1.78	1.35
2007	1.72	1.94	2.04	1.93
2008	1.87	1.84	2.13	1.33
2009	1.80	2.87	2.12	2.80

三岔湖入湖污染源主要包括东风渠进水负荷、流域非点源、渔业养殖负荷及降水负荷。表 11-3 为 2000—2009 年各类污染源的平均负荷，表 11-4 为历年负荷。

表 11-3　2000—2009 年各类污染源平均负荷　　　　单位：t/a

污染指标	东风渠	地面径流	生活废水	养鱼	降雨	内源
COD_{Mn}	444.00	163.40	50.40	—	—	3 112.00
TN	159.40	130.00	138.43	324.00	17.88	621.00
TP	3.65	2.93	4.29	46.50	0.98	144.00

表 11-4　东风渠、地面径流历年负荷表

年份	东风渠负荷/（t/a）			地面径流量/亿 m³	地面径流负荷/（t/a）		
	COD$_{Mn}$	TN	TP		COD$_{Mn}$	TN	TP
2000	321.90	78.34	6.34	0.48	163.40	130.00	2.93
2001	333.00	80.10	6.50	0.36	125.70	100.00	2.25
2002	512.50	81.88	6.75	0.35	125.70	100.00	2.25
2003	928.00	69.36	6.64	0.07	25.10	19.94	0.45
2004	544.22	224.18	19.92	0.35	125.30	99.72	2.24
2005	425.00	57.50	5.88	0.82	188.50	150.00	3.38
2006	511.20	98.26	4.89	0.44	157.10	125.00	2.81
2007	340.97	147.73	8.14	0.01	3.60	2.85	0.06
2008	389.08	93.14	5.15	0.51	182.60	145.30	3.27
2009	924.00	259.84	8.12	0.07	25.10	19.94	0.45

11.1.2.3　验证结果

利用公式计算 2000—2009 年的 COD$_{Mn}$、TN、TP 年一级反应速率 K 值如表 11-5
所示。

表 11-5　2000—2009 年 COD$_{Mn}$、TN、TP 一级反应速率 K　　　　单位：a^{-1}

年份	COD$_{Mn}$ 一级反应速率	TN 一级反应速率	TP 一级反应速率
2000	3.826 775	3.983 207	6.338 549
2001	3.260 745	5.239 583	7.590 432
2002	3.877 790	5.119 584	5.144 358
2003	4.730 579	5.828 941	7.653 417
2004	3.626 123	4.976 725	10.233 460
2005	3.670 828	10.133 670	9.112 152
2006	4.422 929	9.750 726	15.735 400
2007	10.003 180	5.431 114	5.657 197
2008	5.332 228	3.547 995	9.648 542
2009	3.974 436	1.809 756	9.968 388

根据 COD_{Mn}、TN、TP 各年确定的 K 取值范围，在该范围内采用试错法计算得到三项指标的年一级反应速率 K 值分别为 3.9、5.9、7.8，经零维模型模拟得到三项指标的逐年数据，见图 11-1 至图 11-3。模拟得到的 COD_{Mn} 与历年实测值除个别年份（2007 年）误差较大外，趋势基本吻合，模拟精度较高，可基本反映 COD_{Mn} 的变化规律，平均相对误差为 20.1%；TN 在 2000—2004 年、2007 年模拟值与实测值较吻合，2009 年误差较大，平均相对误差为 27.4%；TP 模拟平均相对误差为 24.9%，基本满足要求。三岔湖零维水质模拟精度均控制在 30% 以下，其中 COD_{Mn} 模拟精度最高，TN、TP 拟合度相对较差，但基本满足精度要求。造成模型模拟结果的误差有多种，包括观测数据测量误差、数据的完整性和连续性、物理模型概化等。总之，模型验证后的零维水质模型能够反映水库实际水质的变化趋势与规律，可以用来对三岔湖水质进行预测。

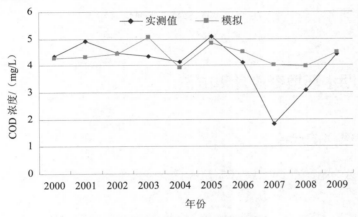

图 11-1　COD_{Mn} 模拟与实测值对比

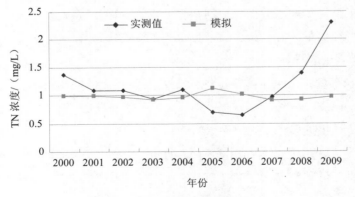

图 11-2　TN 模拟与实测值对比

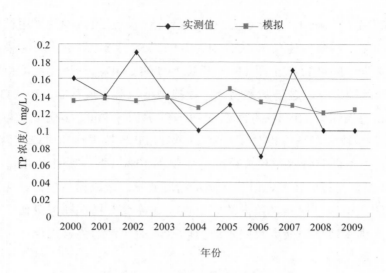

图 11-3　TP 模拟与实测值对比

11.2　三岔湖水环境容量计算方法

11.2.1　设计条件的选择

设计条件的确定是保证水库水质达标的先决条件。本研究中设计条件的确定有 5 个方面。

①库容：由于库容受人为调节因素影响，根据三岔湖历史库容监测数据，根据 90% 的频率确定设计条件下的水库库容；

②降水：根据历年降水数据，根据 90% 的保证率确定降雨量；

③入库地表径流量：由于缺乏入库河流水文站实测数据，根据设计的降水条件依据径流系数 0.3 确定地表径流量；

④东风渠来水量：由于水库下泄流量受人为调节，根据 90% 的频率设计东风渠来水量；

⑤出库水量：根据多年平均出库水量确定。

在设计条件下，三岔湖容量计算所要求的各部分水量为库容 1.6 亿 m³，年进库总量 1.46 亿 m³，东风渠年来水量 1.25 亿 m³，年出库总量 1.7 亿 m³，年地表径流量 0.21 亿 m³。

11.2.2　环境容量的计算

三岔湖水质目标为《地表水环境质量标准》Ⅲ类，即 COD_{Cr} 为 20.0 mg/L，总氮（TN）为 1.0 mg/L，总磷（TP）为 0.05 mg/L。利用建立的零维模型在等比例削减原则下使用试错法调整污染源排放负荷，使模型模拟浓度值达到水质目标，此时对应的总污染允许排放负荷即为水环境容量。计算得到 TN 的环境容量为 548.8 t/a，TP 的环境容量为 24.8 t/a，COD_{Cr} 的环境容量为 2 973.6 t/a。湖泊剩余容量 TN 为 –220.91 t/a，TP 为 –33.55 t/a，COD_{Cr} 为 1 789.6 t/a。污染源容量分配（允许排放负荷）方案如表 11-6 所示。

表 11-6　水环境容量分配方案

指标	负荷/（t/a）					水环境容量/（t/a）	现状负荷/（t/a）	剩余容量/（t/a）
	东风渠	地表径流	生活废水	养鱼	降水			
TN	125.0	110.0	8.4	294.5	10.9	548.8	769.71	–220.91
TP	5.6	3.3	1.4	14.3	0.2	24.8	58.35	–33.55
COD_{Cr}	927.0	333.0	1 713.6	0.0	0.0	2 973.6	1 184	1 789.6

第 *12* 章
三岔湖水环境承载力

本章对三岔湖区域的社会经济发展趋势设定了 6 个情景方案,采用 EFDC 模型对不同情景方案下的水质情况进行模拟预测,进而得到三岔湖的水环境承载力分析。

12.1　二维模型 EFDC

12.1.1　模型原理

EFDC(The Environmental Fluid Dynamics Code)模型是在美国国家环保局资助下由威廉玛丽大学海洋学院维吉尼亚海洋科学研究所(Virginia Institute of Marine Science at the College of William and Mary,VIMS)的 John Hamrick 等根据多个数学模型集成开发研制的综合水质数学模型,当前由 Tetra Tech Inc 水动力咨询公司维护,经过 10 多年的发展和完善,目前模型已在一些大学、政府机关和环境咨询公司广泛使用,并成功用于美国和欧洲国家 100 多个水体区域的研究,成为环境评价和政策制定的有效决策工具,成为世界上应用最广泛的水动力学模型(Hamrick,1992)。

EFDC 模型是美国国家环保局推荐的三维地表水水动力模型,可实现河流、湖泊、水库、湿地系统、河口和海洋等水体的水动力学和水质模拟,是一个多参数有限差分模型(Tufford,1999;Moustafa et al.,2000;Wool et al.,2003;Park et al.,2005)。EFDC 模型采用 Mellor-Yamada2.5 阶紊流闭合方程,根据需要可以分别进行一维、二维和三维计算(Jin et al.,2002;Jin et al.,2000;Kuo et al.,1996)。模型包括水动力、水质、有毒物质、底质、风浪和泥沙模块(陈景秋,2005;陈异晖,2006;王建平,2006),用于模拟水系统一维、二维和三维流场、物质输运(包括水温、盐分、黏性和非黏性泥沙的输运)、生态过程及淡水入流,可以通过控制输入文件进行不同模块的模拟。模型在水平方向采用直角坐标或正交曲线坐标,垂直方向采用 σ 坐标变换,可以较好地拟合固定岸边界和底部地形。在水动力计算方面，动力学方程采用有限差分法求解，水平方向采用交错网格离散，时间积分采用二阶精度的有限差分法，以及内外模式分裂技术，即采用剪切应力或斜压力的内部模块和自由表面重力波或正压力的外模块分开计算。外模块采用半隐式三层时间格式计算，因传播速度快，所以允许较小的时间步长。内模块的采用考虑了垂直扩散的隐式格式，传播速度慢、允许较大的时间步长，其在干湿交替带区域采用干湿网格技术。该模型提供源程序，可根据需要对源程序进行修改，从而达到最佳的模拟效果。本章将采用二维 EFDC 模型进行流场和水质模拟计算。

　　EFDC 模型主要包括六个部分（Zhen，2007）（图 12-1）：①水动力模块；②水质模块；③底泥迁移模块；④毒性物质模块；⑤风浪模块；⑥底质成岩模块。EFDC 水动力学模型包含六个方面：水动力变量、示踪剂、温度、盐度、近岸羽流和漂流。水动力学模型输出变量可直接与水质、底泥迁移和毒性物质等模块耦合。

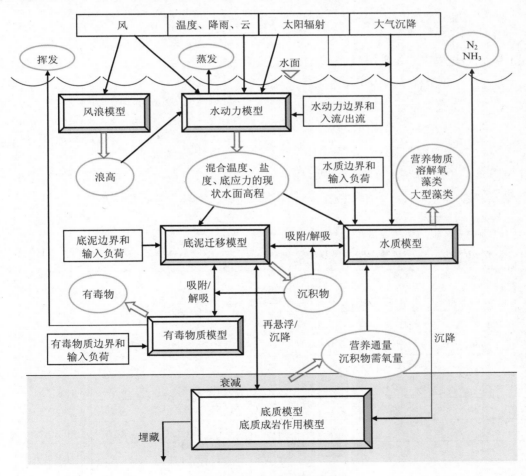

图 12-1　EPDC 模型结构框架

对于 EFDC 的水质模块（Tetra Tech Inc，2007）（图 12-2），EFDC 模型不仅考虑了风速、风向（以来风方向为基准，规定正东方向为 0°，正北方向为 90°）和蒸发对流场及污染物质迁移转换的影响，也考虑了不同水生植物类型的形态分布特征及波浪对底部应力的影响。同时 EFDC 模型能够实现 C、N、P 等营养物质多种形态的模拟，是一个比较完善的水质模型，能够真实地反映污染物质扩散降解规律。

12.1.1.1　水动力模型

EFDC 模型的控制方程组基于水平长度远大于垂直尺度的薄层流场，采用垂向静压假定，模拟不可压缩的变密度流场。在水平方向上，将 x-y 直角坐标转换为曲线正交坐标系，以实现对不规则边界的精确拟合。在垂直方向上进行 σ 变换，将实际水深转换为 0～1，因为模型的垂向精度保持一致，可以更好地拟合底层边界。

$$z = (z^* + h) / (\zeta + h) \qquad (12\text{-}1)$$

式中，z^*——原来的物理纵坐标；

　　　z——σ 坐标下的纵坐标；

　　　h——底部地形物理纵坐标；

　　　ζ——自由水面物理纵坐标。

水动力学方程是基于三维不可压缩的、变密度紊流边界层方程组，为了便于处理由于密度差而引起的浮升力项，常常采用 Boussinesq 假设。在水平方向上采用曲线正交坐标变换和在垂直方向上采用 sigma 坐标变换，经过这两种变换后的控制方程如下：

动量方程为

$$
\begin{aligned}
&\frac{\partial(mHu)}{\partial t} + \frac{\partial(m_y Huu)}{\partial x} + \frac{\partial(m_x Hvu)}{\partial y} + \frac{\partial(mwu)}{\partial z} - (mf + v\frac{\partial m_y}{\partial x} - u\frac{\partial m_x}{\partial y})Hv \\
&= -m_y H \frac{\partial(g\zeta + p)}{\partial x} - m_y(\frac{\partial h}{\partial x} - z\frac{\partial H}{\partial x})\frac{\partial P}{\partial z} + \frac{\partial}{\partial z}(m\frac{1}{H}A_V\frac{\partial u}{\partial Z}) + Q_u
\end{aligned}
\qquad (12\text{-}2)
$$

$$
\begin{aligned}
&\frac{\partial(mHu)}{\partial t} + \frac{\partial(m_y Huv)}{\partial x} + \frac{\partial(m_x Hvv)}{\partial y} + \frac{\partial(mwu)}{\partial z} + (mf + v\frac{\partial m_y}{\partial x} - u\frac{\partial m_x}{\partial y})Hu \\
&= -m_x H \frac{\partial(g\zeta + p)}{\partial y} - m_x(\frac{\partial h}{\partial y} - z\frac{\partial H}{\partial y})\frac{\partial P}{\partial z} + \frac{\partial}{\partial z}(m\frac{1}{H}A_V\frac{\partial v}{\partial Z}) + Q_v
\end{aligned}
\qquad (12\text{-}3)
$$

$$\frac{\partial p}{\partial z} = -gH\frac{\rho - \rho_0}{\rho_0} = -gHb \qquad (12\text{-}4)$$

连续方程为

$$\frac{\partial(m\zeta)}{\partial t} + \frac{\partial(m_y Hu)}{\partial x} + \frac{\partial(m_x Hv)}{\partial y} + \frac{\partial(mw)}{\partial z} = 0 \qquad （12-5）$$

$$\frac{\partial(m\zeta)}{\partial t} + \frac{\partial\left(m_y H\int_0^1 u\mathrm{d}z\right)}{\partial x} + \frac{\partial\left(m_x H\int_0^1 v\mathrm{d}z\right)}{\partial y} = 0 \qquad （12-6）$$

$$\rho = \rho(P,S,T) \qquad （12-7）$$

物质输移方程为

$$\frac{\partial(mHS)}{\partial t} + \frac{\partial(m_y HuS)}{\partial x} + \frac{\partial(m_x HvS)}{\partial y} + \frac{\partial(mwS)}{\partial z} = \frac{\partial}{\partial z}\left(m\frac{1}{H}A_\mathrm{b}\frac{\partial S}{\partial Z}\right) + Q_S \qquad （12-8）$$

$$\frac{\partial(mHT)}{\partial t} + \frac{\partial(m_y HuT)}{\partial x} + \frac{\partial(m_x HvT)}{\partial y} + \frac{\partial(mwT)}{\partial z} = \frac{\partial}{\partial z}\left(m\frac{1}{H}A_\mathrm{b}\frac{\partial T}{\partial Z}\right) + Q_T \qquad （12-9）$$

式中，u、v、w——边界拟合正交曲线坐标 x、y、z 方向上的水平速度分量；

m_x、m_y——水平坐标变换尺度因子，$m=m_x m_y$ 是度量张量行列式的平方根；

A_V——垂向紊动黏滞系数；

A_b——垂向紊动扩散系数；

f——科里奥利系数；

P——压力；

ρ——混合密度；

ρ_v——参考密度；

S——盐度；

T——温度；

Q_u、Q_v——动量的源汇项；

Q_S、Q_T——盐度、温度的源汇项。

在各种系数已知的条件下，联立式（12-2）~式（12-9），可以解出 u、v、w、P、ρ、S、T 和 ζ 等 8 个变量。

经过 σ 坐标变换后沿垂直方向 z 的速度 w 与坐标变换前的垂向速度 w^* 间的关系为

$$w = w^* - z\left(\frac{\partial\zeta}{\partial t} + u\frac{1}{m_x}\frac{\partial\zeta}{\partial x} + v\frac{1}{m_y}\frac{\partial\zeta}{\partial y}\right) + (1-z)\left(u\frac{1}{m_x}\frac{\partial h}{\partial x} + v\frac{1}{m_y}\frac{\partial h}{\partial y}\right) \qquad （12-10）$$

式中，$H=h+\zeta$ 为总水深，是坐标变换前垂向坐标相对于 $z=0$ 的平均水深 h 与自由水面波动 ζ 之和。式（12-6）是由式（12-5）得到的沿深度积分的连续性方程，积分时利用了垂向边界条件 $z=0$ 和 $z=1$ 处 $w=0$。

控制方程组中粘性系数 A_v 和扩散系数 A_b 由下式确定：

$$A_v = \phi_v ql = 0.4(1+36R_q)^{-1}(1+6R_q)^{-1}(1+8R_q)ql \tag{12-11}$$

$$A_b = \phi_b ql = 0.5(1+36R_q)^{-1}ql \tag{12-12}$$

$$R_q = \frac{gH\partial_z b}{q^2}\frac{l^2}{H^2} \tag{12-13}$$

式中，q^2——紊动强度；

  l——紊动长度；

  R_q——Richardson 数；

  ϕ_v、ϕ_b——稳定性函数，分别用来确定稳定和非稳定垂向密度分层条件下水体的
    垂直混合或输运的增减。

其中紊动强度 q^2 和紊动长度 l 由以下一组输移方程来确定。

$$\frac{\partial(mHq^2)}{\partial t} + \frac{\partial(m_y Huq^2)}{\partial x} + \frac{\partial(m_x Hvq^2)}{\partial y} + \frac{\partial(mwq^2)}{\partial z} = \frac{\partial}{\partial z}(m\frac{1}{H}A_q\frac{\partial q^2}{\partial z}) + Q_q +$$
$$2m\frac{1}{H}A_v[(\frac{\partial u}{\partial z})^2 + (\frac{\partial v}{\partial z})^2] + 2mgH\frac{1}{B_1 l}q^3 \tag{12-14}$$

$$\frac{\partial(mHq^2 l)}{\partial t} + \frac{\partial(m_y Huq^2 l)}{\partial x} + \frac{\partial(m_x Hvq^2 l)}{\partial y} + \frac{\partial(mwq^2 l)}{\partial z} = \frac{\partial}{\partial z}(m\frac{1}{H}A_q\frac{\partial q^2 l}{\partial z}) + Q_l +$$
$$m\frac{1}{H}E_1 A_v[(\frac{\partial u}{\partial z})^2 + (\frac{\partial v}{\partial z})^2] + mgE_1 E_3 lA_b\frac{\partial_b}{\partial z} - mH\frac{1}{B_1}q^3[1 + E_2\frac{1}{(KL)^2}l^2] \tag{12-15}$$

$$\frac{1}{L} = \frac{1}{H}(\frac{1}{Z} + \frac{1}{1-Z}) \tag{12-16}$$

式中，B_1、E_1、E_2、E_3——经验常数；

  Q_q、Q_l——附加的源汇项。

如子网格水平扩散，一般来说，垂直扩散系数 A_q 与垂直紊动黏滞系数 A_v 相等。

EFDC 的水动力边界定解条件包括自由水面边界条件、底面边界条件和侧面边界条件 3 种。

自由水面应满足的运动学边界条件为

$$w(x,y,l,t) = 0 \tag{12-17}$$

应满足的动力学边界条件为

$$\left.\frac{A_{\mathrm{v}}}{H}\frac{\partial u}{\partial z}\right|_{Z=1}=\frac{\tau_{sx}}{\rho}\qquad(12\text{-}18)$$

$$\left.\frac{A_{\mathrm{v}}}{H}\frac{\partial u}{\partial z}\right|_{Z=1}=\frac{\tau_{sy}}{\rho}\qquad(12\text{-}19)$$

式中，　τ_{sx}、τ_{sy}——风应力$\vec{\tau_{s}}$在x和y方向上的分量；

　　　　H——水深；

　　　　u——曲线正交坐标 x 方向的速度水平分量；

　　　　ρ——水体密度；

　　　　A_{v}——垂向黏滞系数。

底面边界应满足的运动学边界条件为

$$w(x,y,0,t)=0\qquad(12\text{-}20)$$

应满足的动力学边界条件

$$\left.\frac{A_{\mathrm{v}}}{H}\frac{\partial u}{\partial z}\right|_{Z=0}=\frac{\tau_{bx}}{\rho}\qquad(12\text{-}21)$$

$$\left.\frac{A_{\mathrm{v}}}{H}\frac{\partial u}{\partial z}\right|_{Z=0}=\frac{\tau_{by}}{\rho}\qquad(12\text{-}22)$$

式中，　τ_{bx}、τ_{by}——底摩擦应力$\vec{\tau_{s}}$在x和y方向上的分量。

　　侧面边界条件包括闭边界条件和开边界条件两种。闭边界条件指湖岸线、湖中岛屿或水中建筑物等的边界，且水质点沿边界切向可自由滑动。

　　开边界条件应该做到内外部区域能量状态的相互转化，如流量过程、流速过程、辐射过程等。

　　EFDC 采用"干湿"网格法对水体动边界进行识别和处理，对方程组进行数值求解前，程序每隔一个时间步长就会对边界网格的干湿进行辨别，以此确定是否属于计算区域，湿网格属于计算区域。

　　EFDC 模型使用 Mellor-Yamada-2.5 阶模式，采用过程分裂法求解，将求解过程分为内模式和外模式，即采用模式分裂技术将数值解分为沿水深积分长重力波的外模式和与垂直水流结构相联系的内模式求解。以二维模型求解作为外模式，以三维模型求解作为内模式，由外模式求解的表面水位和垂向平均的水平流速分量提供给内模式使用，内模式将计算三维流速、紊动系数及污染物浓度等变量，然后将内模式分裂为水平对流扩散（显式格式求解）和垂向扩散（隐式格式求解）两个步骤，然后将有关这些变量的变换信息反馈给外模式计算，不断反复。因为这种求解方法能够减少计算量、节省时间，因此近年来被广泛应用到数值模拟模型中。

EFDC 模型采用有限差分法分别对内外模式的方程组进行数值离散求解,将所计算的区域离散成一系列的不同方向的控制体,为加强数值计算的稳定性,模型使用了交错网格,变量在网格上交错布置。运动方程式在控制区域内分为 6 个面进行计算,联合使用有限体积法和有限差分法求解这些方程式。

为消除垂直压力梯度,将式(12-2)~式(12-4)联合变换得到水平动量方程式为

$$
\begin{aligned}
&\frac{\partial(mHu)}{\partial t}+\frac{\partial(m_y Huu)}{\partial x}+\frac{\partial(m_x Hvu)}{\partial y}+\frac{\partial(mwu)}{\partial z}-(mf+v\frac{\partial m_y}{\partial x}-u\frac{\partial m_x}{\partial y})Hv \\
&=-m_y H\frac{\partial p}{\partial x}-m_y Hg\frac{\partial \zeta}{\partial x}+m_y Hgb\frac{\partial h}{\partial x}-m_y Hgbz\frac{\partial H}{\partial x}+\frac{\partial}{\partial z}(m\frac{1}{H}A_v\frac{\partial u}{\partial Z})+Q_u
\end{aligned}
\tag{12-23}
$$

$$
\begin{aligned}
&\frac{\partial(mHv)}{\partial t}+\frac{\partial(m_y Huv)}{\partial x}+\frac{\partial(m_x Hvv)}{\partial y}+\frac{\partial(mwv)}{\partial z}-(mf+v\frac{\partial m_y}{\partial x}-u\frac{\partial m_x}{\partial y})Hu \\
&=-m_x H\frac{\partial p}{\partial y}-m_y Hg\frac{\partial \zeta}{\partial y}+m_x Hgb\frac{\partial h}{\partial y}-m_x Hgbz\frac{\partial H}{\partial y}+\frac{\partial}{\partial z}(m\frac{1}{H}A_v\frac{\partial v}{\partial z})+Q_v
\end{aligned}
\tag{12-24}
$$

首先考虑沿垂向将式(12-23)、式(12-24)离散化,假设变量在垂向单元层中心点是连续的并且在垂直单元层面或网格层边界呈线性变化。通过控制体积积分法对动量方程组在垂向进行离散化,在 z 方向的网格层上积分分别得 x 方向和 y 方向的式子如下:

$$
\begin{aligned}
&\frac{\partial(mH\Delta_k u_k)}{\partial t}+\frac{\partial(m_y H\Delta_k v_k u_k)}{\partial x}+\frac{\partial(m_x H\Delta_k v_k u_k)}{\partial y}+(mwu)_k-(mwu)_{k-1} \\
&-(mf+v_k\frac{\partial m_y}{\partial x}-u_k\frac{\partial m_x}{\partial y})\Delta_k Hv_k=-0.5m_y H\Delta_k\frac{\partial(p_k-p_{k-1})}{\partial x}-m_y H\Delta_k g\frac{\partial \zeta}{\partial x} \\
&+m_y H\Delta_k gb_k\frac{\partial h}{\partial x}-0.5m_y H\Delta_k gb_k(z_k+z_{k-1})\frac{\partial H}{\partial x}+m(\tau_{xs})_k-m(\tau_{xs})_{k-1}+(\Delta Q_u)_k
\end{aligned}
\tag{12-25}
$$

$$
\begin{aligned}
&\frac{\partial(mH\Delta_k u_k)}{\partial t}+\frac{\partial(m_y H\Delta_k v_k u_k)}{\partial x}+\frac{\partial(m_x H\Delta_k v_k u_k)}{\partial y}+(mwu)_k-(mwu)_{k-1} \\
&-(mf+v_k\frac{\partial m_y}{\partial x}-u_k\frac{\partial m_x}{\partial y})\Delta_k Hu_k=-0.5m_x H\Delta_k\frac{\partial(p_k+p_{k-1})}{\partial y}-m_x H\Delta_k g\frac{\partial \zeta}{\partial y} \\
&+m_x H\Delta_k gb_k\frac{\partial h}{\partial y}-0.5m_x H\Delta_k gb_k(z_k+z_{k-1})\frac{\partial H}{\partial y}+m(\tau_{ys})_k-m(\tau_{ys})_{k-1}+(\Delta Q_v)_k
\end{aligned}
\tag{12-26}
$$

式中,Δ_k——垂向网格层厚。

在单元层界面上紊动剪应力被定义为

$$
(\tau_{xs})_k=2H^{-1}(A_v)_k(\Delta_{k+1}+\Delta_k)^{-1}(u_{k+1}-u_k)
\tag{12-27}
$$

$$(\tau_{ys})_k = 2H^{-1}(A_v)_k(\Delta_{k+1}+\Delta_k)^{-1}(v_{k+1}-v_k) \tag{12-28}$$

如果在垂直方向 z 上有 k 个单元层，则从每层界面到表层界面积分得到各层流体静力学方程为

$$p_k = gH(\sum_{j=k}^{k}\Delta_j b_j - \Delta_k b_k) + p_s \tag{12-29}$$

式中，p_s——自由表面大气压力或者底部某层压力除以参考密度。

在垂直方向上对连续性方程式（12-10）进行离散

$$\frac{\partial(m\Delta_k\zeta)}{\partial t} + \frac{\partial(m_y H\Delta_k u_k)}{\partial x} + \frac{\partial(m_x H\Delta_k v_k)}{\partial y} + m(w_k - w_{k-1}) = 0 \tag{12-30}$$

垂向离散动量方程组式（12-18）、式（12-19）的数值解采用分裂技术进行，即求解过程分为沿垂向积分长表面重力波的外模式和具有垂直流结构的内模式两个步骤。

联合式（12-19）、式（12-20）、式（12-23）在垂直方向 K 层上求和整理得到外模式方程组为

$$\frac{\partial(mH\bar{u})}{\partial t} + \sum_{k=1}^{K}[\frac{\partial(m_y H\Delta_k u_k u_k)}{\partial x} + \frac{\partial(m_x H\Delta_k v_k u_k)}{\partial y} - H(mf + v_k\frac{\partial m_y}{\partial x} - u_k\frac{\partial m_x}{\partial y})\Delta_k v_k]$$
$$= -m_y Hg\frac{\partial\zeta}{\partial x} - m_y H\frac{\partial p_s}{\partial x} + m_y Hg\bar{b}\frac{\partial h}{\partial x} - m_y Hg\{\sum_{k=1}^{K}[\Delta_k\beta_k + 0.5\Delta_k(z_k+z_{k-1})b_k]\}\frac{\partial H}{\partial x} \tag{12-31}$$
$$- m_y H^2\frac{\partial}{\partial x}(\sum_{k=1}^{K}\Delta_k\beta_k) + m(\tau_{xs})_k - m(\tau_{xs})_0 + \overline{Q_u}$$

$$\frac{\partial(mH\bar{u})}{\partial t} + \sum_{k=1}^{K}[\frac{\partial(m_y H\Delta_k u_k v_k)}{\partial x} + \frac{\partial(m_x H\Delta_k v_k u_k)}{\partial y} - H(mf + v_k\frac{\partial m_y}{\partial x} - u_k\frac{\partial m_x}{\partial y})\Delta_k v_k]$$
$$= -m_x Hg\frac{\partial\zeta}{\partial y} - m_x H\frac{\partial p_s}{\partial y} + m_x Hg\bar{b}\frac{\partial h}{\partial y} - m_x Hg\{\sum_{k=1}^{K}[\Delta_k\beta_k + 0.5\Delta_k(z_k+z_{k-1})b_k]\}\frac{\partial H}{\partial y} \tag{12-32}$$
$$- m_x H^2\frac{\partial}{\partial y}(\sum_{k=1}^{K}\Delta_k\beta_k) + m(\tau_{ys})_k - m(\tau_{ys})_0 + \overline{Q_v}$$

$$\frac{\partial(m\zeta)}{\partial t} + \frac{\partial(m_y H\bar{u})}{\partial x} + \frac{\partial(m_x H\bar{v})}{\partial y} = 0 \tag{12-33}$$

$$\rho_k = \sum_{j=k}^{K}\Delta_j b_j - 0.5\Delta_k b_k \tag{12-34}$$

式中上方有一横线的变量表示沿垂向的平均值，大量公式都是内模式的计算公式，式（12-19）、式（12-20）对于每个水平速度分量都有 K 个自由度，但是通过这些式子在垂直方向上对 K 个单元层求和得到的外模式方程式（12-32）、式（12-33），由于满足下列约束条件，实际上减少了一个自由度。约束条件为

$$\sum_{k=1}^{K} \Delta_k u_k = \bar{u} \tag{12-35}$$

$$\sum_{k=1}^{K} \Delta_k v_k = \bar{v} \tag{12-36}$$

垂向相邻两层平均厚度可以表示为

$$\Delta_{k+1,k} = 0.5(\Delta_{k+1} + \Delta_k) \tag{12-37}$$

将式（12-19）、式（12-20）分别除以第 K 层厚度 Δ_k，然后用第 $k+1$ 层的公式减去第 k 层的公式，再除以相邻两层的平均厚度 $\Delta_{k+1,k}$，就可以得到如下内模式方程组：

$$\frac{\partial}{\partial t}[mH\Delta_{k+1,k}^{-1}(u_{k+1}-u_k)] + \frac{\partial}{\partial x}[m_y H\Delta_{k+1,k}^{-1}(u_{k+1}u_{k+1}-u_k u_k)]$$

$$+\frac{\partial}{\partial y}[m_x H\Delta_{k+1,k}^{-1}(v_{k+1}u_{k+1}-v_k u_k)] + m\Delta_{k+1,k}^{-1}\{\Delta_{k+1}^{-1}[(wu)_{k+1}-(wu)_k]-\Delta_k^{-1}[(wu)_k-(wu)_{k-1}]\}$$

$$-\Delta_{k+1,k}^{-1}[(mf+v_{k+1}\frac{\partial m_y}{\partial x}-u_{k+1}\frac{\partial m_x}{\partial v})Hv_{k+1}-(mf+v_k\frac{\partial m_y}{\partial x}-u_k\frac{\partial m_x}{\partial y})Hv_k]$$

$$= m_y H\Delta_{k+1,k}^{-1}g(b_{k+1}-b_k)(\frac{\partial h}{\partial x}-z_k\frac{\partial H}{\partial x}) + 0.5m_y H^2\Delta_{k+1,k}^{-1}g(\Delta_{k+1}\frac{\partial b_{k+1}}{\partial x}+\Delta_k\frac{\partial b_k}{\partial x})$$

$$+m\Delta_{k+1,k}^{-1}\{\Delta_{k+1}^{-1}[(\tau_{xz})_{k+1}-(\tau_{xz})_k]-\Delta_k^{-1}[(\tau_{xz})_k-(\tau_{xz})_{k-1}]\} + \Delta_{k+1,k}^{-1}[(Q_u)_{k+1}-(Q_u)_k]$$

$$\tag{12-38}$$

$$\frac{\partial}{\partial t}[mH\Delta_{k+1,k}^{-1}(v_{k+1}-v_k)] + \frac{\partial}{\partial x}[m_y H\Delta_{k+1,k}^{-1}(u_{k+1}v_{k+1}-u_k v_k)]$$

$$+\frac{\partial}{\partial y}[m_x H\Delta_{k+1,k}^{-1}(v_{k+1}v_{k+1}-v_k v_k)] + m\Delta_{k+1,k}^{-1}\{\Delta_{k+1}^{-1}[(wv)_{k+1}-(wv)_k]-\Delta_k^{-1}[(wv)_k-(wv)_{k-1}]\}$$

$$-\Delta_{k+1,k}^{-1}[(mf+v_{k+1}\frac{\partial m_y}{\partial x}-u_{k+1}\frac{\partial m_x}{\partial y})Hu_{k+1}-(mf+v_k\frac{\partial m_y}{\partial x}-u_k\frac{\partial m_x}{\partial y})Hu_k]$$

$$= m_x H\Delta_{k+1,k}^{-1}g(b_{k+1}-b_k)(\frac{\partial h}{\partial y}-z_k\frac{\partial H}{\partial y}) + 0.5m_x H^2\Delta_{k+1,k}^{-1}g(\Delta_{k+1}\frac{\partial b_{k+1}}{\partial y}+\Delta_k\frac{\partial b_k}{\partial y})$$

$$+m\Delta_{k+1,k}^{-1}\{\Delta_{k+1}^{-1}[(\tau_{yz})_{k+1}-(\tau_{yz})_k]-\Delta_k^{-1}[(\tau_{yz})_k-(\tau_{yz})_{k-1}]\} + \Delta_{k+1,k}^{-1}[(Q_v)_{k+1}-(Q_v)_k]$$

$$\tag{12-39}$$

垂向流速 w 的求解，使用离散连续性式（12-24）除以第 K 层单元厚度 Δ_k 后减去式

（12-27），得到

$$w_k = w_{k-1} - \frac{1}{m}\Delta_k\{\frac{\partial}{\partial x}[m_y H(u_k - \bar{u})] + \frac{\partial}{\partial y}[m_x H(v_k - \bar{v})]\} \qquad （12-40）$$

　　由于式（12-34）是从底层逐步推算到表层来求解各层的垂向流速，最底层垂向流速 $w_0=0$，求解过程是从最底层逐步到表层。如果满足约束条件式（12-35）、式（12-36），表层流速在 $k=K$ 时将为 0，并且符合边界条件的要求。由于表面重力波（快波）和内波（慢波）传播速度不同，并且在方程离散时采用了显式有限差分的方法，所以计算的时间步长受 Courant-Friedrichs-Levy（CFL）条件限制。

　　对于外模式，其稳定性 CFL 条件为

$$C_t = 2\sqrt{gh} + \overline{U}_{max} \qquad （12-41）$$

$$\Delta t \leqslant \frac{1}{C_t}(\frac{1}{\Delta x^2} + \frac{1}{\Delta y^2})^{-\frac{1}{2}} \qquad （12-42）$$

式中，h——静水深；

　　　　$\overline{U}_{max}$——平均流速最大值。

　　对于内模式，其稳定性 CFL 条件为

$$C_T = 2U'_{max} + U_{max} \qquad （12-43）$$

$$\Delta t \leqslant \frac{1}{C_t}(\frac{1}{\Delta x^2} + \frac{1}{\Delta y^2})^{-\frac{1}{2}} \qquad （12-44）$$

式中，U'_{max}——内模式最大速度值；

　　　　U_{max}——对流速度最大值。

　　由于内模式已经除去了快速传播的表面重力波的影响，而且垂向空间采用隐式差分离散，所以计算时间步长相对外模式要大，整个模型的计算时间步长主要受外模式时间步长的影响。EFDC 模型内外模式求解的详细推导过程请参考 EFDC 模型理论和计算部分手册（Hamrick，1992）。

12.1.1.2　水质模型

　　EFDC 的水质模型与沉积物模型是耦合在一起的，水质变化过程与沉积物变化过程相互影响。沉积物接收水体中沉降的颗粒态有机物，颗粒态有机物在沉积物中发生矿化过程，并向水体释放无机物，同时消耗溶解氧。水质模型与沉积物模型的耦合不仅增强了模型对水质变量的预测能力，而且可以模拟由营养盐负荷变化引起的长期水质变化，其模型框架见图 12-2。

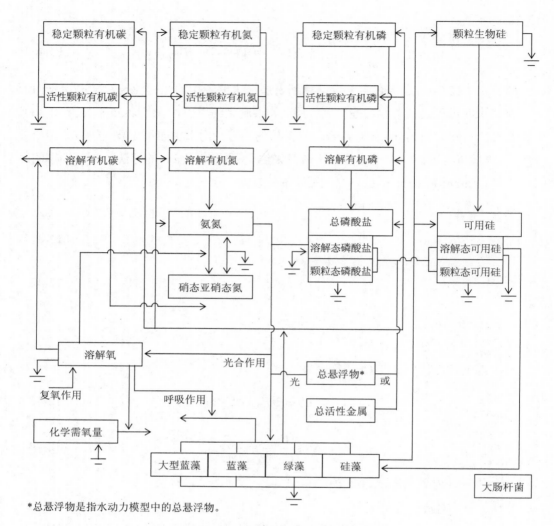

*总悬浮物是指水动力模型中的总悬浮物。

图 12-2   EFDC 模型水质模块结构示意

水质模型包含 21 个水质组分变量，沉积物模型包含 27 个变量。对于每一个水质变量，都满足质量守恒方程：

$$\frac{\partial}{\partial t}(m_x m_y HC) + \frac{\partial}{\partial x}(m_y H\mu C) + \frac{\partial}{\partial y}(m_x HvC) + \frac{\partial}{\partial z}(m_x m_y \omega C)$$

$$= \frac{\partial}{\partial x}\left(\frac{m_y HA_x}{m_x}\frac{\partial C}{\partial x}\right) + \frac{\partial}{\partial y}\left(\frac{m_x HA_y}{m_y}\frac{\partial C}{\partial y}\right) + \frac{\partial}{\partial z}\left(m_x m_y \frac{A_z}{m_y}\frac{\partial C}{\partial z}\right) + m_x m_y HS_c$$

（12-45）

式中，C——各水质状态变量的浓度；

μ、v、ω——在曲线 σ 坐标下 x、y、z 方向的速度分量；

A_x、A_y、A_z——x、y、z 方向上的紊流扩散系数；

S_c——每个单位体积的内外源汇项；

H——水体深度；

m_x、m_y——水平曲线坐标 x、y 方向上的比例因子。

式（12-45）中 $\frac{\partial}{\partial x}(m_y H \mu C)$、$\frac{\partial}{\partial y}(m_x Hv C)$ 和 $\frac{\partial}{\partial z}(m_x m_y \omega C)$ 三项表示平流传输过程，

$\frac{\partial}{\partial x}(\frac{m_y H A_x}{m_x}\frac{\partial C}{\partial x})$、$\frac{\partial}{\partial y}(\frac{m_x H A_y}{m_y}\frac{\partial C}{\partial y})$ 和 $\frac{\partial}{\partial z}(m_x m_y \frac{A_z}{m_y}\frac{\partial C}{\partial z})$ 三项表示扩散传输过程，上述六项的物理传输过程十分相似，因此，数值解法几乎也是一样的。式（12-45）中 $m_x m_y H S_c$ 表示每个水质变量的水动力过程和外部负荷。目前这个模型求解式（12-45）时使用了从物理传输项中减少动力项的分步程序来完成。

$$\frac{\partial}{\partial t_p}(m_x m_y HC) + \frac{\partial}{\partial x}(m_y H \mu C) + \frac{\partial}{\partial y}(m_x Hv C) + \frac{\partial}{\partial z}(m_x m_y \omega C)$$

$$= \frac{\partial}{\partial x}(\frac{m_y H A_x}{m_x}\frac{\partial C}{\partial x}) + \frac{\partial}{\partial y}(\frac{m_x H A_y}{m_y}\frac{\partial C}{\partial y}) + \frac{\partial}{\partial z}(m_x m_y \frac{A_z}{H}\frac{\partial C}{\partial z}) + m_x m_y HS_{cp} \tag{12-46}$$

$$\frac{\partial C}{\partial t_k} = S_{ck} \tag{12-47}$$

$$\frac{\partial}{\partial t}(m_x m_y HC) = \frac{\partial}{\partial t_p}(m_x m_y HC) + (m_x m_y H)\frac{\partial C}{\partial t_k} \tag{12-48}$$

从式（12-46）和式（12-47）可以看出，源汇项已经被分为关联流入流出的物理源汇项和动力源汇项，如果这些状态变量在一定的水体深度处与水体传输域的散度相关，对于物理传输步骤来说，动力传输步骤在同一个对应的水深处已经完成了。能够进一步将反应过程和内部源汇项分离开来的动力方程式（12-47）可以消除水深和比例因子的影响。

$$\frac{\partial C_k}{\partial t} = KC + R \tag{12-49}$$

式中，K——动力速率；

R——内部源汇项。

在 K 和 R 已知的条件下，物理传输过程和动力方程式的解法都是比较精确的。

12.1.2 模型验证

12.1.2.1 水动力模型

模型建立主要是对三岔湖水体进行网格划分以及各类输入、输出文件的设置。建立

好的模型即可进行模型参数的率定和验证。

（1）干湿网格的划分

为提高模拟区域的计算精度，采用 100 m×100 m 正方形网格，网格总数目 71×126 个，有效网格数目为 2 705 个（图 12-3）。由于三岔湖岛屿众多，故模型采用动边界处理技术，动态设置干湿网格。动边界模型采用设置干湿临界水深进行判断的方法来模拟潮流的漫滩过程（Hamrick，1994）。基本思路是：首先根据区域水深变化范围和模拟精度要求，设定 1 个干湿临界水深。然后在计算过程中，对每个时间步长上网格中心的水深进行扫描，如果网格水深大于干湿临界水深，则该网格为湿网格正常运行；如果网格水深小于干湿临界水深且小于前一时间步长的水深时，则该网格为干网格，网格四周的流速为零，不参与计算；如果网格水深小于干湿临界水深但大于前一时间步长的水深，则检查网格四周的流速，将出流边界的流速设为零。重复上面的迭代过程直到每个网格的干湿状态不随后面迭代结果的变化而变化。一般情况下需要 2 个或 3 个迭代过程。在执行干湿判断过程中，全部遵循质量守恒定律（张璇，2010；张建云，2007）。

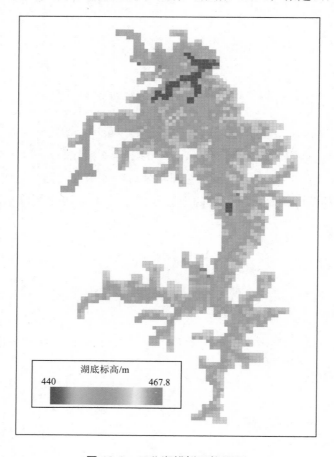

图 12-3　三岔湖模拟网格设置

（2）初始条件的确定

以 2009 年、2010 年数据为基础建立模型，其中 2009 年数据用来率定，2010 年数据用来验证三岔湖水位。三岔湖 2009 年初始水位为 461.537 m，2010 年初始水位为461.872 m。

（3）边界条件的确定

以三岔湖管理部门测量的 2009 年、2010 年入湖流量和出湖流量作为边界条件。三岔湖入水口包括东风渠来水、三条支流，出水口包括高放水闸、中放水闸、低放水闸。2009 年、2010 年入水口、出水口每日流量见图 12-4、图 12-5。

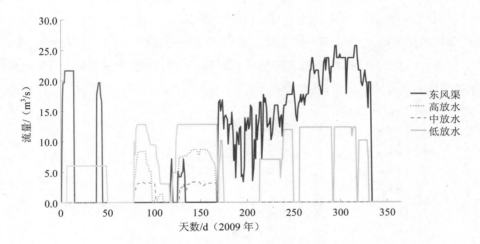

图 12-4 三岔湖 2009 年入水口、出水口逐日流量

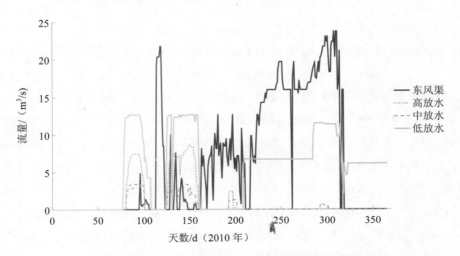

图 12-5 三岔湖 2010 年入水口、出水口逐日流量

（4）参数的说明

为提高模型计算效率，基准步长设置为 0.5 s，实际步长由模型根据实际情况自动调整，经统计平均时间步长为 10 s 左右。水平涡黏系数采用 $A_x=A_y=100$ m²/s，扩散系数采用 $1×10^{-5}$ m²/s，粗糙高度采用 0.02 m。

（5）模型的验证

为保证模型的可靠性和适用性，水动力模型验证采用 2010 年 3 组不同水期的径流资料：①枯水期，1 月 10 日至 2 月 20 日；②丰水期，7 月 10 日至 8 月 20 日；③平水期，10 月 1 日至 11 月 10 日。

1）枯水期。枯水期验证资料包括 1 月 10 日至 2 月 20 日三岔湖表面水位逐日数据，为保证模型稳定，模型运行时间为 1 月 1 日至 2 月 29 日。

图 12-6 为率定期（2009 年）枯水期三岔湖水位变化过程，在第 10 天至第 30 天（1 月 10 日至 1 月 30 日）模拟结果与实测结果拟合较好，第 31 天至第 50 天模拟结果略小于实测结果，这可能是由于缺乏地表径流数据（流量、汇入湖体的时间），模拟的入流条件与实际存在偏差而造成的。

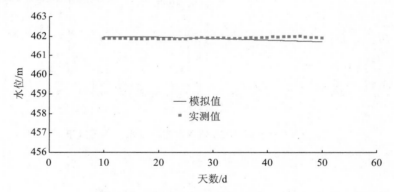

图 12-6　率定期枯水期水位对照

图 12-7 为验证期（2010 年）枯水期三岔湖水位变化过程。在第 10 天至第 40 天（1 月 10 日至 2 月 9 日）模拟结果与实测结果拟合很好，第 41 天至第 50 天，模拟结果略大于实测结果，这可能是由于模拟的入流条件与实际存在偏差造成的。

2）丰水期。丰水期验证数据包括 7 月 10 日至 8 月 20 日三岔湖表面水位逐日数据，为保证模型稳定，模型运行时间为 7 月 1 日至 8 月 30 日。

图 12-8 为三岔湖 2009 年丰水期水位变化过程，模拟值变化很小，而实测值呈逐渐增大的趋势。除了支流汇入可能存在偏差，模型未考虑三岔湖提水灌溉农田的因素，且 7 月、8 月降水较多，湖体周围均有径流汇入，这也导致了模拟值小于实测值。

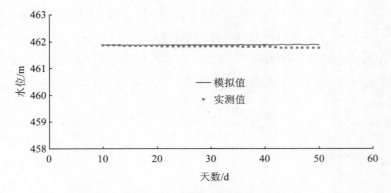

图 12-7　验证期枯水期水位对照

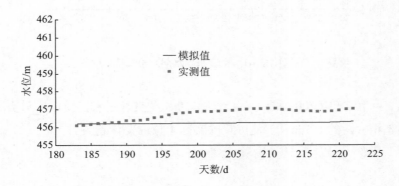

图 12-8　率定期丰水期水位对照

图 12-9 为三岔湖 2010 年丰水期水位变化过程。在模拟的前 20 天模拟值稍大于实测值，中间 10 天拟合较好，后 20 天模拟值稍小于实测值。在丰水期，降雨增多，造成支流汇流值与实际数据存在偏差，且存在提水灌溉现象，故出现了一定偏差。但整体而言，模拟结果与实测值拟合效果令人满意，能反映实际水位的变化趋势。

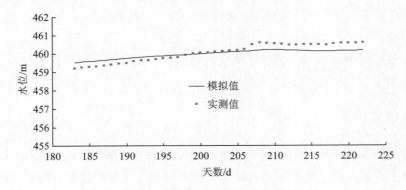

图 12-9　验证期丰水期水位对照

3）平水期。平水期验证数据包括 10 月 1 日至 11 月 10 日三岔湖表面水位逐日数据，为保证模型稳定，模型运行时间为 9 月 20 日至 11 月 20 日。

图 12-10 为验证期（2010 年）三岔湖平水期水位变化过程，模拟值变化范围很小，实测值呈逐渐增大的趋势，并在第 10 月 25 日（Julian Day300）后趋于平缓。

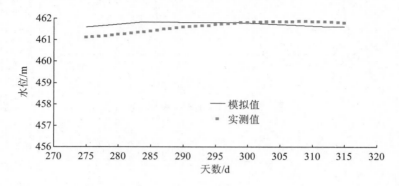

图 12-10　验证期平水期水位对照

图 12-11 为率定期（2009 年）三岔湖平水期水位变化过程。模拟值与实测值在模型运行初期偏差稍大，约 0.5 m，但能够反映实际水位的变化趋势。

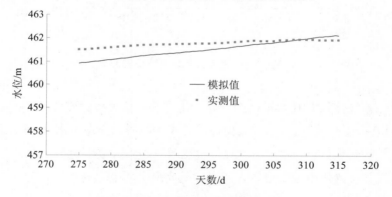

图 12-11　率定期平水期水位对照

水动力模拟结果虽然与实测值在变化趋势上有一定差别，但数值相差较小，能较好地反映三岔湖水位变化过程。

12.1.2.2　水质模型

水动力模型验证通过以后即可进行水质模型参数的率定和验证。参数率定和验证是模型模拟最关键的一环，参数率定的好坏直接影响模型的模拟精度。模型参数采用试错法结合经验进行率定，即给定一组参数值进行模拟，然后将模拟结果与实测结果进行比较，如果差别比较大，修改参数后继续进行模拟，直到模拟结果令人满意为止，此时即认为参数率定工作结束。

三岔湖水体存在的主要问题是氮、磷等营养盐过剩引起的富营养化，按规划建立三岔湖合作区域后，随着大量人口的入住，有机污染将会逐渐加重。针对这些问题，选择三岔湖水质模拟的主要指标为 COD_{Mn}、TN、TP。三岔湖有大坝、老三岔、龙云三个监测站（图 12-12），大坝所在单元格为（38，117），老三岔所在单元格为（47，81），龙云所在单元格为（45，42）。模拟时间为 2009 年、2010 年，其中 2009 年的实测数据用于参数率定，2010 年的实测数据用于模型验证。模型参数率定的结果见表 12-1。

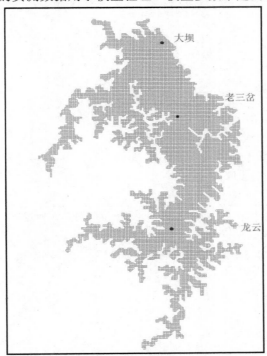

图 12-12 三岔湖水质监测点位

表 12-1 水质模型参数率定结果

参数代码	参数意义	参数取值
KHDNN	反硝化半饱和常数（g/m^3）	0.1
KPO4p	PO_4 吸附/溶解分配系数	0.5
KDP	DOP 最小水解速率（d^{-1}）	0.1
rNitM	最大硝化速率[$g/(m^3 \cdot d)$]	0.2
KHNitN	NH_4 硝化半饱和常数	2
Tnit	硝化参照温度（℃）	20
KDN	DON 最小水解速率（d^{-1}）	0.05
KHCOD	COD 衰减氧半饱和常数（mg/LO_2）	3

参数代码	参数意义	参数取值
KCD	COD 衰减速率（d^{-1}）	0.02
TRCOD	COD 衰减参照温度（℃）	20
KTCOD	衰减温度速率常数	0.041

（1）大坝监测站

率定期（2009 年）大坝监测点的 COD_{Mn}、TN、TP 验证结果见图 12-13～图 12-15，统计数据见表 12-2。

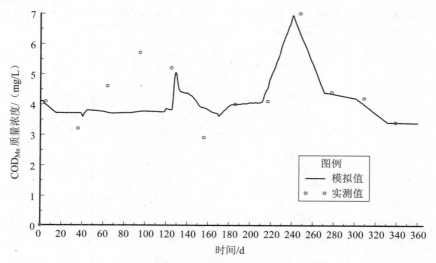

图 12-13　率定期大坝监测点 COD_{Mn} 模拟与实测值比较

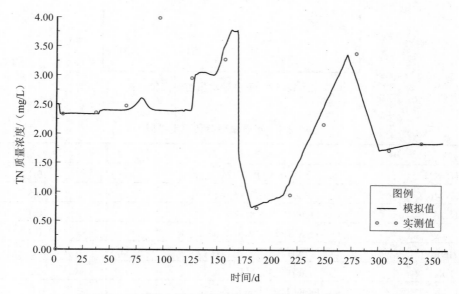

图 12-14　率定期大坝监测点 TN 模拟与实测值比较

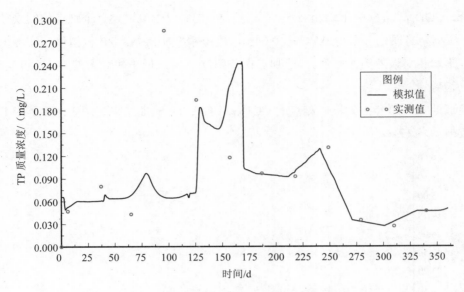

图 12-15 率定期大坝监测点 TP 模拟与实测值比较

表 12-2 率定期大坝监测点模拟与实测值统计表 单位：mg/L

月份	COD$_{Mn}$			TN			TP		
	模拟	实测	相对误差/%	模拟	实测	相对误差/%	模拟	实测	相对误差/%
1	4.09	4.10	0.24	2.33	2.33	0.04	0.05	0.05	6.38
2	3.61	3.20	12.81	2.32	2.35	1.44	0.06	0.08	22.50
3	3.74	4.60	18.70	2.42	2.47	2.14	0.06	0.04	41.86
4	3.80	5.70	33.33	2.40	3.98	39.74	0.07	0.29	77.27
5	5.10	5.20	1.92	2.85	2.95	3.36	0.18	0.19	6.19
6	3.78	2.90	30.34	3.40	3.27	3.94	0.15	0.12	27.12
7	4.01	4.00	0.25	0.75	0.72	3.88	0.10	0.10	1.03
8	4.20	4.10	2.44	1.10	0.95	16.03	0.10	0.09	3.23
9	6.62	7.00	5.43	2.35	2.16	8.65	0.12	0.13	11.45
10	4.38	4.40	0.45	3.17	3.38	6.16	0.03	0.04	2.86
11	3.99	4.20	5.00	1.75	1.72	1.63	0.03	0.03	11.11
12	3.41	3.40	0.29	1.84	1.84	0.11	0.05	0.05	0.00
平均	4.23	4.40	9.27	2.22	2.34	7.26	0.08	0.10	17.58

从图 12-13 至图 12-15 与统计表 12-2 来看，率定期大坝监测点的模拟值与实测值非

常吻合，COD$_{Mn}$、TN 的平均相对误差分别为 9.27%、7.26%，只有个别点位的误差超过 30%，最小相对误差分别为 0.24%、0.04%，模拟精度非常高。TP 模拟值与实测值吻合较好，平均相对误差为 17.58%，个别点误差超过 50%，最小相对误差为 0，可反映 TP 的变化趋势。

验证期（2010 年）大坝监测点的 COD$_{Mn}$、TN、TP 验证结果见图 12-16 至图 12-18，统计数据见表 12-3。

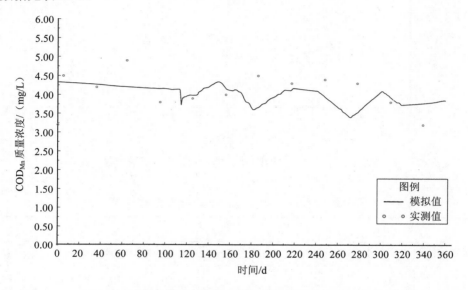

图 12-16　验证期大坝监测点 COD$_{Mn}$ 模拟与实测值比较

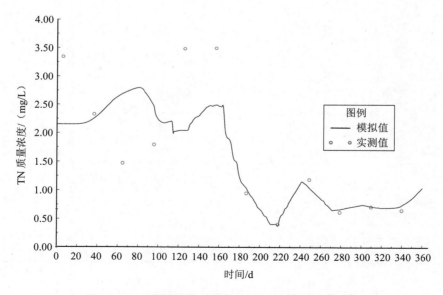

图 12-17　验证期大坝监测点 TN 模拟与实测值比较

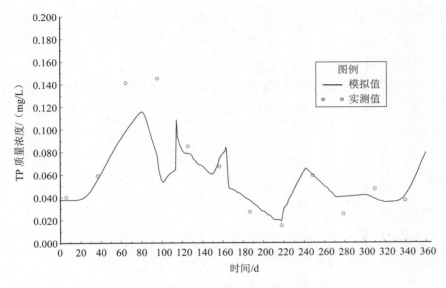

图 12-18　验证期大坝监测点 TP 模拟与实测值比较

表 12-3　验证期大坝监测点模拟与实测值统计　　　　　　　单位：mg/L

月份	COD_Mn			TN			TP		
	模拟	实测	相对误差/%	模拟	实测	相对误差/%	模拟	实测	相对误差/%
1	4.30	4.50	4.44	2.20	3.35	34.41	0.04	0.04	4.88
2	4.25	4.20	1.19	2.25	2.34	3.93	0.06	0.06	3.33
3	4.22	4.90	13.88	2.60	1.49	74.97	0.10	0.14	32.39
4	4.15	3.80	9.21	2.30	1.81	27.28	0.08	0.15	47.95
5	3.95	3.90	1.28	2.20	3.50	37.05	0.08	0.09	6.98
6	4.10	4.00	2.50	2.50	3.51	28.71	0.07	0.07	1.47
7	3.75	4.50	16.67	1.10	0.96	14.23	0.04	0.03	25.00
8	4.15	4.30	3.49	0.42	0.42	0.72	0.02	0.02	18.75
9	4.02	4.40	8.64	1.05	1.20	12.57	0.06	0.06	1.67
10	3.70	4.30	13.95	0.65	0.63	3.17	0.04	0.03	53.85
11	3.83	3.80	0.79	0.73	0.73	0.14	0.04	0.05	20.83
12	3.75	3.20	17.19	0.70	0.67	5.11	0.04	0.04	2.63
平均	4.01	4.15	7.77	1.56	1.72	20.19	0.05	0.06	18.31

从图 12-16 至图 12-18 与统计表 12-3 来看，验证期大坝监测点的模拟值与实测值拟合较好。COD_Mn 的平均相对误差为 7.77%，最大误差出现在 12 月，为 17.19%，最小误差为 0.79%。TN 的平均相对误差分别为 20.19%，最大误差出现在 3 月，为 74.97%，最小相对误差在 0.14%。TP 模拟值与实测值的平均相对误差为 18.31%，个别点误差超过 50%，最小相对误差为 1.14%。大坝监测站模拟的 2010 年 COD_Mn、TN、TP 三个指标中，

除有个别月份的相对误差大于 50% 外，绝大部分的模拟精度较高。模拟值可反映实测值的变化趋势。

（2）老三岔监测点

率定期（2009 年）老三岔监测点的 COD_{Mn}、TN、TP 验证结果见图 12-19 至 12-21 和表 12-4。

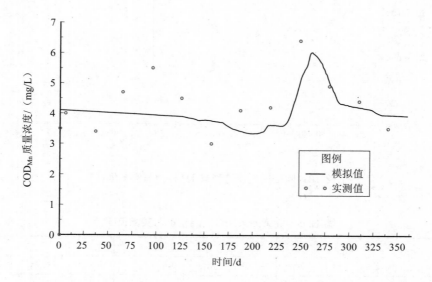

图 12-19　率定期老三岔监测点 COD_{Mn} 模拟与实测值比较

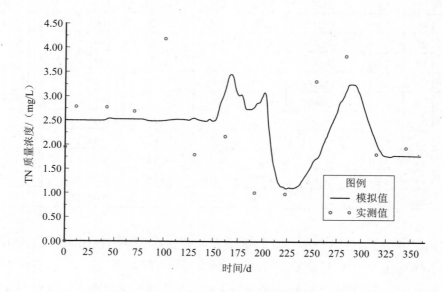

图 12-20　率定期老三岔监测点 TN 模拟与实测值比较

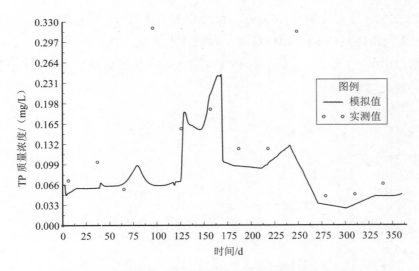

图 12-21 率定期老三岔监测点 TP 模拟与实测值比较

表 12-4 率定期老三岔监测点模拟与实测值统计表   单位：mg/L

月份	COD_Mn			TN			TP		
	模拟	实测	相对误差/%	模拟	实测	相对误差/%	模拟	实测	相对误差/%
1	4.10	4.00	2.50	2.50	2.78	10.14	0.05	0.07	31.37
2	4.00	3.40	17.65	2.55	2.77	7.94	0.06	0.10	41.67
3	4.00	4.70	14.89	2.51	2.69	6.59	0.06	0.06	0.98
4	3.95	5.50	28.18	2.50	4.19	40.26	0.07	0.32	79.38
5	3.90	4.50	13.33	2.45	1.80	36.34	0.15	0.16	4.55
6	3.70	3.00	23.33	2.51	2.18	15.40	0.20	0.19	5.00
7	3.50	4.10	14.63	2.70	1.01	167.86	0.10	0.12	19.54
8	3.55	4.20	15.48	1.10	0.98	11.79	0.11	0.12	11.49
9	5.70	6.40	10.94	2.52	3.32	24.05	0.13	0.31	58.00
10	5.00	4.90	2.04	3.25	3.83	15.17	0.03	0.05	30.00
11	4.20	4.40	4.55	1.90	1.82	4.51	0.04	0.05	30.00
12	3.90	3.50	11.43	1.81	1.95	7.13	0.05	0.07	25.53
平均	4.13	4.38	13.24	2.36	2.44	28.93	0.09	0.14	28.12

老三岔监测点的 COD_{Mn} 的平均相对模拟误差为 13.24%，最大误差为 28.18%，最小误差为 2.04%，模拟精度较高，可以很好地反映 COD_{Mn} 的变化规律。TN 的平均相对模

拟误差为 28.93%，最大误差为 167.86%，最小误差为 4.51%，精度基本满足要求，且能反映 TN 的变化趋势。TP 的平均相对误差为 28.12%，最大误差为 79.38%。

验证期（2010 年）老三岔监测点的 COD_{Mn}、TN、TP 验证结果见图 12-22 至图 12-24，统计数据见表 12-5。

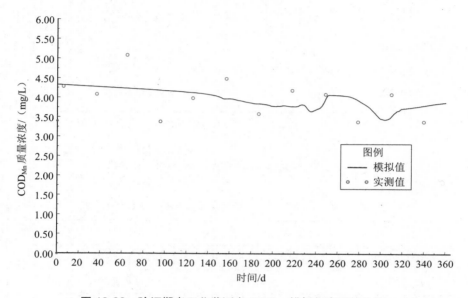

图 12-22　验证期老三岔监测点 COD_{Mn} 模拟与实测值比较

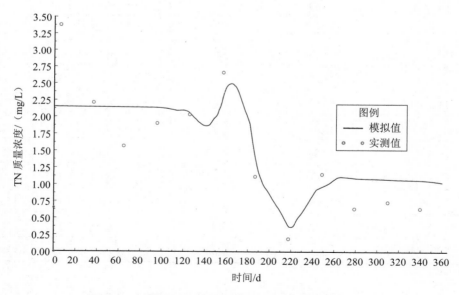

图 12-23　验证期老三岔监测点 TN 模拟与实测值比较

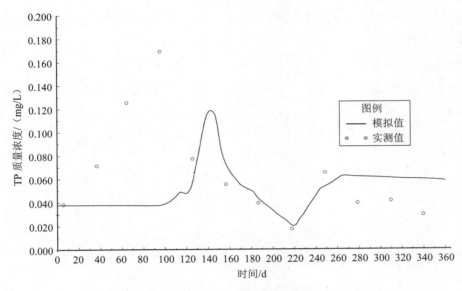

图 12-24　验证期老三岔监测点 TP 模拟与实测值比较

表 12-5　验证期老三岔监测点模拟与实测值统计　　　　　　单位：mg/L

月份	COD$_{Mn}$			TN			TP		
	模拟	实测	相对误差/%	模拟	实测	相对误差/%	模拟	实测	相对误差/%
1	4.31	4.30	0.23	2.20	3.39	35.10	0.04	0.04	2.56
2	4.25	4.10	3.66	2.20	2.22	1.03	0.04	0.07	44.44
3	4.23	5.10	17.06	2.15	1.58	35.99	0.05	0.13	64.29
4	4.20	3.40	23.53	2.12	1.91	10.76	0.05	0.17	72.94
5	4.13	4.00	3.13	2.05	2.05	0.24	0.06	0.08	19.23
6	4.00	4.50	11.11	2.40	2.68	10.28	0.07	0.06	21.43
7	3.80	3.60	5.56	1.25	1.13	10.62	0.04	0.04	5.00
8	3.78	4.20	10.00	0.37	0.20	82.27	0.02	0.02	11.11
9	4.02	4.10	1.95	1.02	1.17	12.45	0.06	0.07	12.12
10	3.80	3.40	11.76	1.07	0.65	63.61	0.06	0.04	50.00
11	3.70	4.10	9.76	1.02	0.75	36.18	0.06	0.04	30.95
12	3.75	3.40	10.29	1.01	0.65	54.43	0.05	0.03	66.67
平均	4.00	4.02	9.00	1.57	1.53	29.41	0.05	0.06	33.40

　　从图 12-22 至图 12-24 与表 12-5 来看，验证期老三岔监测点的模拟值与实测值拟合效果较满意。COD$_{Mn}$ 的平均相对误差为 9.00%，最大误差出现在 4 月，为 23.53%，最小误差为 0.23%。TN 的平均相对误差分别为 29.41%，最大误差出现在 8 月，为 82.27%，最小相对误差在 0.24%。TP 模拟值与实测值的平均相对误差为 33.40%，个别点误差超过 50%，最小相对误差为 2.56%。老三岔监测站模拟的 2010 年 COD$_{Mn}$、TN、TP 三个

指标中，除有个别月份的相对误差大于50%外，绝大部分的模拟精度较高。模拟值可反映实测值的变化趋势。

（3）龙云监测点

率定期龙云监测点的COD_{Mn}、TN、TP验证结果见图12-25至图12-27，统计数据见表12-6。

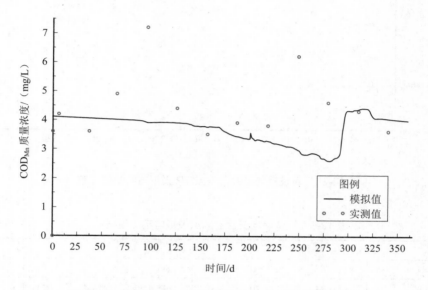

图12-25　率定期龙云监测点COD_{Mn}模拟与实测值比较

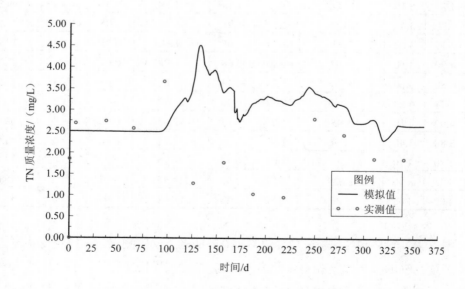

图12-26　率定期龙云监测点TN模拟与实测值比较

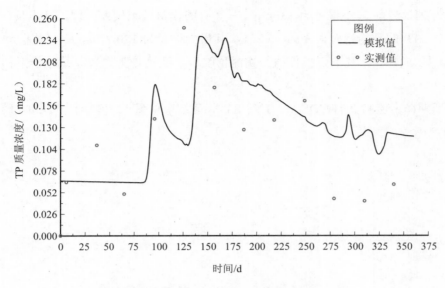

图 12-27　率定期龙云监测点 TP 模拟与实测值比较

表 12-6　率定期龙云监测点模拟与实测值统计　　　　　　　单位：mg/L

月份	COD_{Mn}			TN			TP		
	模拟	实测	相对误差/%	模拟	实测	相对误差/%	模拟	实测	相对误差/%
1	4.10	4.20	2.38	2.50	2.69	6.96	0.07	0.06	1.11
2	4.01	3.60	11.39	2.49	2.74	8.96	0.06	0.11	41.05
3	4.02	4.90	17.96	2.49	2.57	3.04	0.06	0.05	20.00
4	4.00	7.20	44.44	2.60	3.66	29.00	0.15	0.14	7.14
5	3.90	4.40	11.36	3.00	1.29	133.46	0.20	0.25	19.54
6	3.65	3.50	4.29	2.80	1.77	58.19	0.22	0.18	24.19
7	3.50	3.90	10.26	2.60	1.03	151.94	0.19	0.13	49.44
8	3.30	3.80	13.16	3.00	0.96	212.50	0.17	0.14	19.79
9	3.10	6.20	50.00	3.25	2.79	16.32	0.15	0.16	7.08
10	2.70	4.60	41.30	2.90	2.43	19.59	0.12	0.04	170.97
11	4.32	4.30	0.47	2.50	1.87	34.05	0.11	0.04	165.52
12	4.00	3.60	11.11	2.60	1.85	40.24	0.11	0.06	77.44
平均	3.72	4.52	18.17	2.73	2.14	59.52	0.13	0.11	50.27

　　率定期龙云监测点的 COD_{Mn} 平均相对误差为 18.17%，其最大误差为 50%，最小误差仅为 0.47%，模拟结果与实测值的吻合度较高。TN 平均相对误差为 59.52%，最

大误差为 212.5%，最小误差为 3.04%，5—8 月的模拟效果较差，但可基本反应 TN 的变化趋势。TP 的平均相对误差为 50.27%，其最大误差为 170.97%，最小误差为 1.11%，除了 10 月、11 月，其余点模拟值与实测值吻合，变化趋势也较一致，模拟精度满足要求。

验证期龙云监测点的 COD_{Mn}、TN、TP 验证结果见图 12-28 至图 12-30，统计数据见表 12-7。

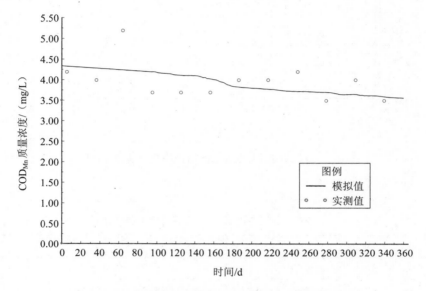

图 12-28 验证期龙云监测点 COD_{Mn} 模拟与实测值比较

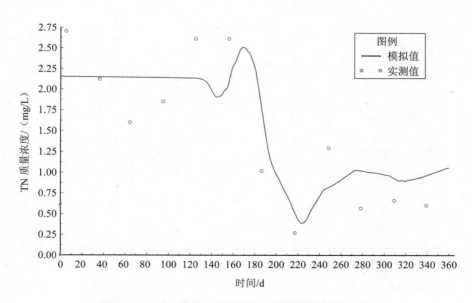

图 12-29 验证期龙云监测点 TN 模拟与实测值比较

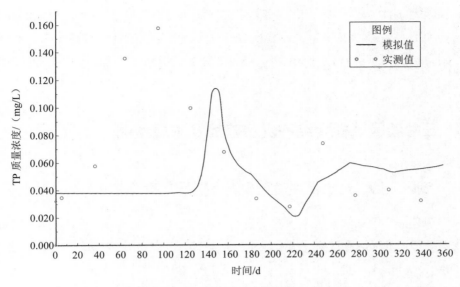

图 12-30 验证期龙云监测点 TP 模拟与实测值比较

表 12-7 验证期龙云监测点模拟与实测值统计　　　　　　　　　　单位：mg/L

月份	COD_Mn			TN			TP		
	模拟	实测	相对误差/%	模拟	实测	相对误差/%	模拟	实测	相对误差/%
1	4.30	4.20	2.38	2.20	2.60	15.38	0.04	0.04	8.57
2	4.25	4.00	6.25	2.15	2.13	1.18	0.04	0.06	32.76
3	4.22	5.20	18.85	2.05	1.60	28.13	0.04	0.14	70.59
4	4.20	3.70	13.51	2.04	1.85	10.27	0.04	0.18	76.27
5	4.12	3.70	11.35	2.04	2.60	21.54	0.04	0.10	57.00
6	4.05	3.70	9.46	2.10	2.60	19.23	0.08	0.07	17.65
7	3.85	4.00	3.75	1.40	1.01	39.30	0.05	0.04	31.43
8	3.80	4.00	5.00	0.45	0.27	66.67	0.03	0.03	10.71
9	3.75	4.20	10.71	0.90	1.32	31.82	0.05	0.07	30.56
10	3.70	3.50	5.71	0.82	0.58	42.61	0.06	0.04	57.14
11	3.68	4.00	8.00	0.90	0.65	38.46	0.05	0.04	25.00
12	3.60	3.50	2.86	0.88	0.61	44.26	0.04	0.03	28.13
平均	3.96	3.98	8.15	1.49	1.48	29.90	0.05	0.07	37.15

　　从图 12-28 至图 12-30 与表 12-7 来看，验证期老三岔监测点的模拟值与实测值拟合效果较满意。COD_Mn 的平均相对误差为 8.15%，最大误差出现在 3 月，为 18.85%，最小误差为 2.38%。TN 的平均相对误差为 29.90%，最大误差出现在 8 月，为 66.67%，最

小相对误差为 1.18%。TP 模拟值与实测值的平均相对误差为 37.15%，个别点误差超过
50%，最小相对误差为 8.57%。龙云监测站模拟的 2010 年 COD_{Mn}、TN、TP 三个指标中，
除有个别月份的相对误差大于 50%外，绝大部分的模拟精度较高。模拟值可反映实测值
的变化趋势。

12.2   三岔湖区域社会经济发展趋势及水质预测

12.2.1   湖区人口、经济发展趋势预测及情景方案设定

根据规划，拟于三岔湖区域内建两座污水处理厂，以对区域内排放的全部生活污水
进行集中处理，出水达到国家《国家城镇污水处理厂污染物排放标准》一级 A 排放标准
（即 COD_{Cr}：50 mg/L；TN：15 mg/L；TP：0.5 mg/L）。

为得到不同开发强度所产生的污染负荷对三岔湖水质的影响，本研究设定了 6 种情
景方案，每种情景方案均取消了水产养殖，其他条件具体如下：

①方案一：不对三岔湖进行开发；
②方案二：湖区生活污水经处理后不排入三岔湖；
③方案三：湖区人口为 10 万，生活污水经污水处理设施处理后排入三岔湖；
④方案四：湖区人口为 20 万，生活污水经污水处理设施处理后排入三岔湖；
⑤方案五：湖区人口为 30 万，生活污水经污水处理设施处理后排入三岔湖；
⑥方案六：湖区人口为 40 万，生活污水经污水处理设施处理后排入三岔湖。

12.2.2   模拟参数设定

12.2.2.1   水动力参数

三岔湖二维水动力模型的输入条件如下：①东风渠进水：由于水库下泄流量受人为
调节，根据90%频率设计东风渠进水量，即 1.25 亿 m³/a，每日流量按近 10 年流量比例
计算得到。②放水阀出水：根据多年出库水量计算得到，共 1.71 亿 m³/a，其中高放水
阀 0.35 亿 m³/a，中放水阀 0.15 m³/a，低放水阀 1.21 m³/a，各放水阀每日流量按近 10 年
每日流量比例计算得到。③遵循入库水量与出库水量基本平衡的原则，设定支流进水量
为 0.45 m³/a，根据近年降水量数据计算得到每日流量。

12.2.2.2   污染负荷

三岔湖规划将不再人工养鱼，故养鱼产生的污染负荷不计，三岔湖的污染负荷输入

主要包括东风渠进水负荷、非点源负荷、生活污水负荷。

（1）东风渠进水负荷

东风渠进水负荷按近 10 年 90% 频率计，COD_{Mn} 为 515 t/a，TN 为 160 t/a，TP 为 8.468 t/a。每月进水浓度按近年比例分配，如表 12-8 所示。

表 12-8　东风渠进水逐月浓度　　　　　　　　　　单位：mg/L

月份	COD_{Mn}	TN	TP
1	4.1	2.331	0.047
2	3.2	2.354	0.080
3	4.6	2.473	0.043
4	5.7	3.983	0.286
5	5.2	2.949	0.194
6	2.9	3.271	0.118
7	4.0	0.722	0.097
8	4.1	0.948	0.093
9	7.0	2.163	0.131
10	4.4	3.378	0.035
11	4.2	1.722	0.027
12	3.4	1.842	0.047

（2）非点源负荷

面源负荷的计算参照下式：

$$S=S_1-S_2+S_3$$

式中，S_1——流域内现状非点源负荷量；

S_2——规划区域内现状非点源负荷量；

S_3——规划区建成后的城市径流负荷量。

城市径流的计算参照《流域非点源调查与污染负荷估算技术规范》，规范定义了标准城市的概念，即非农业人口为 100 万～200 万人、年降水量为 400～800 mm、城市雨水收集管网普及率为 50%～70% 的城市。标准城市的 COD_{Cr} 源强系数为 40 t/（$km^2·a$），氨氮源强系数为 1.0 t/（$km^2·a$）。城市径流修正系数见表 12-9。三岔湖合作区地形修正系数取 2.5，人口规模修正取 0.3，年降雨量修正系数取 1.0，管网覆盖修正系数取 1.0。经计算三岔湖合作区建成后 COD_{Mn} 负荷为 1 090.4 t/a，总氮（TN）取 108.5 t/a。

表 12-9　城市径流源强修正系数

修正内容	修正指标	修正系数参考标准	取值
地形	平原城市	1.0	2.5
	丘陵城市	2.5	
	山区城市	3.8	
人口规模/万人	<100	0.3	0.3
	100~200	1.0	
	200~500	2.3	
	>500	3.3	
年降雨量/mm	<400	0.7	1.0
	400~800	1.0	
	>800	1.4	
管网覆盖率/%	<30	0.6	1
	30~50	0.8	
	50~70	1.0	
	>70	1.2	

（3）生活污水负荷

生活污水的计算参照《流域点污染源调查与排污总量核定技术规范》，居民产生的生活污水经管道全部进入污水处理厂处理，经处理后达到国家污水处理厂一级 A 排放标准，即出水 COD_{Cr} 浓度为 50 mg/L，TN 浓度为 15 mg/L，TP 浓度为 0.5 mg/L。各种方案情景下排入的生活污水负荷见表 12-10。

表 12-10　各种方案产生的污水负荷

指标	方案 1	方案 2	方案 3	方案 4	方案 5
污水量/（m^3/s）	0	0.138 9	0.277 8	0.416 7	0.555 6
COD_{Mn}/（t/a）	0	121.7	243.4	365.1	486.8
TN/（t/a）	0	65	130	195	260
TP/（t/a）	0	2.18	4.36	6.54	8.72

12.2.3　模拟结果及分析

12.2.3.1　情景方案 1

方案 1 的模拟结果（表 12-11 和图 12-31 至图 12-33）表明：全湖区 COD_{Mn} 浓度

基本能达到地表水Ⅲ类标准；但 TN、TP 的平均浓度为地表水Ⅲ类标准的 1.67～2.14 倍，大部分水域（TN：87.58%～96.01%；TP：85.84%～99.96%）达不到Ⅲ类标准；未达标的水域 COD$_{Mn}$、TN、TP 均为Ⅳ类，恢复至达标的可能性较大；枯水期时，北部 COD$_{Mn}$、TN 明显高于南部，TP 略低于南部；丰水期、平水期，南北水质无显著差别。

表 12-11 方案 1 的水质

指标	枯水期			丰水期			平水期		
	COD$_{Mn}$	TN	TP	COD$_{Mn}$	TN	TP	COD$_{Mn}$	TN	TP
平均值/（mg/L）	4.03	1.71	0.09	3.90	1.67	0.11	4.28	1.83	0.09
最大值/（mg/L）	19.63	4.46	0.85	26.25	6.10	1.15	28.82	6.79	1.26
最小值/（mg/L）	3.11	0.91	0.03	2.78	0.75	0.05	2.69	0.90	0.03
Ⅱ类/%	59.24	0	0	77.52	0	0	55.38	0	0
Ⅲ类/%	40.13	4.25	14.12	17.97	12.38	0.04	37.08	3.99	10.24
Ⅳ类/%	0.22	40.24	42.68	4.07	31.13	63.70	7.02	33.49	61.48
Ⅴ类/%	0.00	25.28	42.79	0.07	27.54	31.76	0.15	29.32	27.76
劣Ⅴ类/%	0.41	30.23	0.41	0.37	28.95	4.51	0.37	33.20	0.52

注：指标栏中的"Ⅱ类、Ⅲ类、Ⅳ类、Ⅴ类、劣Ⅴ类"表示水质属于Ⅱ类、Ⅲ类、Ⅳ类、Ⅴ类、劣Ⅴ类的水域面积分别占全湖区面积的比例。

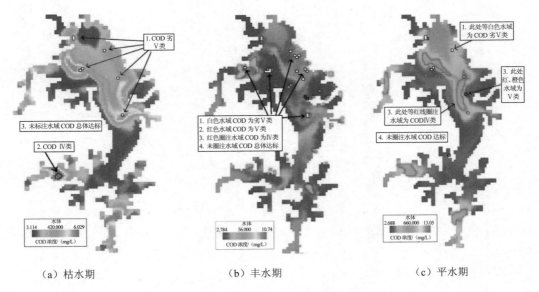

（a）枯水期 （b）丰水期 （c）平水期

图 12-31 方案 1 COD$_{Mn}$ 浓度分布

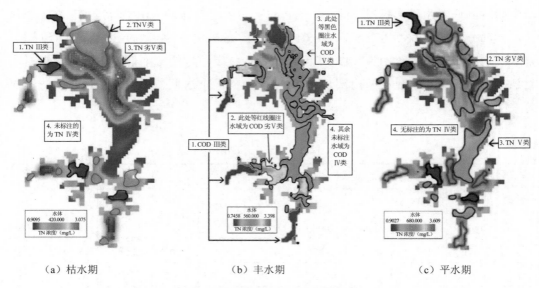

（a）枯水期　　　　　　　　（b）丰水期　　　　　　　　（c）平水期

图 12-32　方案 1　TN 浓度分布

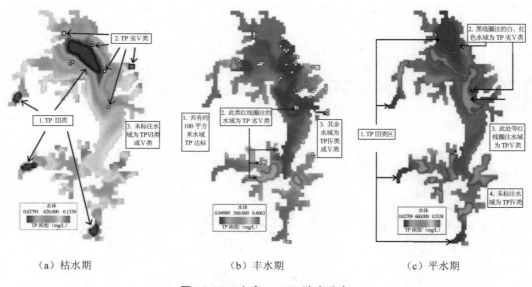

（a）枯水期　　　　　　　　（b）丰水期　　　　　　　　（c）平水期

图 12-33　方案 1　TP 浓度分布

COD_{Mn} 模拟结果（表 12-11 和图 12-31）表明：全湖区的 COD_{Mn} 浓度基本能达到Ⅲ类标准，共有 59.42%～77.60%水域的 COD_{Mn} 能达到Ⅱ类标准，最多有 7.54%（面积比例）水域的 COD_{Mn} 不能达到Ⅲ类标准；枯水期 COD_{Mn} 平均浓度为 4.03 mg/L，水质均匀性较差，北部 COD_{Mn} 明显高于南部；丰水期 COD_{Mn} 平均浓度为 3.90 mg/L，水质分布较均匀，基本无极端水域；平水期 COD_{Mn} 平均浓度为 4.28 mg/L，水质分布较均匀。

TN 模拟结果表明（表 12-11 和图 12-32）：枯、丰、平水期的平均 TN 分别为Ⅲ类标准的 1.71 倍、1.67 倍、1.83 倍，明显超标；枯、丰、平水期 TN 达到Ⅲ类标准的水域分别占全湖区的 4.25%、12.38%和 3.99%，大部分水域的 TN 无法达到Ⅲ类标准；Ⅳ类、Ⅴ类、劣Ⅴ类水域约分别占未达标水域的 37.47%、29.46%、33.07%；在枯水期时，北部 TN 明显高于南部；丰、平水期时，南北差异均不明显。

TP 模拟结果（表 12-11 和图 12-33）表明：枯、丰、平水期的平均 TP 分别为Ⅲ类标准的 1.82 倍、2.14 倍、1.85 倍，Ⅲ类标准的达标水域分别占 14.12%、0.04%、10.24%，达标水域少；未达标水域中，枯水期 42.68%、42.79%、0.41%的水域分属于Ⅳ类、Ⅴ类、劣Ⅴ类，丰水期为 63.7%、31.76%、4.51%，平水期为 61.48%、27.76%、0.52%；枯水期时，北部 TP 略低于南部；丰、平水期时，南北 TP 无明显差异。

方案 1 模拟结果中的 COD_{Mn}、TN、TP 在枯水期、丰水期、平水期的统计信息见表 6.4-4。

12.2.3.2　情景方案 2

方案 2 的模拟结果（表 12-12 和图 12-34 至图 12-36）表明：全湖区 COD_{Mn}、TN、TP 的平均浓度为地表水Ⅲ类标准的 1.53～1.96 倍；大部分水域（COD_{Mn}：38.26%～59.81%，TN：94.16%～98.60%，TP：88.87%～99.96%）不能达到Ⅲ类标准；未达标的水域多属于 COD_{Mn} 劣Ⅴ类、TN 劣Ⅴ类、TP Ⅳ类，水质超标普遍且严重；枯水期，南北 COD_{Mn} 无明显差异，北部 TN 明显高于南部，南部 TP 略高于北部；丰水期，南部 COD_{Mn} 明显高于北部，TN、TP 分布较均匀；平水期，南北的 COD_{Mn} 和 TP 无明显差别，北部 TN 高于南部。

COD_{Mn} 模拟结果（表 12-12 和图 12-34）表明：枯、丰、平水期 COD_{Mn} 平均浓度分别为地表水Ⅲ类标准的 1.53 倍、1.88 倍、1.96 倍，COD_{Mn} 总体浓度较高；枯、丰、平水期 COD_{Mn} 达到Ⅲ类标准的水域的面积分别占全湖区的 61.74%、42.00%和 40.18%，均在 62%以下；枯、丰、平水期分别有 24.40%、36.01%和 37.45%水域的 COD_{Mn} 属劣Ⅴ类，分别占未达标面积的 63.77%、62.08%和 62.61%，平均为 62.82%；枯水期时，高浓度 COD_{Mn} 水域主要集中于三条入库支流；丰水期时，南部 COD_{Mn} 显著高于北部；相对于丰水期，平水期时南部的高浓度 COD_{Mn} 水域有所减少。

TN 模拟结果（表 12-12 和图 12-35）表明：枯、丰、平水期的 TN 浓度分别为Ⅲ类标准的 1.82 倍、1.81 倍、1.96 倍，TN 总体明显超标；枯、丰、平水期 TN 达到Ⅲ类标准的水域面积分别占 2.00%、5.84%和 1.40%，绝大部分水域的 TN 无法达到Ⅲ类标准，其中约 47.62%水域的 TN 属于劣Ⅴ类；枯水期北部的 TN 明显高于南部且水较深的地方的 TN 浓度较高；丰水期 TN 浓度分布较为均匀；平水期北部 TN 浓度略高于南部。

TP 模拟结果（表 12-12 和图 12-36）表明：枯、丰、平水期的 TP 分别为Ⅲ类标准的 1.66 倍、1.85 倍、1.61 倍，能达到Ⅲ类标准的水域仅分别占 11.13%、0.04%、7.65%，达标水域极少，TP 浓度超标现象较为严重，约 77.65%为Ⅳ类；枯水期南部 TP 浓度略高于北部；丰、平水期南北的 TP 浓度分布较均匀。

表 12-12 方案 2 的水质

指标	枯水期			丰水期			平水期		
	COD$_{Mn}$	TN	TP	COD$_{Mn}$	TN	TP	COD$_{Mn}$	TN	TP
平均值/（mg/L）	9.15	1.82	0.08	11.28	1.81	0.09	11.77	1.96	0.08
最大值/（mg/L）	24.15	4.45	0.85	27.59	6.10	1.15	28.84	6.80	1.26
最小值/（mg/L）	3.18	0.97	0.03	2.78	0.75	0.05	2.69	0.90	0.03
Ⅱ类/%	28.58	0	0	23.77	0	0	11.87	0	0
Ⅲ类/%	33.16	2.00	11.13	18.23	5.84	0.04	28.32	1.40	7.65
Ⅳ类/%	7.25	34.16	66.03	13.97	26.10	85.58	14.86	22.99	81.33
Ⅴ类/%	6.61	20.48	22.48	8.02	23.44	10.13	7.50	25.10	10.50
劣Ⅴ类/%	24.40	43.36	0.37	36.01	44.62	4.25	37.45	50.50	0.52

注：指标栏中的"Ⅱ类、Ⅲ类、Ⅳ类、Ⅴ类、劣Ⅴ类"表示水质属于Ⅱ类、Ⅲ类、Ⅳ类、Ⅴ类、劣Ⅴ类的水域面积分别占全湖区面积的比例。

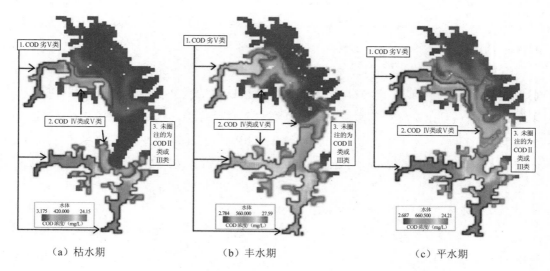

（a）枯水期　　　　　　（b）丰水期　　　　　　（c）平水期

图 12-34 方案 2 COD$_{Mn}$ 浓度分布

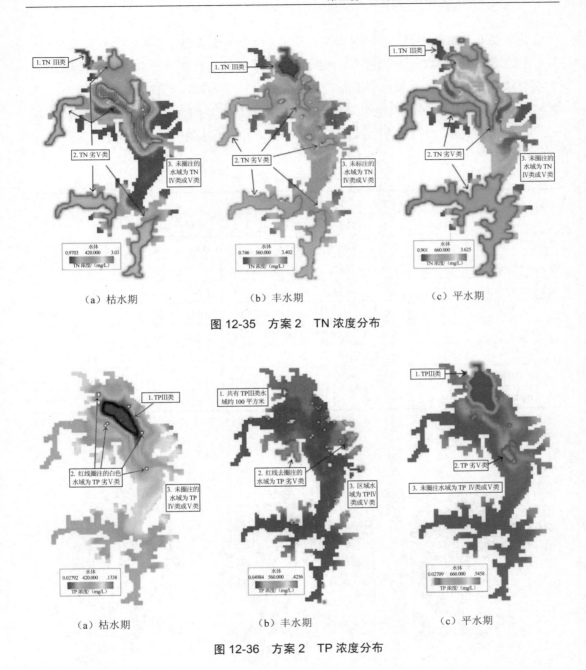

（a）枯水期　　　（b）丰水期　　　（c）平水期

图 12-35　方案 2　TN 浓度分布

（a）枯水期　　　（b）丰水期　　　（c）平水期

图 12-36　方案 2　TP 浓度分布

12.2.3.3　情景方案 3

　　方案 3 的模拟结果（表 12-13 和图 12-37 至图 12-39）表明：全湖区 COD_{Mn}、TN、TP 的平均浓度为地表水Ⅲ类标准的 1.62～2.57 倍；大部分水域（COD_{Mn}：41.96%～64.29%，TN：94.38%～98.89%，TP：89.02%～99.78%）不能达到Ⅲ类标准；未达标

的水域多属于 COD_{Mn} 劣 V 类、TN 劣 V 类、TP IV 类，水质超标普遍且严重；枯水期，南北 COD_{Mn}、TN 浓度无明显差异，南部 TP 浓度略高于北部；丰水期，南部 COD_{Mn} 浓度明显高于北部，南部 TN、TP 浓度略高于北部；平水期，南部 COD_{Mn} 浓度略高于北部，南北的 TN、TP 浓度无明显差异；两个污水处理厂附近水域的各项指标均为同期最差。

表 12-13　方案 3 的水质

指标	枯水期			丰水期			平水期		
	COD_{Mn}	TN	TP	COD_{Mn}	TN	TP	COD_{Mn}	TN	TP
平均值/（mg/L）	9.74	2.29	0.10	12.24	2.57	0.11	12.47	2.48	0.09
最大值/（mg/L）	27.73	14.99	0.87	30.30	16.34	1.13	28.10	14.99	1.23
最小值/（mg/L）	3.14	0.97	0.03	2.80	0.75	0.05	2.72	0.91	0.03
II 类/%	23.33	0	0	16.01	0	0	5.80	0	0
III 类/%	34.71	1.11	10.98	20.85	5.62	0.22	29.91	1.15	7.65
IV 类/%	8.87	26.62	59.96	16.04	19.48	70.47	16.82	17.38	70.43
V 类/%	6.21	19.89	25.66	7.65	14.79	20.70	7.84	18.00	18.74
劣 V 类/%	26.88	52.38	3.40	39.45	60.11	8.61	39.63	63.47	3.18

注：指标栏中的"II 类、III 类、IV 类、V 类、劣 V 类"表示水质属于 II 类、III 类、IV 类、V 类、劣 V 类的水域面积分别占全湖区面积的比例。

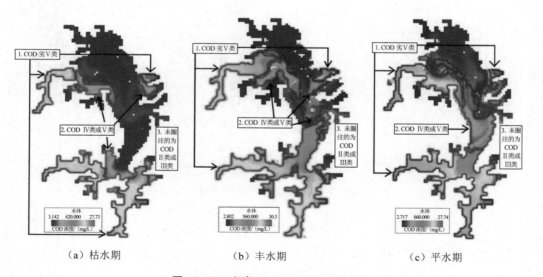

（a）枯水期　　　　　（b）丰水期　　　　　（c）平水期

图 12-37　方案 3　COD_{Mn} 浓度分布

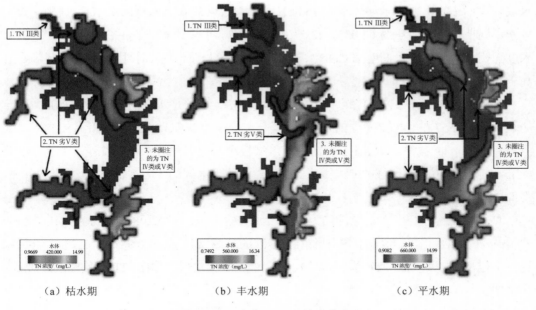

（a）枯水期　　　　　　　（b）丰水期　　　　　　　（c）平水期

图 12-38　方案 3　TN 浓度分布

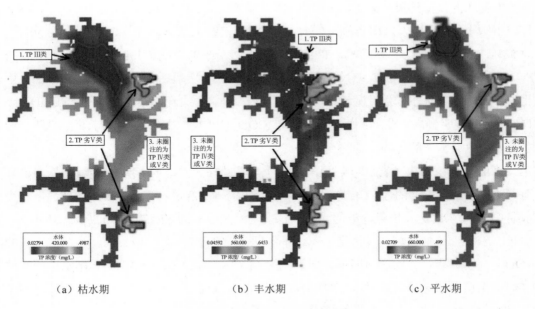

（a）枯水期　　　　　　　（b）丰水期　　　　　　　（c）平水期

图 12-39　方案 3　TP 浓度分布

COD_{Mn} 模拟结果（表 12-13 和图 12-37）表明：枯、丰、平水期 COD_{Mn} 平均浓度分别为地表水Ⅲ类标准的 1.62 倍、2.04 倍、2.08 倍，COD_{Mn} 浓度总体较高；枯、丰、平水期 COD_{Mn} 达到Ⅲ类标准的水域分别占全湖区面积的 58.04%、36.86%、35.71%，达标水域较少；枯、丰、平水期分别有 26.88%、39.45%、39.63%水域的 COD_{Mn} 属劣 V 类，分别占同期未达标面积的 64.05%、62.47%和 61.64%，平均约 62.72%；枯水期南北 COD_{Mn} 浓度无明显差异；丰水期南部 COD_{Mn} 浓度明显高于北部；平水期时南部 COD_{Mn} 浓度略高于北部。

TN 模拟结果（表 12-13 和图 12-38）表明：枯、丰、平水期的 TN 分别为Ⅲ类标准的 2.29 倍、2.57 倍、2.48 倍，TN 超标显著；枯、丰、平水期 TN 达到Ⅲ类标准的水域面积分别占 1.11%、5.62%、1.15%，达标水域极少，绝大部分水域的 TN 无法达到Ⅲ类标准，其中约 60.29%水域的 TN 属于劣 V 类；枯、平水期的 TN 南北分布均匀；丰水期南部 TN 略高于北部。

TP 模拟结果（表 12-13 和图 12-39）表明：枯、丰、平水期的 TP 分别为Ⅲ类标准的 1.91 倍、2.22 倍、1.89 倍，能达到Ⅲ类标准的水域仅分别占 10.98%、0.22%、7.65%，达标水域少，TP 超标现象较为严重，多属于Ⅳ类；枯、丰水期南部 TP 浓度略高于北部；平水期 TP 的南北分布较为均匀。

12.2.3.4　情景方案 4

方案 4 的模拟结果（表 12-14 和图 12-40 至图 12-42）表明：全湖区 COD_{Mn}、TN、TP 的平均浓度为地表水Ⅲ类标准的 1.62～2.57 倍；大部分水域（COD_{Mn}：42.50%～64.58%，TN：57.50%～98.95%，TP：89.28%～99.78%）不能达到Ⅲ类标准；未达标的水域多属于 COD_{Mn} 劣 V 类、TN 劣 V 类、TP Ⅳ类，水质超标普遍且严重；枯水期，南北的 COD_{Mn}、TN 分布无明显差异，南部 TP 浓度略高于北部；丰水期，南部 COD_{Mn}、TN、TP 浓度明显高于北部；平水期，南部 COD_{Mn}、TN、TP 浓度略高于北部；两个污水处理厂附近水域的各项指标均为同期最差。

COD_{Mn} 模拟结果（表 12-14 和图 12-40）表明：枯、丰、平水期 COD_{Mn} 平均浓度分别为地表水Ⅲ类标准的 1.62 倍、2.04 倍、2.08 倍，COD_{Mn} 浓度总体较高；枯、丰、平水期 COD_{Mn} 浓度达到Ⅲ类标准的水域分别占全湖区面积的 57.47%、36.39%、35.42%，均低于 58%，达标水域较少；枯、丰、平水期分别有 27.65%、40.22%、40.12%水域的 COD_{Mn} 属劣 V 类，分别占同期未达标面积的 64.95%、63.23%和 62.12%；枯水期南北的 COD_{Mn} 浓度分布无显著差异；丰水期南部 COD_{Mn} 浓度明显高于北部；平水期南部 COD_{Mn} 浓度略高于北部。

TN 模拟结果（表 12-14 和图 12-41）表明：枯、丰、平水期的 TN 分别为Ⅲ类标准的 2.29 倍、2.57 倍、2.48 倍，TN 明显超标；枯、丰、平水期 TN 达到Ⅲ类标准的水域面积分别占 1.05%、5.50%、1.14%，达标水域极少，绝大部分水域的 TN 无法达到Ⅲ类标准，枯、丰、平水期未达标水域中分别有 55.37%、64.48%、64.47%属于 TN 劣 V 类；

枯水期南北的 TN 浓度分布无明显差异；丰水期南部 TN 浓度明显高于北部；平水期南部 TN 浓度略高于北部。

TP 模拟结果（表 12-14 和图 12-42）表明：枯、丰、平水期的 TP 分别为Ⅲ类标准的 2.00 倍、2.20 倍、1.80 倍，能达到Ⅲ类标准的水域仅分别占 10.72%、0.22%、7.51%，达标水域少，TP 超标现象较为严重，多属于Ⅳ类；枯、平水期南部 TP 浓度略高于北部；丰水期南部 TP 浓度明显高于北部。

表 12-14　方案 4 的水质

指标	枯水期			丰水期			平水期		
	COD_{Mn}	TN	TP	COD_{Mn}	TN	TP	COD_{Mn}	TN	TP
平均值/（mg/L）	9.74	2.29	0.10	12.24	2.57	0.11	12.47	2.48	0.09
最大值/（mg/L）	27.73	14.99	0.87	30.30	16.34	1.13	28.10	14.99	1.23
最小值/（mg/L）	3.14	0.97	0.03	2.80	0.75	0.05	2.72	0.91	0.03
Ⅱ类/%	23.08	0.00	0.00	15.81	0.00	0.00	5.75	0.00	0.00
Ⅲ类/%	34.34	1.05	10.72	20.58	5.50	0.22	29.67	1.14	7.51
Ⅳ类/%	8.78	25.27	58.55	15.84	19.08	70.15	16.68	17.25	69.13
Ⅴ类/%	6.14	18.88	25.06	7.55	14.48	20.61	7.78	17.87	18.39
劣Ⅴ类/%	27.65	54.79	5.66	40.22	60.93	9.02	40.12	63.74	4.97

注：指标栏中的"Ⅱ类、Ⅲ类、Ⅳ类、Ⅴ类、劣Ⅴ类"表示水质属于Ⅱ类、Ⅲ类、Ⅳ类、Ⅴ类、劣Ⅴ类的水域面积分别占全湖区面积的比例。

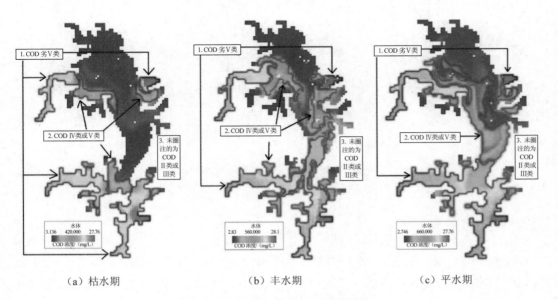

（a）枯水期　　　　　　　　（b）丰水期　　　　　　　　（c）平水期

图 12-40　方案 4　COD_{Mn} 浓度分布

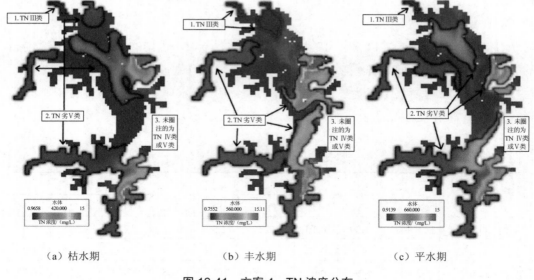

（a）枯水期   （b）丰水期   （c）平水期

图 12-41   方案 4   TN 浓度分布

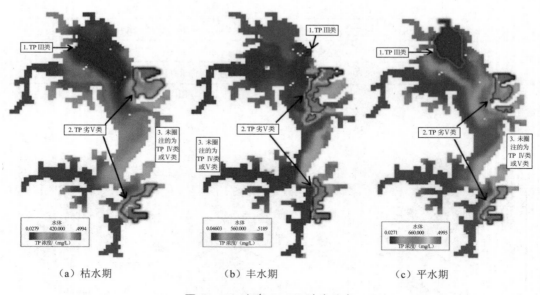

（a）枯水期   （b）丰水期   （c）平水期

图 12-42   方案 4   TP 浓度分布

12.2.3.5   情景方案 5

方案 5 的模拟结果（表 12-15 和图 12-43 至图 12-45）表明：全湖区 COD$_{Mn}$、TN、TP 的平均浓度为地表水Ⅲ类标准的 1.73～3.24 倍；大部分水域（COD$_{Mn}$：46.80%～69.07%，TN：94.60%～98.74%，TP：89.32%～99.78%）不能达到Ⅲ类标准；未达标的

水域多属于 COD_{Mn} 劣 V 类、TN 劣 V 类、TP Ⅳ 类；枯水期，南北 COD_{Mn}、TN 浓度分布无明显差异，南部 TP 浓度略高于北部；丰水期，南部 COD_{Mn}、TN、TP 浓度明显高于北部；平水期，南部 COD_{Mn}、TN、TP 浓度略高于北部；两个污水处理厂附近水域的各项指标均为同期最差。

表 12-15　方案 5 的水质

指标	枯水期			丰水期			平水期		
	COD_{Mn}	TN	TP	COD_{Mn}	TN	TP	COD_{Mn}	TN	TP
平均值/（mg/L）	10.41	2.84	0.11	13.12	3.24	0.12	12.92	2.92	0.11
最大值/（mg/L）	27.77	15.00	0.88	27.81	15.00	1.09	27.77	15.00	1.18
最小值/（mg/L）	3.14	0.97	0.03	2.84	0.76	0.05	2.76	0.92	0.03
Ⅱ类/%	19.52	0.00	0.00	14.90	0.00	0.00	5.32	0.00	0.00
Ⅲ类/%	33.68	1.29	10.68	16.04	5.40	0.22	29.09	1.26	7.54
Ⅳ类/%	10.50	20.59	52.53	16.16	18.11	63.96	15.79	16.41	63.77
Ⅴ类/%	7.21	17.23	29.13	10.06	12.79	24.47	8.24	16.75	21.66
劣Ⅴ类/%	29.09	60.89	7.65	42.85	63.70	11.35	41.55	65.58	7.02

注：指标栏中的"Ⅱ类、Ⅲ类、Ⅳ类、Ⅴ类、劣Ⅴ类"表示水质属于Ⅱ类、Ⅲ类、Ⅳ类、Ⅴ类、劣Ⅴ类的水域面积分别占全湖区面积的比例。

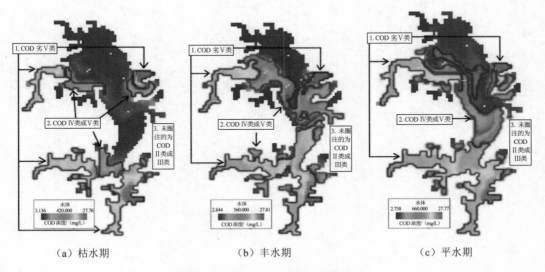

　（a）枯水期　　　　　　　（b）丰水期　　　　　　　（c）平水期

图 12-43　方案 5　COD_{Mn} 浓度分布

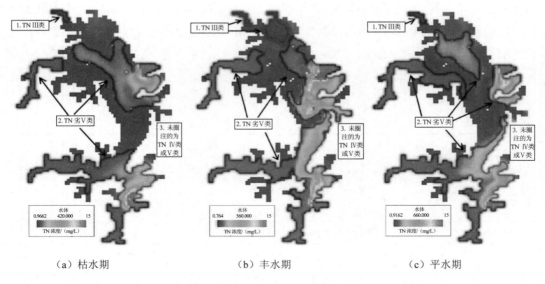

（a）枯水期   （b）丰水期   （c）平水期

图 12-44   方案 5   TN 浓度分布

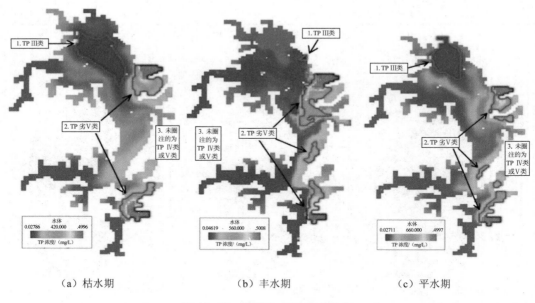

（a）枯水期   （b）丰水期   （c）平水期

图 12-45   方案 5   TP 浓度分布

COD_{Mn} 模拟结果（表 12-15 和图 12-43）表明：枯、丰、平水期 COD_{Mn} 平均浓度分别为地表水Ⅲ类标准的 1.73 倍、2.19 倍、2.15 倍，COD_{Mn} 浓度总体较高；枯、丰、平水期 COD_{Mn} 达到Ⅲ类标准的水域分别占全湖区面积的 53.20%、30.94%、34.42%，均低于 54%，达标水域较少；枯、丰、平水期分别有 29.09%、42.85%、41.55%的水域属劣

V类，分别占未达标面积的 62.16%、62.04%和 63.36%，约为 62.52%；枯水期南北的 COD_{Mn} 浓度分布无显著差异；丰水期南部 COD_{Mn} 浓度明显高于北部；平水期南部 COD_{Mn} 浓度略高于北部。

TN 模拟结果（表 12-15 和图 12-44）表明：枯、丰、平水期的 TN 分别为Ⅲ类标准的 2.84 倍、3.24 倍、2.92 倍，TN 超标显著；枯、丰、平水期 TN 达到Ⅲ类标准的水域面积分别占 1.29%、5.40%、1.26%，达标水域极少，绝大部分水域的 TN 无法达到Ⅲ类标准，劣Ⅴ类水域约占未达标水域的 65.14%；枯水期南北的 TN 浓度分布无显著差异；丰水期南部 TN 浓度明显高于北部；平水期南部 TN 浓度略高于北部。

TP 模拟结果（表 12-15 和图 12-45）表明：枯、丰、平水期的 TP 分别为Ⅲ类标准的 2.22 倍、2.48 倍、2.14 倍，能达到Ⅲ类标准的水域仅分别占 10.68%、0.22%、7.54%，达标水域少，TP 超标现象较为严重，多属于Ⅳ类；枯、平水期南部 TP 浓度略高于北部；丰水期南部 TP 浓度明显高于北部。

12.2.3.6　情景方案 6

方案 6 的模拟结果（表 12-16 和图 12-46 至图 12-48）表明：全湖区 COD_{Mn}、TN、TP 的平均浓度为地表水Ⅲ类标准的 1.78～3.48 倍；大部分水域（COD_{Mn}：48.32%～68.84%，TN：94.71%～98.78%，TP：89.50%～99.70%）不能达到Ⅲ类标准；未达标的水域多属于 COD_{Mn} 劣Ⅴ类、TN 劣Ⅴ类、TP Ⅳ类；枯水期，南北 COD_{Mn}、TN 浓度分布无明显差异，南部 TP 浓度略高于北部；丰水期，南部 COD_{Mn}、TN、TP 浓度明显高于北部；平水期，南部 COD_{Mn}、TN、TP 浓度略高于北部；两个污水处理厂附近水域的各项指标均为同期最差。

COD_{Mn} 模拟结果（表 12-16 和图 12-46）表明：枯、丰、平水期 COD_{Mn} 平均浓度分别为地表水Ⅲ类标准的 1.78 倍、2.24 倍、2.18 倍，COD_{Mn} 总体较高；枯、丰、平水期 COD_{Mn} 达到Ⅲ类标准的水域分别占全湖区面积的 51.68%、31.16%、34.20%，均低于 52%，达标水域较少；枯、丰、平水期分别有 30.24%、44.62%、42.48%的水域的 COD_{Mn} 属劣Ⅴ类，分别占未达标面积的 62.59%、64.82%和 64.55%，约为 63.99%；枯水期南北的 COD_{Mn} 浓度分布无显著差异；丰水期南部 COD_{Mn} 浓度明显高于北部；平水期南部 COD_{Mn} 浓度略高于北部。

TN 模拟结果（表 12-16 和图 12-47）表明：枯、丰、平水期的 TN 分别为Ⅲ类标准的 3.05 倍、3.48 倍、3.09 倍，TN 超标显著；枯、丰、平水期 TN 达到Ⅲ类标准的水域面积分别占 1.22%、5.29%、1.33%，达标水域极少，未达标水域中，有约 66.67%水域的 TN 属于劣Ⅴ类；枯水期南北的 TN 浓度分布无显著差异；丰水期南部 TN 浓度明显高于北部；平水期南部 TN 浓度略高于北部。

TP 模拟结果（表 12-16 和图 12-48）表明：枯、丰、平水期的 TP 分别为Ⅲ类标准的 2.34 倍、2.61 倍、2.24 倍，能达到Ⅲ类标准的水域仅分别占 10.50%、0.30%、7.47%，TP 超标现象较严重，多属于Ⅳ类。枯、平水期南部 TP 浓度略高于北部；丰水期南部 TP 浓度明显高于北部。

表 12-16　方案 6 的水质

指标	枯水期			丰水期			平水期		
	COD_{Mn}	TN	TP	COD_{Mn}	TN	TP	COD_{Mn}	TN	TP
平均值/（mg/L）	10.66	3.05	0.12	13.43	3.48	0.13	13.07	3.09	0.11
最大值/（mg/L）	27.77	15.00	0.89	27.78	15.00	1.08	27.77	15.00	1.17
最小值/（mg/L）	3.13	0.97	0.03	2.86	0.77	0.04	2.77	0.92	0.03
Ⅱ类/%	18.96	0.00	0.00	14.27	0.00	0.00	5.18	0.00	0.00
Ⅲ类/%	32.72	1.22	10.50	16.89	5.29	0.30	29.02	1.33	7.47
Ⅳ类/%	10.72	19.56	50.43	14.31	17.15	63.22	15.56	16.08	61.37
Ⅴ类/%	7.36	16.64	29.32	9.91	11.94	21.89	7.76	16.12	22.11
劣Ⅴ类/%	30.24	62.59	9.76	44.62	65.62	14.60	42.48	66.47	9.06

注：指标栏中的"Ⅱ类、Ⅲ类、Ⅳ类、Ⅴ类、劣Ⅴ类"表示水质属于Ⅱ类、Ⅲ类、Ⅳ类、Ⅴ类、劣Ⅴ类的水域面积分别占全湖区面积的比例。

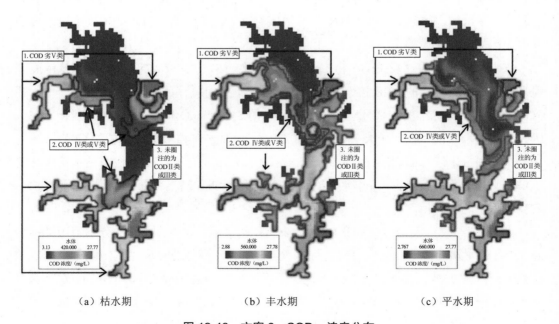

（a）枯水期　　　　　　（b）丰水期　　　　　　（c）平水期

图 12-46　方案 6　COD_{Mn} 浓度分布

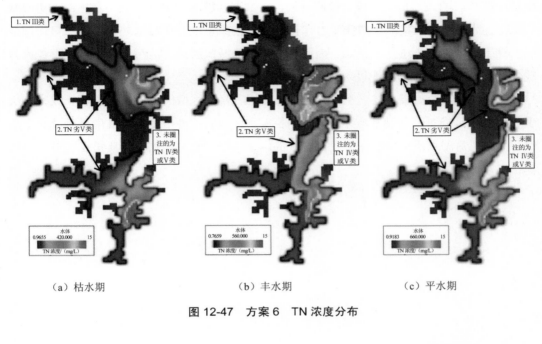

（a）枯水期　　　　　　　　　（b）丰水期　　　　　　　　　（c）平水期

图 12-47　方案 6　TN 浓度分布

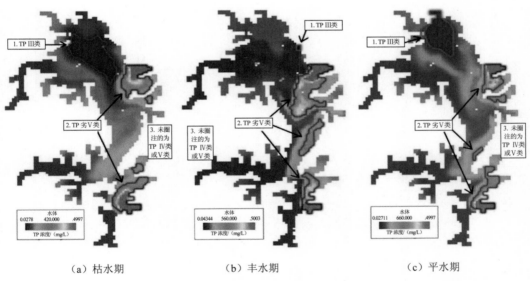

（a）枯水期　　　　　　　　　（b）丰水期　　　　　　　　　（c）平水期

图 12-48　方案 6　TP 浓度分布

12.3　水环境承载力分析

本书中，水环境承载力是指在满足三岔湖水环境质量达到功能区标准前提下三岔湖区域所能承载的人口最大规模。按照规划，三岔湖区域将实现以下三个目标：①实现城市生活污水 100%收集；②建成较为完善的雨水收集系统；③污水处理厂出水口将调至三岔湖下游，出水不进入三岔湖。因此，绝大部分城镇居民生活污染物和以降雨径流为载体的城市面源污染物不能进入三岔湖。

从长远来看，如果上述三个目标得以实现，三岔湖区域的人口规模的增长或减小所引起的生活污染对三岔湖水质影响较小，若未实施水质改善措施且未发生显著降低水质的行为，三岔湖水质将保持在情景方案 2 的水质水平，三岔湖水环境质量受区域人口规模影响较小。

参考文献

陈浩. 水库水温分层结构判定方法及其应用[J]. 湖南水利水电, 2015 (4): 61-63.

陈景秋, 赵万星, 季振刚. 重庆两江汇流水动力模型[J]. 水动力学研究与进展, 2005, 20 (12): 829-835.

陈文宽, 等. 资源经济政策与法规[M]. 成都: 四川大学出版社, 2002.

陈异晖. 基于 EFDC 模型的滇池水质模拟[J]. 云南环境科学, 2005, 24 (4): 28-30.

陈永灿, 刘昭伟. 三峡水库水环境承载能力的评价和分析[J]. 水科学进展, 2005, 16 (5): 715-719.

崔凤军. 城市水环境承载力及其实证研究[J]. 自然资源学报, 1998, 13 (1): 58-62.

崔树彬. 河流水环境承载力及其定量化研究[J]. 水问题论坛, 2003, 38 (1): 32-39.

董飞, 刘晓波, 彭文启, 等. 地表水环境容量计算方法回顾及展望[J]. 水科学进展, 2014, 25 (3): 451-463.

方国华, 于凤存, 曹永潇. 中国水环境容量概述[J]. 安徽农业科学, 2007, 35 (27): 8601-8602.

高吉喜. 可持续发展理论探索——生态承载力理论、方法与应用[M]. 北京: 中国环境科学出版社, 2001.

古滨河, 刘正文, 李宽意, 等. 湖沼学——内陆水生态系统[M]. 北京: 高等教育出版社, 2011.

顾康康. 生态承载力的概念及其研究方法[J]. 生态环境学报, 2012, 21 (2): 389-396.

郭怀成, 尚金城, 张天柱. 环境规划学[M]. 北京: 高等教育出版社, 2001.

郭怀成, 唐剑武. 城市水环境与社会经济可持续发展对策研究[J]. 环境科学学报, 1995, 15 (3): 363-369.

郭怀成. 我国新经济开发区水环境规划研究[J]. 环境科学进展, 1994, 2 (4): 14-22.

何少苓, 彭静. 论提高水域纳污与自净能力的水动力潜力[J]. 水环境论坛, 2001, 33 (增刊): 18-22.

胡锋平, 侯娟, 罗健文, 等. 赣江南昌段污染负荷及水环境容量分析[J]. 环境科学与技术, 2010, 33 (12): 192-195.

黄圣授. 高屏溪涵容能力之评估[D]. 高雄: 国立中山大学, 2001: 1-8.

贾振邦, 董安生. 本溪市水环境承载力及指标体系[J]. 环境保护科学, 1995, 21 (3): 8-11.

蒋晓辉, 黄强, 惠映河, 等. 陕西关中地区水环境承载力研究[J]. 环境科学学报, 2001, 21 (3): 312-317.

李罡. 湖北省水资源承载力评价研究[D]. 武汉: 中国地质大学, 2011.

李清龙. 水环境承载力理论研究与展望[J]. 地理与地理信息科学, 2004, 20 (1): 87-89.

刘媛媛. 基于控制单元的水环境容量核算及分配方案研究[D]. 南京: 南京大学, 2013.

龙平沅, 周孝德, 赵青松, 等. 水环境承载力特征及评价[J]. 水利科技与经济, 2005, 11 (12): 728-730.

马文敏, 李淑霞, 康金虎. 西北干旱区域城市水环境承载力分析方法研究进展[J]. 宁夏农学院学报, 2002, 23 (4): 68-70, 86.

庞爱萍, 李春辉, 刘坤坤, 等. 基于水环境容量的漳卫南流域双向生态补偿标准计[J]. 中国人口资源与环境, 2010, 20 (5): 100-103.

庞清江, 李白英. 大汶河水环境承载能力的分析与计算[J]. 海河水利, 2003 (2): 39-41.

曲向荣. 环境学概论[M]. 北京：北京大学出版社，2009.

阮本清，沈晋. 区域水资源适度承载能力计算模型研究[J]. 水科学进展，1993，8（3）：229-237.

申献辰. 水环境承载能力及其定量描述方法[J]. 水环境论坛，2001，33（增刊）：26-29.

施雅风，曲耀光. 乌鲁木齐河流域水资源承载力及其合理应用[M]. 北京：科学出版社，1992.

水利部国际合作与科技司. 水资源及水环境承载力[M]. 北京：中国水利水电出版社，2002.

唐海滨，吴振斌，梁威. 水环境容量及其水质模型研究进展[J]. 安徽农业科学，2012，40（17）：9444-9447.

唐献力. 富阳市水环境容量价值研究[D]. 杭州：浙江大学，2006.

汪恕诚. 水环境承载能力分析与调控：中国水利学会成立 70 周年大会学术报告[J]. 水环境论坛，2001，33（增刊）：1-7.

王海云. 水环境承载能力调控与水质信息系统模式的探讨[J]. 新疆环境保护，2003，25（4）：18-21.

王家骥，姚小红，李京荣. 黑河流域生态承载力估测[J]. 环境科学研究，2000，13（2）：44-48.

王建平，苏保林，贾海峰，等. 密云水库及其流域营养物集成模拟的模型体系研究[J]. 环境科学，2006，27（7）：1286-1291.

王莉芳，陈春雪. 济南市水环境承载力评价研究[J]. 环境科学与技术，2011，34（5）：199-202.

王宁，刘平，黄锡欢. 生态承载力研究进展[J]. 中国农学通报，2004，20（6）：278-281.

王淑华. 区域水环境承载力及其可持续利用研究[D]. 北京：北京师范大学，1996.

王宪. 海水养殖水化学[M]. 厦门：厦门大学出版社，2006.

王修林，李克强. 渤海主要化学污染物海洋环境容量[M]. 北京：科学出版社，2006.

王中根，夏军. 区域生态环境承载力的量化方法研究[J]. 长江职工大学学报，1999，16（4）：9-12.

翁文斌，王忠静，赵建世，等. 现代水资源规划、理论、方法与技术[M]. 北京：清华大学出版社，2004.

夏军，朱一中. 水资源安全的度量：水资源承载力的研究与挑战[J]. 自然资源学报，2002（2）：191-198.

夏青. 水环境容量[J]. 环境保护科学，1981（4）：21-29.

邢有凯，余红，肖杨，等. 基于向量模法的北京市水环境承载力评价[J]. 水资源保护，2008，24（4）：1-4.

曾维华，杨志峰，刘静玲，等. 水代谢、水再生与水环境承载力[M]. 北京：科学出版社，2012.

张昌顺，谢高地，鲁春霞. 中国水环境容量紧缺度与区域功能的相互作用[J]. 资源科学，2009，13（4）：559-565.

张建云，王国庆. 气候变化对水文水资源影响研究[M]. 北京：科学出版社，2007.

张林波，李文华，刘孝富，等. 承载力理论的起源、发展与展望[J]. 生态学报，2009，29（2）：878-888.

张璇. 天津市水环境承载力的研究[D]. 天津：南开大学，2010.

张永良. 水环境容量基本概念的发展[J]. 环境科学研究，1992，5（3）：56-61.

赵海霞，董雅文，段学军. 产业结构调整与水环境污染控制的协调研究：以广西钦州市为例[J]. 南京农业大学学报（社会科学版），2010，10（3）：21-27.

左其亭，陈曦. 面向可持续发展的水资源规划与管理[M]. 北京：中国水利水电出版社，2003.

左其亭，马军霞，高传昌. 城市水环境承载能力研究[J]. 水科学进展，2005，16（1）：103-108.

Borsuk M E，Stow C A，Reckhow K H. Predicting the frequency of water quality standard violations：A probabilistic approach for TMDL development[J]. Environmental Science & Technology，2002，36（10）：2109-2115.

Cairns J J. Aquatic ecosystem assimilative capacity[J]. Fisheries，1977，2（2）：5-7.

Cairns J J. Assimilative capacity：The key to sustainable use of the planet[J]. Journal of Aquatic Ecosystem Stress & Recovery，1999，6（4）：259.

Clarke A L. Assessing the Carrying Capacity of the Florida Keys. Population & Environment[J]. Population and Enviroment，2002，23（4）：405-418.

Cohen J E. How many people can the earth support？[M]. New York：W. W. Norton & Co.，1995.

Dhondt A A. Carrying capacity：a confusing concept[J]. Acta Oecologica/Oceologia Generalis，1988，9（4）：337-346.

Ecker J G. A Geometric Programming Model for Option Allocation of Stream Dissolved Oxygen[J]. Management science，1975，21（6）：658-668.

Graymore M. Journey to Sustainability：Small Regions，Sustainable Carrying Capacity and Sustainability Assessment Methods[M]. Griffith University，2005.

Hamrick J M. A three-dimensional environmental fluid dynamics computer code：theoretical and computational aspect[R]. Special report No.317 in Applied Marine Science and Ocean Engineering，1992，1-60.

Hamrick J M. Application of the EFDC，environmental fluid dynamics computer code to SFWMD Water Conservation Area 2A[R]. Williamsburg，Virginia：[s.n]，1994：126.

Jin K R，Hamrick J M，Tisdale T S. Application of three-dimensional hydrodynamic model for Lake Okeechobee[J]. Journal of Hydrology Engineering，2000，126：758-771.

Jin K R，Ji Z G，Hamrick J M. Modeling winter circulation in Lake Okeechobee，Florida[J]. Journal of Waterway，Port，Coastal，and Ocean Engineering，2002，128：114-125.

Kuo A Y，Shen J，Hamrick J M. The effect of acceleration on bottom shear stress in tidal estuaries[J]. Journal of Waterways，Ports，Coast，Ocean Engineering，1996，122：75-83.

Liebman J C，Lynn W R. The Optimal Allocation of Stream Dissolved Oxygen[J]. The Optimal Allocation of Stream Dissolved Oxygen，1966，2（3）：581-591.

Monte-Luna P D，Brook B W，Zetina-Rejón M J，et al. The carrying capacity of ecosystems[J]. Global Ecology & Biogeography，2004，13（6）：485-495.

Moustafa M Z，Hamrick J M. Calibration of the wetland hydrodynamic model to the Everglades nutrient removal project[J]. Water Quality and Ecosystem Modeling，2000，1：141-167.

National Research Council. A Review of the Florida Keys Carrying Capacity Study[D]. Washington D C：

National Academy Press，2002.

Park K，Jung H S，Kim H S，et al. Three-dimensional hydrodynamic eutrophication model（HEM-3D）: application to Kwang-Yang Bay，Korea[J]. Marine Environmental Research，2005，60：171-193.

Seidl I，Tisdell C A. Carrying Capacity Reconsidered: From Malthus Population Theory to Cultural Carrying Capacity[J]. Ecological Economics，1999，31：395-408.

Trewavas A. Malthus foiled again and again[J]. Nature，2002，418：668-670.

Tufford D L. Spatial and temporal hydrodynamic and water quality modeling analysis of a large reservoir on the South Carolina（USA）coastal plain[J]. Ecological Modeling，1999，114：137-173.

Wool T A，Davie S R，Rodriguez H N. Development of three-dimensional hydrodynamic and water quality models to support TMDL decision process for the Neuse River estuary，North Carolina[J]. Journal of Water Resources Planning Management，2003，129：295-306.

Young C C. Defining the Range: The Development of Carrying Capacity in Management Practice[J]. Journal of History Biology，1998（31）：61-83.

Zhen Gang Ji. Hydrodynamics and Water Quality Modeling Rivers，Lakes，and Estuaries[M]. A JOHN WILEY&SONS.INC，2007：1-15.

第四篇

三岔湖生态修复的理论与实践

第 *13* 章

湖泊生态修复的理论基础

13.1 湖泊生态修复定义

湖泊是地球水生态系统的重要组成部分，为多种生物提供栖息地，是重要的淡水资源库且具有减轻洪涝灾害的功能，为人类生产生活提供物质和能量支持，同时对维持和调节流域生态平衡也具有重要作用（秦伯强，2007；张文慧等，2015）。随着人类活动的日益加剧及区域环境的改变，湖泊生态系统出现了一系列环境问题，包括富营养化加剧、湖泊面积萎缩、水质下降、生态功能退化等，在此背景下，湖泊生态修复日益受到重视（张文慧等，2015）。

以受损或退化生态系统的恢复与重建为研究对象的恢复生态学是 20 世纪 80 年代后发展起来的现代应用生态学的一个重要分支学科，是一门将环境技术和生态技术相结合的综合性学科（Jordan et al.，1987）。恢复生态学主要是应用生态学中生态系统演替的理论，研究生态系统退化的原因、机制及生态学过程，探寻在自然或者人类活动压力下、退化生态系统恢复重建的技术方法。其目的在于恢复和构建退化生态系统原有的生态功能及合理的生态结构，其理论核心是假设导致生态系统退化的压力只是暂时的，部分丧失的生境和减少的种群是可以恢复的（Young，2000）。

有研究认为，湖泊生态修复是指在原有湖泊生态系统的基础上，通过改变退化的湖泊生态系统结构，使其功能发生部分变化，即利用"环境变化-驱动力-压力（阈值）-状态-响应"原理，通过减轻环境要素的胁迫，使原湖泊生态系统功能获得部分或整体的恢复（Wang et al.，2014；Zhang et al.，2016）。也有研究认为，湖泊生态修复是通过一系列的自然或人工措施将已退化的水生生态系统通过改变系统生态环境因子使其恢复或修复到原有生态系统服务水平，使湖泊水生系统具有持续或更高的生态忍受性，从而减缓湖泊生态系统的退化时间和程度，以维持或改善湖泊生态系统自身的动态平衡

（秦伯强，2007；翁白莎等，2010）。湖泊生态系统的修复是一个整体的过程，并不能通过单一要素的操作来完成，需要在一个同等的水平上考虑所有主要的生态要素，虽然湖泊生态系统的恢复有时可以在自然条件下进行，但一般还是通过人工干预的方式来实现，通常包括以下主要过程：重建干扰前的物理环境条件、调节水和土壤的化学条件、减轻生态系统的环境压力（减少营养盐或污染物的负荷）、原位处理措施（包括生物修复、生物调控等）、尽可能保护原有生态系统中尚未退化的组成部分（秦伯强等，2005）。湖泊生态系统修复也是一项长期的系统工程，要达到修复目的可能需要比预期更长的时间，这不仅取决于所修复水体中水的滞留时间，也与所采用的修复方式密切相关（Klapper，2003；Hart，2003）。

因此，湖泊生态修复应是在明确湖泊生态修复目的后，通过对湖泊生态系统退化原因的诊断，尽量全面地考虑所需修复的生态要素，综合物理、化学、生物等技术方法，恢复生态系统合理的结构、高效的功能和协调的关系，以重建受损生态系统的功能，恢复湖泊生态系统服务以及其他相关特性。

13.2   湖泊生态修复的方法和途径

不同湖泊面临的环境问题不尽相同，应根据湖泊的实际情况，因地制宜采用适合的方法进行修复。

13.2.1   湖泊富营养化修复

在水体处于静止的不利条件下，湖泊水体接纳过多的氮、磷及其他无机盐类等营养成分后，极易导致蓝藻等藻类的迅速增长，藻类暴发会消耗水中溶解氧，产生有害物质，使水质恶化，此现象即为水体富营养化。随着社会经济的快速发展，大量的污水排放到湖泊等水体中，增加了水中的营养盐负荷，湖泊生态系统失衡，富营养化问题突出（闵婷婷，2011）。针对湖泊水体富营养化的问题，修复技术可分为以下几个方面。

13.2.1.1   物理方法技术

控制内源污染，主要包括疏浚，即采用水力或机械方法疏挖表层污染的底泥，并进行输移处理的一种工程措施（毛志刚等，2014）；原位填沙覆盖，即将污染底泥留在原处，采取填沙覆盖的措施阻止底泥污染进入水体，切断内源污染的途径，覆盖层是原位修复技术的核心部分，是由一种或多种材料构成的，天然覆盖材料包括清洁的沉积物、土壤、沙子、淤泥、沙砾等，其中沙子是最为常用的材料（朱兰保等，2011）；底层曝气，是根据水体受污染后缺氧的特点，人工向底层水体充入空气或氧气，加速水体的复氧过程，提高水体溶解氧水平，恢复水体中好氧微生物的活力，使底层水体污染物得到净化；稀释冲刷，是用含氮、磷浓度低的水注入湖泊中，起到稀释营养物质浓度的作用，该方法对治理小型水体有较好的效果（夏章菊等，2006）；调节湖泊氮、磷比，水体氮、磷的大量输入在一定程度上改变了水体营养及生物群落结构，氮、磷之间的耦合作用也制约着生态系统过程并受环境和水生生物的调节，因此可以通过调节湖泊氮、磷比以抑制藻类大量繁殖，防止水体富营养化（聂泽宇等，2012）；絮凝沉降，指投加适宜的絮凝剂、絮凝沉降水体中氮、磷等营养物质，改善水质（何静等，2009）等。另外，针对寒冷地区湖泊还有冷冻浓缩法，是以固、液相平衡原理为基础，利用污水中污染物的凝固点低于水的凝固点，当温度降低时，此温度首先达到水的凝固点，则水以冰晶的形式从溶液中析出，同时将污染物排挤到剩余的溶液中的方法（谢少容等，2017；毛晓明，2016）。此类物理方法优点是见效快，缺点是无法根本解决问题，且清淤等物理工程对于一些深水湖泊难度较大、无法实施。

控制外源污染，主要为湖泊流域的生态系统工程建设（王志强，2017），目的是通过工程建设加强过滤拦截湖泊沿岸的外来污染物，主要包括：前置库技术，在河水进入湖泊之前，通过前置库，延长水力停留时间，增强泥沙及营养盐的沉降量，同时利用前置库中浮游藻类或大型水生植物吸收吸附、拦截营养盐的功能，使营养盐成为有机物或沉降于库底（秦伯强等，2007）；流域河网水体生态修复工程，湖泊流域中河网水流是湖泊水的主要来源之一，因此河网的水体生态修复即是控制湖泊外源污染（陈永高等，2015）；多级生态塘植物修复技术，多级生态塘呈梯级形式，前后两级塘间存在一定的高差，各进水口采用跌水台阶，为下一级塘提供无动力增氧处理，水生植物包括挺水植物、沉水植物及浮水植物，通过不同种类水生植物的组合，可以有效去除水体中的氮、磷含量，长期维持较好的净化效果（张小龙等，2015）；初期雨水收集处理，可在湖泊周边设置初期雨水收集池，确定收集池的容积和位置、收集与分流方式、雨水处理方式，减少雨水径流对湖泊水质的污染（董志龙等，2008）等；针对流量大且明显的点源污染，可就近介入城市污水管网；雨污分流，纠正周边污水接入雨水管网的问题，防治污水直接渗透排入湖中（郭祥等，2012）。

13.2.1.2 化学方法技术

控制营养盐浓度，即利用化学方法最大限度地控制水体中的营养盐浓度，例如，撒石灰进行脱氮；投入金属盐沉淀水中的磷（赵胜男等，2013）；投加含铝、铁、钙等离子的混凝剂到水体中，与污水中的氮、磷等物质发生化学反应，形成沉淀，絮凝沉降，从而去除水体污染物（谢少容等，2017）。控制藻类生长，即利用投加化学药剂杀藻或是通过控制生物菌剂增加水生植物对氮、磷的吸收，从而降低藻类对氮、磷的吸收。化学方法的优点是效果显著，缺点是容易造成水体二次污染，是一种治标不治本的方法，常作为一种控制藻华的应急手段。

13.2.1.3   生物-生态方法技术

水生植物修复技术，主要包括组建、重建水生高等植物群落修复技术，通过利用沉水类、浮水类（浮萍、满江红等）和挺水类水生植物修复退化湖泊生态系统，沉水植物和挺水植物属于多年生大型水生植物，个体较大，对氮、磷等营养元素的生物积累总量较大，而且它们既能通过根部吸收底质中的氮、磷，还能吸收水体中的氮、磷，净化周期长，是治理、调节和抑制水体富营养化的有效途径之一；浮水植物的生产力很高，初级生产力仅次于浮游藻类，而且浮水植物容易收割，对整个水体不会造成过多影响，从而能将氮、磷等营养元素从水体中彻底去除，降低水体的富营养化程度（陈晓，2006；董志龙等，2009；张萌等，2014），选择植物时要根据湖泊特征和富营养化程度，同时考虑植物的物种特征、繁殖方式、后期的维护管理等，因地制宜地选择，以构建合理的植物修复体系（王志强等，2017），例如，沉水植物的选择应以当地的土著物种为主，限制外来物种，并保持群落物种多样性（董志龙等，2009）。

水生动物修复技术，主要包括食藻鱼类/浮游动物技术，通过放养、喂养幼鱼、培养轮虫等，吞食藻类；水生植物+放养鱼类技术，通过鱼类结构调控来促进浮游动物大量增殖以抑制藻类生长，促进沉水植物恢复与发展，方法主要包括：①增加肉食性鱼类的密度和现存量，包括增加肉食性鱼类的放养、限制肉食性鱼类的捕捞、为肉食性鱼类的生长繁殖提供良好的生境等；②减少食浮游生物，尤其是食浮游动物鱼类的密度，甚至清除所有食浮游生物鱼类；③清除所有鱼类；④增加食浮游生物鱼类数量，或直接利用食浮游藻类的鱼类；⑤生境的调控，重点在于增加一些可用于调控鱼类的密度（李传红，2008）。生物技术方法的经济社会效益好，但见效慢，且工程量大，后期管理维护也需要投入大量时间精力。

微生物修复技术，筛选能高效降解污染物的微生物菌剂，将其投放于污染水体，使其与土著微生物共同作用，吸收降解有机物、固定可溶性磷等污染物，达到修复污染水体的目的。另外还有利用微生物控藻，就是利用微生物的生物代谢作用改变水体中的物质流动和能量循环，对系统进行调节，进而控制藻类的生长发展，包括溶藻细菌，分为直接溶藻和间接溶藻，直接溶藻是指溶藻细菌直接进攻宿主，细菌与藻细胞直接接触，甚至侵入藻细胞内；间接溶藻是指细菌通过跟藻类竞争有限的营养物质或通过分泌胞外物质对藻类起到抑制或溶解作用；藻类病毒，利用病毒控藻能够强化系统的固有生态功能，其利用浮游生物——病毒回路的作用，实现营养物向高营养级的传递，恢复生态系统平衡，同时利用病毒感染的特异性，将技术的生态风险控制到很低的水平；原生动物控藻，原生动物作为水生食物链中的重要组成之一，大多数可以摄食藻类，从而起到控藻的作用。目前，微生物技术效率高、成本低、处理简单，不会产生二次污染，且技术类型多样（周晓云，2013；冯国栋等，2016）。

原位底泥治理技术，向底泥中注射药剂，通过一系列生物化学反应固化、沉淀底泥中的磷，减少底泥中磷的释放，不仅能提升水质，还能抑制藻类生长，并降低底泥的量。该技术无须将底泥进行搬运而进行原位处理，进而减少了底泥治理过程中的人力和运输成本，缓解底泥在疏浚、运输和处理、处置过程中所带来的环境污染问题（谢少容等，2017）。周梦樊等（2016）利用 SEDOX-MA 技术对滇池底泥进行治理，结果表明污泥平均厚度有下降的趋势，该技术可以高效地降低底泥的量，而且能固定底泥中的磷，防止底泥磷的释放，不但有利于提升水质，也有利于抑制藻类的爆发。

生物膜技术，使用细菌等微生物附着在滤料或某些载体上生长繁育，以形成生物膜，污水与生物膜接触，污水中的有机污染物作为营养物质，被生物膜上的微生物摄取，污水得到净化。生物膜法在微生物方面的特征包括参与净化的微生物的多样化、净化反应进程分段进行、食物链长、硝化菌及脱氮菌能够得到良好的增殖，在净化功能方面的特征包括具有高度的硝化和脱氮功能，对水质水量的变动有较强的适应性，对低浓度的废水也能够进行有效的处理，在维护管理方面的特征包括节能、动力费用低、易于固液分离、污泥产量低。常用的生物膜技术包括生物转盘，是使生物膜固着在能够转动的圆板上，而废水处于半静止状态，借助水的浮力和外加动力使圆盘在水中转动与废水接触，从而使废水得到净化；流化床，是以砂、活性炭、焦炭一类的较小的惰性颗粒为载体填充在床内，载体表面附着生物膜，污水以一定流速从上向下流动，使载体处于流化状态，污水从其下部、左右侧流过；生物接触氧化法，是使某种填料浸没于水中，在填料表面和填料间的空隙生成膜状生物性污泥，废水与其接触从而得到净化，为使净化充分，必须使废水循环，反复与生物膜接触，由于填料和生物膜都浸没在废水中，必须进行强制性的曝气充氧（赵伟，2009）。

人工湿地技术，是自然湿地的人工演变，主要通过对湿地内的基质填料、植物和微生物的优化管理实现污染物去除性能的强化。构成要素包括挺水和浮水植物、土壤、砾石及粉煤灰、陶粒、矿渣等、土著微生物，通过沉降、滞留、填料吸附、植物吸收、微生物同化作用去污，优点是颗粒态、溶解态污染物去除效果好、抗冲能力强，缺点是占地面积大、填料容易堵塞或饱和（汤显强，2010）。有研究表明，人工湿地去除有机污染通常可达 80%～99%，无机氮、磷去除率相对较低（Li et al.，2008），在欧洲，大多数潜流湿地去除氨氮和溶解性活性磷低于 50%（Conley et al.，1991；Verhoeven et al.，1999），在处理以氨氮为主的富营养化水体时，氮的去除效果更差（Li et al.，2008）。因此，一些湿地设计及运行改良措施如填料内部直接曝气、植物根区曝气、水位循环波动、

"潮汐流"、出水回流等方式用于提供湿地溶解氧利用率，进而提高氮、磷去除效率（Vymazal，2002；Ouellet-Plamondon et al.，2006；Nivala et al.，2007）。

植物浮床技术，是根据植物自身的生长规律和特点，把高等水生植物或改良的陆生植物，以浮床作为载体，种植到水体表面的一种技术（卢进登等，2005）。构成要素包括浮水植物、软性泡沫、竹子等、土著微生物或微生物制剂，通过沉降、植物根系吸收和组织吸收、微生物同化作用去污，优点是直接净化水体、景观效果好、无须额外占地，缺点是净化主体单一、影响防洪、成本高、植物死亡易造成二次污染（汤显强，2010）。除植物类型外，环境边界条件对浮床植物氮、磷去除效果影响显著。pH 通过影响植物的生长状况和营养盐的赋存形态，进而决定植物水体净化效果（马庆等，2007）。温度影响植物的形态、生物量、植物生理等，适宜的温度范围对植物吸收矿物营养及净化水体极为重要（黄廷林等，2006）。

13.2.2　滨湖带退化修复

滨湖带是水陆交错带的简称，是湖泊水生生态系统与湖泊流域陆地生态系统间一种非常重要的生态过渡带（卢宏玮，2003），是湖泊天然的保护屏障，是健康湖泊生态系统的重要组成部分和评价标志（王玲玲，2005）。矿物质、营养物质、有机物和有毒物质必须通过各种物理、化学和生物过程穿过滨湖带才能从流域进入湖泊水体。由于不同生态系统之间的相互作用，滨湖带有特别丰富的植物和动物多样性，其功能主要表现为滨湖水陆生态交错带内生物或非生物因素的相互作用，对交错带内能量流动和物质循环的调节以及在景观板块的变化或稳定性中所起的作用（郑焕春，2005）。自 20 世纪 70 年代以来，全国各地的滨湖带由于围湖造田、环湖直立驳岸的兴建、沿岸区域渔业养殖、旅游业的过度发展而遭到严重破坏（叶春，2012），湖泊的生态环境也会变得极其脆弱，因此滨湖带生态修复已经成为保护湖泊生态环境的重要手段之一。

滨湖带恢复的目标、策略不同，拟采用的关键技术也不一样。根据滨湖带的构成和生态系统特征，滨湖带的生态恢复可概括为滨湖带生境恢复、滨湖带生物恢复和滨湖带生态系统结构与功能恢复。相应的恢复技术也可分为生境恢复技术、生物恢复技术、生态系统结构与功能恢复技术 3 大类（颜昌宙，2005）。

1）生境恢复技术，基底恢复包括物理基底改造技术、生物堤岸技术、生态清淤技术等；水土流失控制技术包括坡面水土保持草林复合系统技术、土石工程技术等；土壤肥力恢复包括少耕、免耕技术、生物培肥技术等；土壤污染控制技术包括土壤生物自净技术、废弃物的资源化利用技术等。水文条件恢复包括湖泊水位调控、洞流廊道恢复、配水工程技术等；水质改善包括污水处理技术、湖泊富营养化控制技术、人工浮岛技术等。

　　2）生物恢复技术，物种恢复包括物种选育和培植技术、先锋物种引入技术、土壤种子库引入技术、物种保护技术等；种群恢复包括种群扩增及动态调控技术，种群竞争、他感、捕食等行为控制技术；群落恢复包括群落演替控制与恢复技术、群落结构优化配置与组建技术等。

　　3）生态系统结构和功能恢复技术，包括生态系统结构及功能的优化配置与调控技术、生态系统稳定化管理技术、景观设计技术等。具体见表 13-1。

表 13-1　滨湖带生态恢复与重建技术体系（颜昌宙，2005）

恢复类型	恢复对象		技术体系
生境条件	土壤（基底）	基底恢复	物理基底改造技术、生物堤岸技术、生态清淤技术等
		水土流失控制	坡面水土保持草林复合系统技术、土石工程技术等
		土壤肥力恢复	少耕、免耕技术，生物培肥技术等
		土壤污染控制	土壤生物自净技术、废弃物的资源化利用技术等
	水体	水文条件	湖泊水位调控、洞流廊道恢复、配水工程技术等
		水质改善	污水处理技术、湖泊富营养化控制技术、人工浮岛技术等
生物因素	物种	物种引入、恢复与保护	物种选育和培植技术、先锋物种引入技术、土壤种子库引入技术、物种保护技术等
	种群	种群恢复	种群扩增及动态调控技术，种群竞争、他感、捕食等行为控制技术
	群落	群落恢复	群落演替控制与恢复技术、群落结构优化配置与组建技术等
生态系统	生态系统	生态系统结构与功能恢复	生态系统结构及功能的优化配置与调控技术、生态系统稳定化管理技术、景观设计技术

第 *14* 章

三岔湖生态修复建议

14.1 三岔湖水生生态重建的途径与措施

14.1.1 水体生态系统的构建

水体生态系统修复是保持湖水水质的一项重要措施，其目标是建立一个自身结构稳定、具有较高水质稳定和景观美化能力并对外来污染物有一定承载力的系统。一个完整的水体生态系统应包括水生植物、水生动物以及种类和数量众多的微生物。当污染物进入水体后，相应的微生物在分解污染物的同时获得能量，以维持自身种群的繁衍。一方面水生植物吸收水中无机营养物质，避免无机物过量积累；另一方面水生植物是食草性浮游动物和草食性水生动物的食物来源。因此，水生植物不仅是初级生产力的主要组成部分，而且在美化水体景观、净化水质、保持营养平衡和生态平衡方面具有显著的功效（金相灿等，2007；金相灿，2001；Head，1999）。

水生动物直接以水生植物和微生物为食，能控制水生植物和微生物数量的过量增长，对保持水质清澈有重要作用（Wetzel，2001）。水生动物排泄的粪便和死亡的水生动物、植物残体为微生物提供了食物来源，因此微生物是水体中的"清道夫"，它们为避免由水生生物带来的水体二次污染起着关键性的作用。

水体生态系统构建是一个系统工程。由于水库是人工建立起的湖泊生态系统，在对其进行生态重建的过程中可以按照水库水体的地理位置、大小、底质、形态、运动特点、水质特征等实际情况，科学合理设计生态方案。按照种群间的食物（营养）关系以及各种群的数量和种类，采取相应的措施，确定水生生物放养模式（金相灿等，2007）。一种生物数量发生改变，会造成食物链中其他生物数量的变化，因此，应按照水体生态法处理的进度逐步调整水体各种生物的数量。同时，对一个水体进行生态治理也要"物料平衡"。任何一个生态系统都有一定的"自净容量",如果只有污染物的进入而没有生物量的输出,生态系统最终还会被破坏。因此应通过垂钓、定期捕捞等方式转移鱼、虾、贝等方式,按季节更替或定期捞出部分水生植物等,最终维持三岔湖水体生态系统的稳定。

（1）鱼类放养

三岔湖湖区面积 27 km²,总库容 22 879 万 m³,坝址以上流域面积 161.25 km²,且农用地较多,湖内有水产养殖行为,水的流动性较差,水质现状较差（氮、磷含量较高）。为防止人工投加的饵料使水质恶化,改善水质,建议取缔商业性质的水产养殖,而自然放养适量的滤食性鱼类（如鲢、鳙）和底栖动物（如蚌）。根据养殖系统氮、磷收支的研究（刘峰等,2011）,计算表明三岔湖每年可自然放养鲢鱼 199 万尾、鳙鱼 166 万尾、草（鲤、鳊、鲴）鱼 51 万尾。

（2）底栖动物放养

在水体底栖区生活着丰富的底栖动物,包括水蚯蚓、湖螺、田螺、圆蚌、湖蚌、蜻蜓幼虫、摇蚊幼虫、水蚤等微生物,微生物在底栖区起着分解作用,将滨湖带或浮游区产生的各种有机物分解,释放供动植物能够重新吸收的营养元素,然后扩散传至表水层或有光层。在调查湖体中底栖动物种类及水质状况基础上,适当放养水蚤、圆田螺、河蟹、水蚯蚓等,具体投放密度根据水量和水域面积计算。

（3）布设生态浮岛和沉水植物床

"浮岛"原本是指由于湖岸的植物附着泥炭层向上浮起、漂浮在水面上的一种自然现象。人工生物浮岛是一种像筏子似的人工浮体,漂浮在湖面上,在其上栽培芦苇、风车草等水生植物,利用生态工程学原理,降解、吸收水中的 COD、氮、磷等污染物。根据有关研究资料（林雪兵等,2010；张华,2011）,人工浮岛植物的水质净化要素有以下 6 个：①植物根茎等表面对藻类的吸附、分解；②植物根系的营养吸收作用；③为原生动物、轮虫、桡足类、枝角类、甲壳类等的摄食、繁衍提供场所；④为滤食性鱼类的摄饵、捕食、产卵繁殖、栖息等活动提供场所；⑤去除悬浮性物质；⑥日光的遮蔽效果,抑制藻类生长,平衡水温。此外,人工浮岛为微生物提供生境,对提高微生物净化水体的活动也非常重要。

在三岔湖开发过程中,水库水质在不同的时间、空间、指标间差异明显,各指标高浓度区的水平分布特征较明显,存在较多极端水域。在三岔湖的水质保护工作中,预防和治理极端水域比较重要。生态浮岛和沉水植物床能吸附水体中的悬浮物,还能吸收水体中氮、磷等元素,可用于三岔湖水质保护和净化。本研究建议在三岔湖开发的不同阶段中,根据水质的实测结果、防治的目标污染物、防污治污工作的深度要求等,选用适当的挺水植物（如美人蕉、鸢尾、旱伞草等）构造生态浮床,选用适当的沉水植物构造沉水植物床，参考本研究所得的各水质分布图，布设生态浮岛和沉水植物床（图 14-1）：①区主要布设氮吸收能力较强生态浮床和沉水植被床；②区主要布设磷吸收能力较强的生态浮床和沉水植被床；③区选择水面较开阔、水流较缓的水域主要布设碳和氮吸收能力较强的生态浮床和沉水植被床。

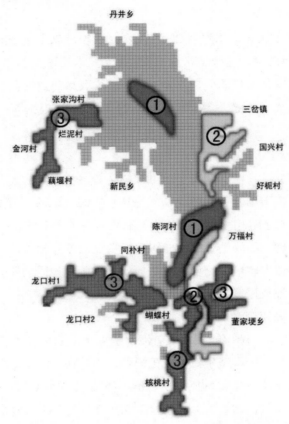

注：①区为北部湖心一带和蝴蝶村至陈河村一带；②区主要为三岔镇至董家埂乡的近岸水域；③区主要为三条主要入库支流。

图 14-1   生态浮床和沉水植被床布置水域

14.1.2   建立面源截污工程

14.1.2.1   建立生态型雨水收集净化沟

生态雨水沟（又称为植草沟）是指种植植物的景观性地表沟渠雨水排水系统，当降雨径流流经生态雨水沟时，经沉淀、过滤、渗透、截留及生物降解等共同作用，径流中的部分污染物得以去除（王健等，2011）。

14.1.2.2　漫流湿地

对生态型截洪沟收集的部分雨水通过漫流湿地或湿地塘床系统进行生态净化。当雨水径流缓慢地流经漫流湿地或湿地塘床系统时，悬浮物开始在湿地表面沉积，湿地植物可以过滤细小的颗粒物并可以吸收径流中部分污染物以维持自身代谢需求，同时，吸附在植物根系表面的微生物可以高效地降解和去除径流中的污染物（Saunders et al.，2001）。因地制宜设计漫流湿地，在满足雨水净化要求的同时，形成自然的湿地景观。

14.1.3　内源污染清除工程

沉积于三岔湖湖底的底泥中的氮、磷不断释放、循环，将来在外源污染得到控制的情况下，其将成为湖泊的主要污染源。因此，本研究建议采用环保清淤疏浚的方式对三岔湖进行疏浚，以控制三岔湖内源污染。

具体措施如下：①确定疏浚深度：基于室内实验手段，根据底泥的颜色、气味、粒径和黏稠度等理化指标将确定底泥氧化层、污染层、正常湖泥层即健康层的平均深度；②根据淤泥总量及分布情况，确定适宜的清淤区域及清淤量；③在进行模拟实验的基础上，建议选择绞吸式挖泥船疏浚的方式，通过船上离心式泥泵的作用产生一定真空把挖掘的泥浆经吸泥管吸入、提升，再通过船上输泥管排到岸边堆泥场或底泥处理场。

在湖泊清淤疏浚实施过程中会产生二次污染（金相灿等，2009），因此需对清淤疏浚的环境影响进行科学评估，并采取相应对策。

14.2　三岔湖滨湖带的生态修复

三岔湖形态较为特殊，湖泊沿岸带曲折多变，滨湖带多且情况复杂，并处在湖泊较封闭弯道，水体流动性小、自净能力小，生态环境更易受到破坏，因此，滨湖带的生态修复应是三岔湖生态修复的重点工作之一。

根据三岔湖滨湖带现状调查结果，总结出三岔湖滨湖带类型包括农田型、农田植被型、岩石裸地型、鱼塘型、休闲度假村型以及河口型（图 14-2）。结合滨湖带修复思路与技术体系，初步提出如下适于三岔湖不同类型滨湖带生态恢复模式建议。

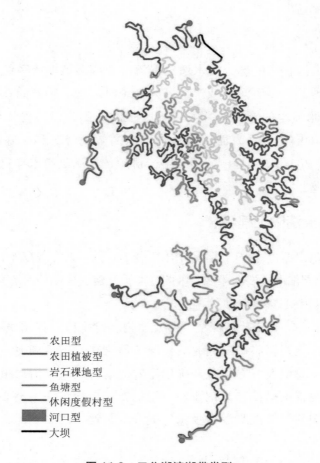

农田型
农田植被型
岩石裸地型
鱼塘型
休闲度假村型
河口型
大坝

图 14-2   三岔湖滨湖带类型

14.2.1   农田型与农田植被型滨湖带

三岔湖周边分布有大量的农田，或者农田周边种植了非农作物植被，在这里称为农田型与农田植被型滨湖带。建议结合少废农田模式和面源污染控制模式进行修复，少废农田模式是指调整滨湖带上农田的格局，采用农田少废管理技术，减少化肥施用量，改善肥料结构，增加有机肥和生态肥料，以减少化肥和农药的流失。面源污染控制包括在农田与水面交界处建设植被缓冲带，以控制农田的面源污染，植物种类可选择净化效果好、耐污能力强的芦苇、风车草、花叶芦荻、香根草等；条件允许的情况下，可对滨湖带基底进行改造，如清除淤泥等。

木本-草本混合植被缓冲带，多应用于以农业用地为主的流域。参考相关学者的研究成果（Lowrance，1995；Schulz，2000；杨胜天，2007），典型的林地-草地混合植被岸边带结构将岸边带分为 3 个区：1 区临近水体，由 4 行或 5 行速生林组成，其间穿插慢生林，推荐宽度为 5～10 m，起到保护堤岸、去除污染物的作用，同时也为该流域提供优质木材；2 区由人工林/灌木组成，增加岸边带生物多样性，并起到在洪水期减缓水流速度的作用，推荐宽度范围为 15～25 m；3 区由草本植被组成，设定的最大宽度不超过 6 m 或 7 m，目的是减缓地表径流速度。靠近岸边的区域还可设置小型湿地等岸边生物工程，目的是自然净化从农田来的地表径流（图 14-3）。

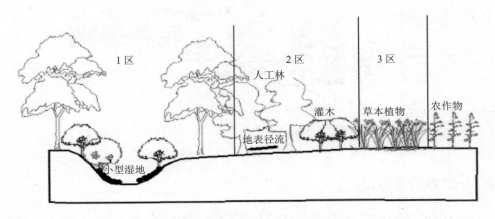

图 14-3　农田型与农田植被型滨湖带生态修复工程示意

在农田与水面间有植被隔离的区域，同样可采用少废农田模式和面源污染控制模式，在选择植物时，优先考虑已有的植被，调整植被的面积、分布等。

14.2.2　岩石裸地型滨湖带

此类型滨湖带为裸露的岩石或质地坚硬的土壤，没有或仅有少量植被。发育良好的滨水带具有一定的结构，即水体-沼泽带-洲滩带-低湿地带-陆地。岩石裸地型滨湖带的这一结构被严重破坏，参考巢湖滨湖带的修复方法（王洪铸，2012），应先恢复基底，使其适于植被生长，然后合理种植植被。对于坚硬且无法生长植被的滨湖带，建议构建生态混凝土-石块-原位土壤-植物混合护坡，在洪水位以下种植千屈菜、芦苇、香蒲等，以稳固土壤；在洪水位以上铺设小石块，石块间铺入土壤，播种观赏性较强的植物；对于生长有少量植被的滨湖带，建议对其进行基底改造，如添加矿石颗粒、铁盐、铝盐等，可利于植物生长，种植芦苇、香蒲等，既可拦截面源污染，又可美化景观，如图 14-4 所示。

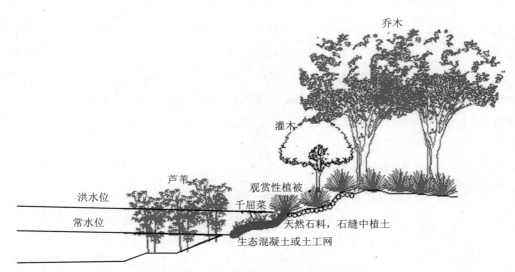

图 14-4　岩石裸地型滨湖带生态修复工程示意

14.2.3　鱼塘型滨湖带

此类滨湖带设有鱼塘，鱼类饲料和排泄物等会污染水体。参考丹江口水库滨湖带的修复方法（汤显强，2010），建议采用生态过滤净化库模式，可在现有鱼塘的基础上进行改造，主要是在鱼塘的外边界处设置生态过滤坝，沉降和滞留入库悬浮颗粒物，削减入库营养负荷，同时，过滤坝还可拦截来自陆地农田面源的化肥、农药入库，在靠近岸边的浅水区种植挺水植物，对入库污染物进行初步的拦截和过滤，在鱼塘水面适当种植浮水植物，可给鱼类提供食物的同时，进行水质净化，如图 14-5 所示。

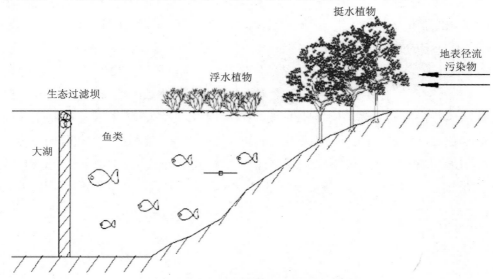

图 14-5　鱼塘型滨湖带生态修复工程示意

14.2.4 休闲度假村型滨湖带

此类滨湖带有农家或度假村等人类居住区。建议采用湖滨生态景区模式，在滨湖带现有自然景观的基础上进行必要的设计和管理，不仅能保证滨湖带的主要生态环境功能，还能为公众提供休闲娱乐、教育科研的场所。

在滨湖带陆生性植物方面，可根据堤岸形状、面积和土壤与植被条件，兼顾滨湖带的景观功能，采用速生阔叶树林带、陆向乔-灌-草植被带、陆向灌-草湿生带等群落结构形式；在水生植物方面，按照一般浅水湖良性生态结构原理，必须达到30%以上的植被覆盖率；在岸线的改造方面，应在保护其自然状态的基础上进行适当修复，添加矿石颗粒、铁盐、铝盐等改良基底，植物可考虑增加飞蓬草、芦苇、香蒲、酸模等种类；在滨湖带水体方面，应构造滨湖带独特的湿地景观，如水生植物浮岛、生物净化浮岛、水上花卉浮床等，既可提高动植物物种及生境多样性，又能净化水质；在水生动物及微生物的放养方面，可通过调整水体食物链结构，控制草食性鱼类，发展滤食性、杂食性鱼类群体，进行多种鱼类、多种规格的混养，促进水生生态系统的正向演替，达到促进水体自净的目的；还可适当放养底栖动物，以分解滨湖带或浮游区产生的各种有机物；在增加水体流动性的设计方面，可采用垂直流人工湿地技术，通过水泵等的作用，将大湖的水引入滨湖带，增加水体流动性，促进水体循环净化处理；在控制面源污染方面，可设计生态型雨水收集净化沟、漫流湿地等，面源污染经过系统净化处理后排入水体，如图14-6所示。

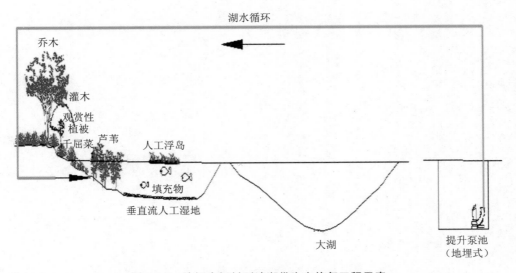

图14-6 休闲度假村型滨湖带生态修复工程示意

另外，还可以进行必要的景观设计和管理，充分利用滨湖带独特的湿地景观，进行园林与景观设计，例如，与水乡文化、渔文化等相结合。

14.2.5　河口型滨湖带

此类型指三岔湖入水口和出水口的滨湖带。参考巢湖滨湖带生态修复方法（王洪铸，2012），建议采用生态河口模式，包括河流生态廊道和河口湿地。可构建水网体系及河口景观，加强保护植被和水鸟。目的是截留颗粒污染物、农业面源污染，优化河口滨湖带生态环境，如图 14-7 所示。

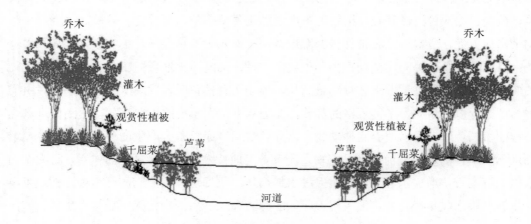

图 14-7　河口型滨湖带生态修复工程示意

第 *15* 章

三岔湖生态修复工程设计、建设与效果评价

15.1　滨湖空间概况

　　"滨湖公共空间"（简称"滨湖空间"）是四川三岔湖建设开发有限公司投资的旅游配套设施建设项目，位于三岔湖景区起步区"天权景区"西南侧新民乡，总体定位为以观光、游憩、集散和服务为主题，利用原有的田园自然风光、湖面、农房和植物资源，打造和谐的生态绿地和水域湿地景观。"滨湖公共空间"开发面积 37.3 万 m^2，其中水面面积 6 万 m^2。生态修复示范工程总用地面积 124 179 m^2，由于受内源污染影响，工程建设前湖水状况为劣 V 类水质。

　　"滨湖公共空间"建设内容包括市政基础设施及配套工程和旅游规划建设两部分。市政基础设施及配套工程主要包括：外立面改造、新增进口木质高端房屋、绿化景观工程、广场、地面铺装、机动车道及木栈道建设、骑游道和人行道建设、新建索桥一座，以及其他综合管网、路灯照明、交通标志等附属工程。旅游项目规划建设内容主要包括利用先天的自然资源——田园自然风光、大面积湖面、农房和乡土植物资源，建设观光、游憩、集散和服务为一体的滨湖公共空间。充分利用位于内湖中间半岛山水环绕、景色交融、高低起伏的地形景观优势，打造观景视角独一无二的观景台。

　　鉴于滨湖空间内建设内容较多，如何在项目的设计过程中贯穿环保设计理念、选择适合该区域水质的人工湿地生态修复方案，以及如何在建设及运行过程中加强对资源和环境的保护，使得整个区域可持续的发展下去，是关键问题。

　　2012 年 6 月至 2017 年 11 月，笔者在滨湖空间区域开展了持续的研究。研究的主要目的是：①在遵循自然生态规律的基础上，通过适宜的工程措施与修复技术，探索建设滨湖带生态修复工程，使其具有复杂的生境、多样的动植物群落、景观优美并具有拦截污染物、净化水质效果；②筛选适合于三岔湖和四川地区其他湖库进行修复的本土化的

优势湿地植物；③建立一套适合于当地经济技术水平的工程管理体系。

15.1.1 土地利用状况

滨湖空间建设前，土地利用以耕地和林地为主。如图 15-1 所示，红色线框内为生态修复示范工程所处区域。

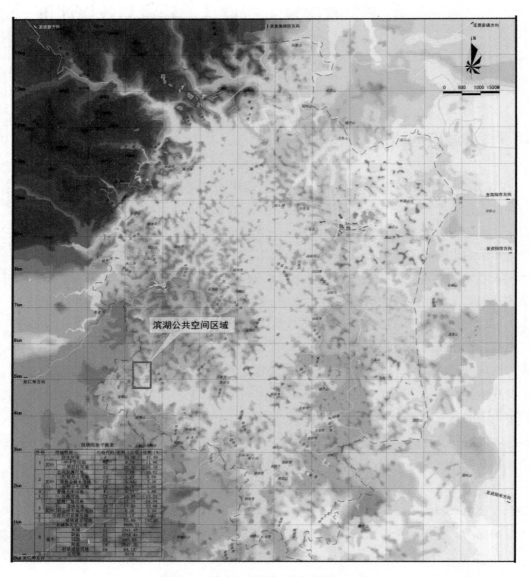

图 15-1　滨湖公共空间土地利用现状图

15.1.2　水质状况

15.1.2.1　水样采集时间及地点

项目组于 2015 年 1 月 19 日采集了滨湖空间两个样点的水样,具体采样点位如图 15-2 所示。此处水面面积约为 $6.0 \times 10^4\,\mathrm{m}^2$,根据《湖泊富营养化调查规范(第二版)》,设置两个具有代表性的采样点。

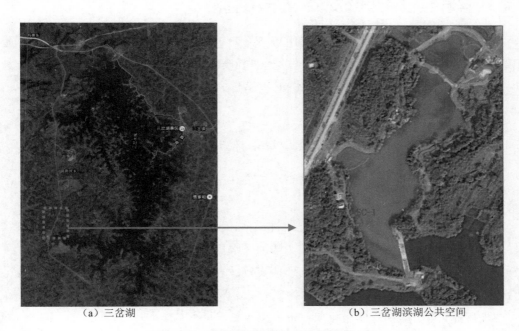

(a) 三岔湖　　　　　　　　　(b) 三岔湖滨湖公共空间

图 15-2　三岔湖滨湖公共空间采样点示意

采样之前用本样点湖水润洗采样瓶三次,每个样点采集 1 L 水样,同时记录样点经纬度,水温用温度计现场测定,透明度用塞氏盘现场测定。样品采集后及时送到实验室进行测定,主要监测指标包括 pH、高锰酸盐指数、氨氮、总氮及总磷。

15.1.2.2　水质监测结果

监测结果如表 15-1 所示。

根据表 15-1 各项水质指标监测值和《地表水环境质量标准》(GB 3838—2002)要求可知,滨湖空间 SC-1 的水质类别属劣 V 类,主要污染物为总氮和氨氮;SC-2 的水质类别也为劣 V 类,主要污染物为总磷。

表 15-1　2015 年 1 月滨湖空间主要水质指标监测值

样点位置	水温/℃	透明度/m	pH	COD$_{Mn}$/(mg/L)	氨氮/(mg/L)	总氮/(mg/L)	总磷/(mg/L)
SC-1	9.6	0.36	7.11	6.621	2.238	5.542	0.196
SC-2	9.8	0.76	7.20	3.744	0.428	1.025	0.215

15.1.3　浮游生物群落结构及水环境状况评价

浮游生物是水生态系统中重要的组成部分，在水生态系统的物质循环、能量流动和信息传递过程中起着至关重要的作用（刘健康，1999）。浮游生物种类组成与物种多样性是衡量其群落结构特征的基础，也是反映水体营养状况的重要指标（张婷，2014）。

15.1.3.1　浮游生物采样时间、地点以及采样方法

项目组于 2015 年 1 月采集了三岔湖滨湖公共空间浮游生物样品，浮游生物采样点同水样采集点。

浮游植物采样方法：定量样品，在定性采样之前用 1 L 有机玻璃采水器采集，每个采样点取水样 1 L，贫营养型水体应酌情增加采水量。泥沙多时需先在容器内沉淀后再取样。分层采样时，取各层水样等量混匀后取水样 1 L 置于广口塑料瓶中，现场加入 37%～40%甲醛溶液固定，用量为水样体积的 4%。

定性样品，采用 25#浮游生物网在水面表层呈"∞"形缓慢捞取（大约 1 min），并分别将网内浓缩液置于 100 mL 塑料水样瓶中，现场加入 37%～40%甲醛溶液固定，用量为水样体积的 4%。

浮游动物采样方法：原生动物、轮虫和无节幼体可用浮游植物的样品。枝角类和桡足类的定量样品，应在定性采样之前用 5 L 有机玻璃采水器采集，每个采样点采水样 10～50 L，再用 25 号浮游生物网过滤浓缩，过滤物放入 50 mL 标本瓶中，并用滤出水洗过滤网 3 次，所得过滤物也放入上述瓶中。现场用 37%～40%甲醛溶液固定，用量为水样体积的 5%。

枝角类和桡足类的定性样品，采用 13#浮游生物网在水面表层呈"∞"形缓慢捞取，并分别将网内浓缩液置于 100 mL 塑料水样瓶中，现场用 37%～40%甲醛溶液固定，用量为水样体积的 5%（孟伟，2011）。

过滤网和定性样品采集网分开使用。

15.1.3.2　浮游生物分析结果

（1）种类组成

2015 年 1 月三岔湖滨湖公共空间的浮游生物种类组成如表 15-2 所示。

表 15-2　2015 年 1 月三岔湖滨湖公共空间浮游生物种类组成

		种属数	占总物种数百分比/%
浮游植物	绿藻门	14	70.0
	硅藻门	4	20.0
	裸藻门	1	5.0
	蓝藻门	1	5.0
合计		20	
浮游动物	原生动物	1	4.8
	轮虫	9	42.9
	枝角类	7	33.3
	桡足类	4	19.1
合计		21	

滨湖空间 SC-1 和 SC-2 的两个样点中，SC-1 样点的浮游植物种类数（16 种）要多于 SC-2 点（13 种）。而浮游动物的种类数正好相反，SC-1 和 SC-2 分别为 12 种和 16 种。种数组成具体情况如图 15-3 所示。

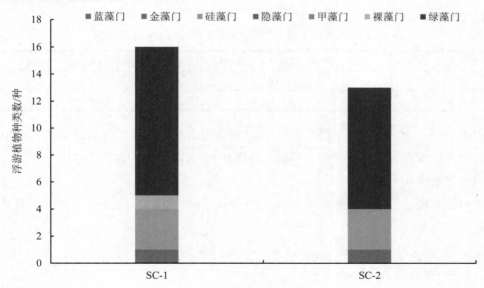

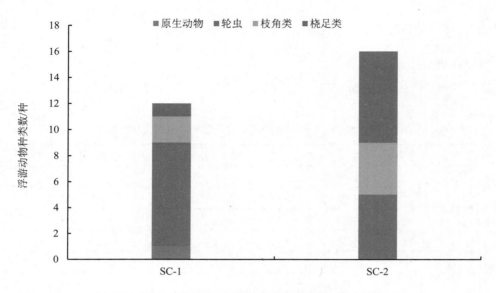

图 15-3   三岔湖滨湖公共空间浮游生物群落组成示意

SC-1 的浮游植物群落组成与 SC-2 类似，均以绿藻和硅藻为主，浮游动物组成略有不同，SC-1 以轮虫和枝角类为主，而 SC-2 以桡足类和轮虫为主。

（2）现存量

本研究中浮游植物的现存量以细胞密度（cells/L）表示，即每升水中的浮游植物细胞个数；浮游动物的现存量以丰度（ind./L）表示，即每升水中浮游动物的个体数。具体结果如表 15-3 所示。

表 15-3   2015 年 1 月三岔湖滨湖公共空间浮游生物现存量

样点名称	浮游植物现存量/（cells/L）	浮游动物现存量/（ind./L）
SC-1	1.34×10^7	3 704
SC-2	1.68×10^7	1 386

由表 15-3 可知，滨湖空间 SC-1 和 SC-2 样点浮游植物现存量差别并不大，而 SC-1 浮游动物现存量要高于大湖样点。前面没有提到 SC-2 是大湖样品。

（3）优势种

优势种的确定方法：优势度值（Y）大于 0.02 的种类确定为优势种。其中，优势度的公式为

$$Y = (n_i / N) \times f_i \qquad (15\text{-}1)$$

式中，n_i ——i 种的个体数；

N ——所有种类总个体数；

f_i——第 i 种出现的频率。

三岔湖滨湖公共空间浮游生物优势种及其优势度如表 15-4 所示。

表 15-4　三岔湖滨湖公共空间浮游生物优势种及其优势度

		优势种	优势度
浮游植物	蓝藻门	伪鱼腥藻 *Pseudanabaena* sp.	0.570
	硅藻门	直链藻 *Melosira* sp.	0.168
	绿藻门	多芒藻 *Golenkinia* sp.	0.061
		小球藻 *Chlorella* sp.	0.040
		长尾丝藻 *Uronema elongatum* Hodgetts	0.029
浮游动物	轮虫	多肢轮虫 *Polyarthra* sp.	0.265
		蒲达臂尾轮虫 *Brachionus budapestiensis* Daday	0.157
		萼花臂尾轮虫 *Brachionus calyciflorus* Pallas	0.118
		无柄轮虫 *Ascomorpha ecaudis* Perty	0.091
		长三肢轮虫 *Filinia longiseta* Ehrenberg	0.061
		晶囊轮虫 *Asplanchna* sp.	0.044

其中萼花臂尾轮虫和长三肢轮虫被认为是富营养水体的指示种。滨湖空间 SC-1 及 SC-2 样点均出现萼花臂尾轮虫，而长三肢轮虫仅在 SC-1 样点出现。

（4）物种多样性

常用的多样性指数包括：Shannon-Wiener 多样性指数（H'），种类和种类中个体分配上的均匀性综合指标，反映群落结构复杂程度和稳定性；Margalef 丰富度指数（D_m），反映种类数和个体数丰度；Pielou 均匀度指数等（J），反映种间个体分布的均匀性。

因多样性指数与水质的关系复杂，受水体类型、计算方法和鉴定种类等多种因素的影响，故通常同时选用 2 种及 2 种以上的指标来综合评价水质，以确保评价结果的可靠性。本研究选用了三种多样性指数，其表达式如下：

（1）Shannon-Wiener 多样性指数

$$H' = -\sum_{i=1}^{s} \frac{n_i}{N} \ln \frac{n_i}{N} \tag{15-2}$$

（2）Margalef 丰富度指数

$$D_m = (S-1) / \ln N \tag{15-3}$$

（3）Pielou 均匀度指数

$$J = H' / \ln S \tag{15-4}$$

式中，n_i——i 种的个体数；

N——所有种类总个体数；

S——物种数。

有学者认为，多样性指数评价污染程度的值与研究区域沉积环境有关，因此以下评价值仅作为参考。

H'：大于 3，清洁；2~3，轻污；1~2，中污；0~1，重污。

D_m：大于 4，清洁；3~4，寡污；2~3，β-中污；1~2，α-中污；0~1，重污。

J：大于 0.5，清洁；0.3~0.5，中污；0~0.3，重污。

利用 Shannon-Wiener 多样性指数（H'）、丰富度指数（D_m）和均匀度指数（J）对滨湖空间污染程度做出评价，具体结果见表 15-5。

表 15-5　三岔湖滨湖公共空间浮游生物多样性指数及其水质评价

样点位置		H'	污染程度	D_m	污染程度	J	污染程度
SC-1	浮游植物	1.84	中污	2.24	β-中污	0.68	清洁
	浮游动物	1.94	中污	1.34	α-中污	0.78	清洁
SC-2	浮游植物	0.44	重污	1.67	α-中污	0.17	重污
	浮游动物	1.09	中污	2.07	β-中污	0.39	中污

综合三种指标的评价结果可知，滨湖空间 SC-1 属于中度污染，SC-2 样点属于中度至重度污染。

15.1.4　植被状况

2012 年 11 月笔者对还未建成的滨湖空间进行了植被状况调查，共发现乔木 18 种、灌木 3 种、草本 9 种。具体植被种类见表 15-6。

表 15-6　2012 年滨湖空间未建设前区域植被情况

	种类名称
乔木层	柏木、川楝、杜仲、枫杨、构树、桂花、核桃、红豆树、梨、李、麻栎、乌桕、喜树、香椿、象牙红、银杏、樱桃、柚子
灌木层	马甲子、通脱木、慈竹
草本层	姜花、落葵薯、芭蕉、芭蕉芋、白茅、斑茅、海金沙、扁藋、万寿竹

柏木　　　　　　　　　　　　　　　　　喜树

象牙红　　　　　　　　　　　　　　　　马甲子

15.2　生态修复工程的总体设计

15.2.1　总体思路

湖泊生态建设与保护必须以健康湖泊为指导，因湖制宜。充分发挥湖泊生态功能，其生态建设与保护应综合考虑水文、水资源、水环境、水生态、水景观、水文化及水旅游等因素。在滨湖空间范围内，结合其地形条件、水质要求、景观要求等因素，此处工程设计与建设内容包括：内湾湖水循环净化设计、水体生态修复设计、面源污染控制设计、景观设计。

15.2.1.1　生态修复工程建设的原则

湖泊生态修复工程设计建设的基本原则就是因地制宜，尽量保持原有的生态环境类型，必须根据当地的自然、社会、经济条件进行。生态修复工程的建设过程中要考虑因地、因类的优化组合，使生态系统的结构功能达到整体优化；在生态修复过程中要着眼于系统的生态环境功能，而不是形式；工程的设计必须与周围景观相协调；工程系统维护需求少，应能充分利用自然；工程应具有生态交错带特征。

15.2.1.2　生态修复工程建设流程

湖泊生态修复工程的建设思路主要是通过调查研究区域的现状特征，分析生态环境受到破坏的主要原因，因地制宜地设计建设修复工程，通过调节生物、生境及它们之间的相互关系来改善生态环境状况。因此，湖泊生态修复的一般建设流程可概括为：

研究区环境现状调查→确定研究区类型→分析研究区生态环境受损的原因→因地制宜选择生态修复模式并集成相关修复技术。

15.2.2　内湾湖水循环净化设计

采用垂直流人工湿地技术对内湾湖水进行循环净化处理，不断改善湖水水质。人工湿地湖水循环净化工艺流程如图 15-4 所示。

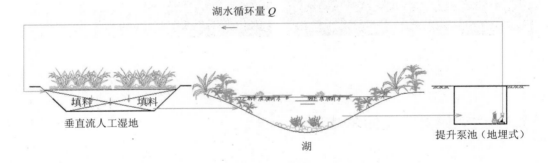

图 15-4　垂直流人工湿地湖水循环净化工艺流程

本研究将滨湖公共空间设计为垂直流人工湿地，由三岔湖向滨湖公共空间补水。此外，根据滨湖公共空间区域规划条件，要求补水后 10 d 达到地表水Ⅲ类水质标准，根据滨湖公共空间的规划，滨湖公共空间接受补水的来源还有雨水、景区生活污水以及一个污水处理站（污水处理对象为周边居住小区）的出水。排水点、补水点以及河流的水流方向如图 15-5 所示。

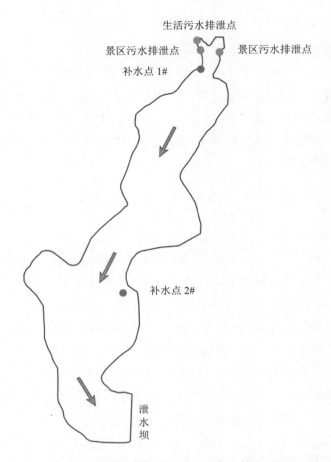

图 15-5　滨湖公共空间排水点、补水点以及水流方向示意

作为垂直流人工湿地的滨湖公共空间由填料、植物和微生物组成。

1）湿地填料由砂石级配填料和活性生物填料构成。

2）植物应选择净化效果好、耐污能力强、景观效果优的水生植物，如芦苇、风车草、花叶芦荻、香根草等。

3）微生物菌种采用高效微生物菌种驯化，提高微生物量与生物活性。

垂直流人工湿地底质的设计和施工应注意以下问题：一是要考虑植物品种能否在湿地底质上固定，如果固定不牢靠，需要考虑其他辅助措施进行栽植；二是不同植物对底质养分的耐受程度有差别，在设计和施工时可以提前做试验，以选择适宜的植物品种。

15.2.3　水体生态修复设计

主要采用景观水域相适应的水质生态修复和生态保持技术与方法，模拟自然生态环境，强化生态系统的结构和功能，恢复生态系统的自我调节能力，建立良性循环，通过生态系统结构和功能进行调整，利用营养环节来控制富营养化，形成湖水清澈、鱼儿欢跃、景色优美的画面。

对于本区域内湖体要逐步恢复水生植被，包括部分挺水植物、浮水植物和沉水植物，利用湖库沿岸浅水区域的植物和微生物的作用，结合鱼类及浮游动物对藻类的摄食及水生生物种群和群落结构的重要调节作用，形成自然净化生态系统；通过滞留和根际系统的净化，提高湖库水体的生态环境质量；同时可以在削减内源负荷、改善水质的同时丰富水体景观、美化湖泊环境。

15.2.3.1　水生植物选种

（1）物种的选择原则

①至少选择3种以上的物种，体现物种多样性；②植被的组合要考虑物种的抗洪能力和区域的土壤水分条件，通常临近岸边以种植生长速度较快，且具有很强抗洪能力的乔木为主；③着力选取本土原有植物，不会造成生物入侵和生态破坏，不会对库区水质造成危害，并且能净化水质，如沉水植物只适应透明度高的水体，富营养化的水体通常悬浮物较多，会影响植物的光合作用，耐寒的水生植物比如西伯利亚鸢尾、灯心草等，在南方地区高温、长日照的季节中，通常生长缓慢甚至出现叶片泛黄现象。热带睡莲、纸莎草等只能在南方生长，在北方则无法过冬；④要充分考虑水生植物对氮、磷的去除能力、耐污能力等，并结合工程区域的水质现状进行选择，如金鱼藻、微齿眼子菜、苦草等水生植物具有抑制藻类生长的效果，伊乐藻和菹草总磷的去除能力要优于微齿眼子菜和狐尾藻；⑤水生植物的选择，不仅要考虑成活率是否高，更要考虑后期对于管理的要求，以更好地符合设计意图、更少的资金投入和更低的维护管理费用为宜，宜选择不会蔓生或不会自动播种的植物品种，能保持一定生长秩序和状态的水生植物品种，同时还要考虑沿岸带的环境特点及景观需求，如在通风地带，要避免种植易倒伏的品种，低矮、粗壮的植物品种抗风能力强；⑥选择在不同季节生长的水生植物品种，以及冷季和暖季水生植物品种的搭配，维持河道生态修复效果和水景的色彩；⑦根据环境条件和水生植物自身条件进行品种的选择和比例搭配，在时间和空间上进行植物布置，充分发挥水生植物品种间的互补搭配，对光照、营养和空间形成竞争优势，使整个生态系统高效运转。

浮游区是湖泊水库水域的主体，在浮游区水体中生长着大量的浮游植物、浮游动物和鱼类等，形成了典型的生态"食物链"。浮游植物以阳光为能量来源，以无机状态的碳、氮和磷等为营养元素，繁殖生长，为湖泊水库提供有机质；因此，根据环境条件和群落特性按一定的比例在空间分布（水平空间和垂直空间）进行安排，配置多种、多层、高效、稳定的植物群落，同时注重景观效果。本次设计水生植物选种如下：

挺水植物种类：香蒲、水葱、芦苇、芦竹、花叶芦竹、再力花、伞草、千屈菜、黄菖蒲、鸢尾、蒲苇、梭鱼草、茭白、薏苡、荷花、美人蕉。

浮水植物种类：睡莲、萍蓬草、芡实、荇菜、菱。

沉水植物种类：绿狐尾草、菹草、金鱼藻、微齿眼子菜、苦草、黑藻、伊乐藻。

湿生草本植物种类：灯芯草、纸莎草、慈菇、马蹄莲、雨久花、芭茅。

（2）水生植物施工要点

不同水生植物通常适应不同的水位，一般挺水植物适宜水深范围为 0～40 cm，浮叶植物适宜水深范围为 20～100 cm，漂浮植物通常对水深无上限要求，沉水植物适宜水深范围为 30～200 cm。如果沿岸带水位大涨大落，应选用植株高大、耐淹，有一定耐旱性的品种，主要水生植物施工要点见表 15-7。

表 15-7　主要水生植物的施工要点

植物名称	适应水深/cm	主要繁殖方式	种植时间	设计种植密度/m^2
黄花鸢尾	0～30	播种、分株	3—10 月	20～30 芽，1～3 芽/兜
菖蒲	0～30	分株	3—9 月	35～45 芽，3～5 芽/兜
香蒲	0～40	分株	4—9 月	10～15 株
美人蕉	0～20	分株	4—9 月	10～15 株，1～3 芽/株
再力花	0～45	分株	4—9 月	30～40 芽，3～5 芽/丛
千屈菜	0～30	分株、扦插	4—9 月	10～15 株，1～3 芽/株
梭鱼草	0～30	分株	4—9 月	15～20 芽，1～3 芽/兜
水葱	0～40	分株	4—9 月	40～50 芽，5～8 芽/丛
平蓬草	20～100	分株	3—9 月	3～4 头
芡实	30～150	播种	5—8 月	0.1～0.2 株
荇菜	20～100	分株	3—9 月	15～25 株，3～5 株/丛
菱	5～无限	分株	4—9 月	8～10 株
苦草	30～150	播种、分株	4—9 月	15～25 株，3～5 株/丛
菹草	30～200	休眠芽、分株	1—4 月	30～40 芽，5～10 芽/丛
黑藻	30～200	休眠芽、分株、扦插	4—9 月	30～40 芽，5～10 芽/丛
伊乐藻	30～200	分株、扦插	3—9 月	30～40 芽，5～10 芽/丛
狐尾藻	30～200	分株、扦插	4—9 月	30～40 芽，5～10 芽/丛

另外，水生植物的种植一般在其他工程措施实施后进行，为避免其他工程措施对水生植物的生长造成不利影响，如在曝气机周边和大面积人工浮床的下部不宜种植沉水植物。

15.2.3.2　鱼类放养

首先调查湖体中的鱼类种群，应用生态学原理，通过调整水体食物链结构，在水中通过适当养殖一定比例的生产者（水生植物）、各级消费者（草食性、滤食性、肉食性）促进水生生态系统的正向演替，以达到促进水体自净的目的。即控制草食性鱼类，发展滤食性、杂食性鱼类群体，进行多种鱼类、多种规格的混养。以鲢鱼、鳙鱼为主，配养青鱼、鲫鱼等鱼类，鲢、鳙为滤食性鱼类，以浮游生物为食，可降低水体中浮游植物和浮游动物的密度，并通过其代谢过程加速系统中营养物的再生，而减少了营养物的沉积量；鲫鱼为杂食性鱼类，除摄食底栖动物外，尚能部分去除水中悬浮颗粒。以鲢鱼、鳙鱼为主，配养鲫鱼，目的在于充分利用水体中的浮游生物、悬浮有机碎屑，同时有效地去除水底沉积物，减缓水体富营养化程度。

15.2.3.3　底栖动物放养

在水体底栖区生活着丰富的底栖动物，包括水蚯蚓、湖螺、田螺、圆蚌、湖蚌、蜻蜓幼虫、摇蚊幼虫、水蚤等及微生物，微生物在底栖区起着分解作用，将滨湖公共空间或浮游区产生的各种有机物分解为动植物能够重新吸收的营养元素，然后扩散传质至表水层或有光层。首先调查湖体中底栖动物种类，再适当放养水蚤、圆田螺、河蟹、水蚯蚓等，具体投放密度根据水量和水域面积计算。

15.2.3.4　生物浮岛技术

结合内湾湖岸线形式及景观效果设置生物浮岛，以增加湖水中微生物的附着量，提高湖水自净能力。通过构建不同形态、面积的生物浮岛，在滨湖空间湖面上形成优美的生态景观效果。布设生物浮岛时应注意，如果水面风浪大，需要采取有针对性的消浪措施。

15.2.4　面源污染控制设计

通过生态雨水沟有规律地收集部分雨水，经过漫流湿地和塘床净化系统净化处理后排入湖体。

15.2.4.1　生态型雨水收集净化沟

生态型雨水收集净化沟，是指在滨湖带周边人工修建的生态型雨水沟，沟面为透水面，以植物覆盖，在收集雨水的同时起到一定的截留和净化污染物的作用，对于雨水管网未收集的分散雨水，通过生态型截洪沟收集雨水，并对雨水进行初步净化。

生态雨水沟的布置应遵循如下原则：①平面规划和高程设计与自然地形充分结合，保证雨水在生态雨水沟中重力流排水通畅，并且避免对坡岸的冲蚀；②生态雨水沟的平面布置和服务汇水面积划分时尽量使生态雨水沟内的降雨径流量均匀分配；③生态雨水沟的高程布置应考虑节省工程造价，并做相应的土方平衡计算；④生态雨水沟的设置需考虑与其他处理设施协同净化雨水及调节径流量，保证各设施的合理衔接；⑤生态雨水沟的布置与周围环境相协调，充分发挥景观效应。

15.2.4.2　漫流湿地

此处的漫流湿地是指人工建造和控制运行的湿地，将外来污水有控制地投配到漫流湿地上，污水在沿一定方向流动的过程中，主要利用土壤、人工介质、植物、微生物的物理、化学、生物三重协同作用，对污水进行处理的一种技术。对生态型截洪沟收集的部分雨水通过漫流湿地或湿地塘床系统进行生态净化。当雨水径流缓慢地流经漫流湿地或湿地塘床系统时，悬浮物开始在湿地表面沉积，湿地植物可以过滤细小的颗粒物并可以吸收径流中部分污染物以维持自身代谢需求，同时，吸附在植物根系表面的微生物可以高效地降解和去除径流中的污染物。因地制宜设计漫流湿地，在满足雨水净化要求的同时，形成自然的湿地景观。

15.2.5　景观设计

在满足湖区水利基本功能及水质净化功能的基础上进行一定的景观设计，将湿地系统与湖泊两岸的水质净化系统及绿地相互协调、融为一体，具有观赏、亲水及公共休闲活动为一体的生态功能区，在提高景观湖自净能力的同时为人们提供滨水休闲空间。

滨湖空间湖体景观处理可按照几个主要方面进行处理。

15.2.5.1　滨湖公共空间景观处理构想

在滨湖公共空间景观处理上，首先要满足生态性，根据造景使用的材料及形式可以分为荡、滩、堤、岛。

（1）荡

选择高大的多年生水生植物构造的景观群落，用植物来隔离视线，形成水上通道，同时可以为水中动物提供遮蔽空间，有利于各种生物的生存、栖息、繁衍。

（2）滩

用可渗透性高的材质、在水岸线较低的区域使用恢复后的自然河岸或具有自然河岸"可渗透性"的人工驳岸、营造自然形式的亲水平台。

（3）堤

筑堤防洪为主要目的的人工景观，堤岸两侧多种植高大乔木，与水中倒影相映成趣。

（4）岛

在湖心中设置生态浮岛，降解水体微量元素，可以使水体更加透彻，改善水质。同时可以丰富水体景观，让湖面更具观赏性。

15.2.5.2　沿湖岸线处理构想

岸线处理可以根据材质分为软质岸线和硬质岸线。其中软质岸线有：

（1）仿木桩植物护岸

仿木桩固定岸线形状，防止泥土滑坡，并种植浮水植物，形成岸线植物景观群落。

（2）块石植物护岸及仿木桩

应用中国古典园林置石的造园手法，将块石、仿木桩和植物结合，形成丰富且具有观赏性的景观沿湖岸线。

（3）河床沙石洲

在水位较低或易变化河道使用人造或改善过的自然沙石作为河床及人造洲，形成形态自然的堤岸。

（4）生态沟

利用透水性材质铺设的生态沟，是基于海绵城市的雨水处理系统的生态修复，同时丰富沿路景观。

硬质岸线有：

（1）栈桥

分割水面，连接两岸的通道，行人可以站在栈桥上观赏两侧湖面。

（2）栈道

沿岸线设置沿湖通道，行人可以观赏景观轴线上的景色或宽广的湖面。

（3）水榭

作为亲水平台及临水的集散空间，设置在道路尽头或栈道一侧，供行人停下来观赏湖景。

（4）亭台

临水的休憩空间，多设置桌椅和廊架，为行人提供一个可以观水的休息区。

15.2.5.3　植物处理构想

（1）岸边植物

在岸边种植乔木，应选择亲水且可在水中生长的植物，防止破坏堤岸，如柳树、枫树、池杉、水松等。

（2）湿地植物处理构想

可种植的湿地植物包括芦苇、荷花、香蒲、菖蒲、菱、睡莲、荇菜等。

15.2.5.4　喷泉设置构想

本项目中的喷泉，主要是为了增加水体中的溶解氧。它可以湿润周围空气，减少尘埃。因此，它可以起到净化空气、美化环境的作用，同时还可改善区域面貌和增进居民身心健康。

（1）夜景喷泉

夜景喷泉配以灯光和音乐，丰富夜景。

（2）充氧喷泉

增强水体趣味性，将单一的静水面活化成动水面。

15.2.5.5　人文景观构想

将当地富有人文特色的景观和水面结合起来，如小桥、亭台、流水，这些富有中国园林特色的小景观，使滨水空间成为富有诗意的人文景观。

15.2.6　滨湖空间的水环境容量与水质变化预测

基于滨湖空间的污染源现状、水质现状、纳污特征等，采用零维模型模拟了7种情景方案（不同的污染物浓度及补水方式）下滨湖空间水体的水质变化，预测水质的变化规律及特征。

15.2.6.1　模型原理

污染物进入河流水体后，在污染物完全均匀混合断面上，污染物的指标无论是溶解态的、还是颗粒态的，其浓度值均可按节点平衡原理来推算。对于湖泊与水库，零维模型主要为盒模型。

当以年为时间尺度来研究湖泊、水库的富营养化过程时，往往可以把湖泊看作一个完全混合反应器，这样盒模型的基本方程为

$$\frac{V \mathrm{d}C}{\mathrm{d}t} = QC_\mathrm{E} - QC + S_\mathrm{C} + \gamma(c)V \qquad （15\text{-}5）$$

式中，V——湖泊中水的体积，m^3；

　　　Q——平衡时流入与流出湖泊的流量，m^3/a；

　　　C_E——流入湖泊的水量中水质组分浓度，$\mathrm{g/m}^3$；

　　　C——湖泊中水质组分浓度，$\mathrm{g/m}^3$；

　　　S_C——如非点源一类的外部源和汇，m^3；

　　　$\gamma（c）$——水质组分在湖泊中的反应速率。

上式为零维的水质组分的基本方程。当所考虑的水质组分在反应器内的反应符合一级反应动力学，而且是衰减反应时，则

$$\gamma(c) = -KC \qquad （15\text{-}6）$$

式中，K——一级反应速率常数，$1/t$。

公式变为以下形式：

$$\frac{V \mathrm{d}C}{\mathrm{d}t} = QC_\mathrm{E} - QC - KCV + S_\mathrm{C} \qquad （15\text{-}7）$$

当反应器处于稳定状态时，$\mathrm{d}C/\mathrm{d}t=0$，可得到下式：

$$QC_\mathrm{E} - QC - KCV + S_\mathrm{C} = 0 \qquad （15\text{-}8）$$

$$K = \frac{QC_\mathrm{E} - QC + S_\mathrm{C}}{CV} \qquad （15\text{-}9）$$

$$C = \frac{C_\mathrm{E}Q + S_\mathrm{C}}{Q + KV} \qquad （15\text{-}10）$$

式中，$t=V/Q$，t 为停留时间。

根据以上各个零维模型公式所需的参数，总结输入数据见表 15-8。

表 15-8　湖泊零维模型数据和参数总结

类　别	数　据	注　释
水力数据	·水力停留时间 t_w ·平均深度 H ·水体容积 V ·湖泊表面积 A	t_w 是湖泊等滞流水体模型的一个重要参数，由 V/Q 计算
污染源数据	·污水流量 Q_E ·污水外排浓度 C_E ·悬浮固体浓度 SS ·背景浓度 C_p	Q_E、C_E 指设计条件下的外排流量和浓度 考虑溶解态和颗粒态污染物时需要使用 SS 值，常用于重金属

15.2.6.2　模拟条件

本次模拟假设了以下模拟条件进行水质预测：

（1）预测模式

本次模拟假设滨湖公共空间看作一个完整的地表水体系，湖中的污染物在滨湖公共空间中均匀地分布，其浓度为已监测的本地浓度，且从保守预测的角度出发，不考虑污染物的降解机制，仅考虑其混合作用。

$$\rho = \rho_0 \exp\left[\frac{u_x x}{2E_x}\left(1 - \sqrt{1 + \frac{4E_x}{u_x}}\right)\right] \qquad (15\text{-}11)$$

式中，ρ——计算断面的污染物浓度，mg/L；

ρ_0——计算初始点的污染物浓度，mg/L；

u_x——河流流速，m/s；

E_x——进入河流的外来水与河水的纵向混合系数，m^2/d；

x——质点运移的距离，m。

（2）水质标准

根据滨湖公共空间区域规划条件，要求补水后10 d达到地表水Ⅲ类水质标准。

（3）排水及补水位置

根据滨湖公共空间的规划，滨湖公共空间接受补水的来源主要有城市污水、雨水、景区生活污水，以及自三岔湖引水补给到滨湖公共空间。排水点、补水点以及河流的水流方向如图15-5所示。

1）初始浓度

根据滨湖空间水质现状评价结果，项目所在区域三个断面地表水指标中，总氮、氨氮、总磷、COD在三个断面都存在不同程度的超标，因此，本次模拟拟定污染物为以上四种污染物，根据水质现状评价结果，总氮的初始浓度为1.42 mg/L，氨氮的初始浓度为0.374 mg/L，总磷的初始浓度为0.048 mg/L，COD的初始浓度为12.8 mg/L。

2）排水及补水水量

景区生活污水排泄点的排放量均为30 m^3/d，北侧污水处理站生活污水的排放量为1 500 m^3/d，雨水以一次暴雨期的初期雨水量计，为231 m^3；另外通过试算，计算出仍需对滨湖公共空间进行补水，区域总补水量为2 000 m^3/d。分为两个点位进行补水（图15-6中的1#和2#）。

各类假设条件下补水方案的水质见表15-9。

表 15-9　各类补水水质情况汇总　　　　　　　　　　　单位：mg/L

	初期雨水	III类	IV类	V类	三岔湖 3#[1]	三岔湖 4#[2]	A 类
总氮	4.0	1.0	1.5	2.0	1.034	1.753	15
氨氮	0.2	1.0	1.5	2.0	0.645	0.381	5
总磷	1.07	0.05	0.1	0.2	0.097	0.08	1
COD	677.8	20	30	40	11.8	12.2	50

备注：表中的 A 类为《城镇污水处理厂污水排放标准》（GB 18918—2002）中一级 A 标准，III类、IV类、V 类为《地表水环境质量标准》（GB 3838—2002）中的III类、IV类、V 类标准限值。[1]三岔湖 3#点为图 15-6 中 3#取水点；[2]三岔湖 4#点为图 15-6 中 4#取水点。

图 15-6　示范工程取水点与补水点位置示意

15.2.6.3　模拟结果

（1）情景方案 1

考虑各种生活污水和补水以《城镇污水处理厂污水排放标准》中一级 A 标准排放到滨湖公共空间中，模拟结果见图 15-7。

从图 15-7 可见，情景方案 1 中，污水按照现有的《城镇污水处理厂污水排放标准》中一级 A 标准排放入滨湖空间水体内，根据模拟的污染物扩散情景：COD、氨氮、总氮和总磷 4 种污染物浓度都会在补水点附近显著升高，会导致滨湖公共空间的水质急剧恶化，而且除以上模拟的 4 种污染物浓度会上升外，其他组分的浓度也会相应上升。4 种污染物浓度最大点均出现在滨湖空间区域西北侧污水排泄点位置。东侧 2#补水点位置的污染物浓度略高于其余西侧及南侧位置。

滨湖公共空间区域水质达标情况：根据预测结果，该情景模式中 COD、NH₃、TN 和 TP 4 种污染物的浓度除在湖中心及湖区南部局部位置的污染物浓度可达《地表水环境质量标准》（GB 3838—2002）中Ⅳ类标准外，其余区域的污染物浓度均有不同程度的超标，滨湖公共空间中的湖水将超过地表水水质Ⅲ类标准，造成污染。

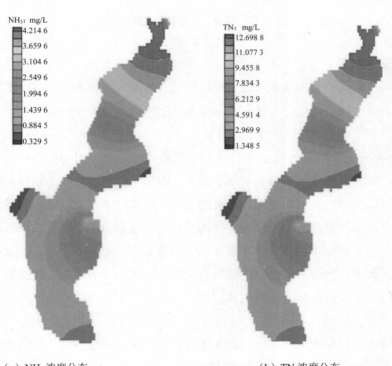

（a）NH₃浓度分布　　　　　　　（b）TN 浓度分布

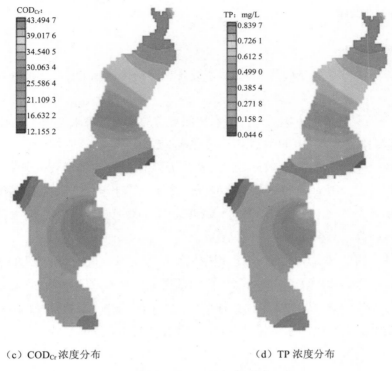

CODcr:
43.494 7
39.017 6
34.540 5
30.063 4
25.586 4
21.109 3
16.632 2
12.155 2

TP：mg/L
0.839 7
0.726 1
0.612 5
0.499 0
0.385 4
0.271 8
0.158 2
0.044 6

（c）CODcr浓度分布   （d）TP浓度分布

图 15-7　情景 1　污染物浓度分布

（2）情景方案 2

考虑各种生活污水和补水以《地表水环境质量标准》（GB 3838—2002）中Ⅲ类标准排放到滨湖公共空间中，同时考虑一个暴雨期的初期雨水进入滨湖公共空间中，模拟结果见图 15-8。

从图 15-8 可见，情景方案 2 中，各种生活污水和补水以Ⅲ类标准排放到滨湖公共空间湖水中，同时考虑暴雨期的初期雨水进入滨湖公共空间中，根据模拟的污染物扩散情景：初期的雨水对滨湖公共空间的湖水水质有一定的影响，但是随着生活污水和三岔湖主湖区补水的进入会使滨湖公共空间中的总氮浓度逐渐降低，总氮的浓度在模拟期末趋于达标，其他 3 种模拟污染物在地表水Ⅲ类标准范围内略有升高，但均未超标。4 种污染物浓度最大点均出现在滨湖空间区域西北侧污水排泄点位置。东侧 2#补水点位置的污染物浓度略高于其余西侧及南侧位置。

（3）情景方案 3

考虑各种生活污水和补水以《地表水环境质量标准》（GB 3838—2002）中Ⅲ类标准排放到滨湖公共空间中，模拟结果见图 15-9。

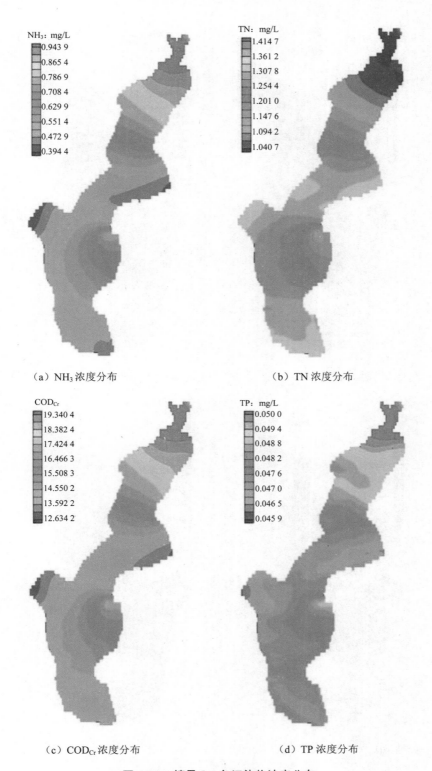

（a）NH₃ 浓度分布　　　　　　　　　　（b）TN 浓度分布

（c）COD_Cr 浓度分布　　　　　　　　　（d）TP 浓度分布

图 15-8　情景 2　各污染物浓度分布

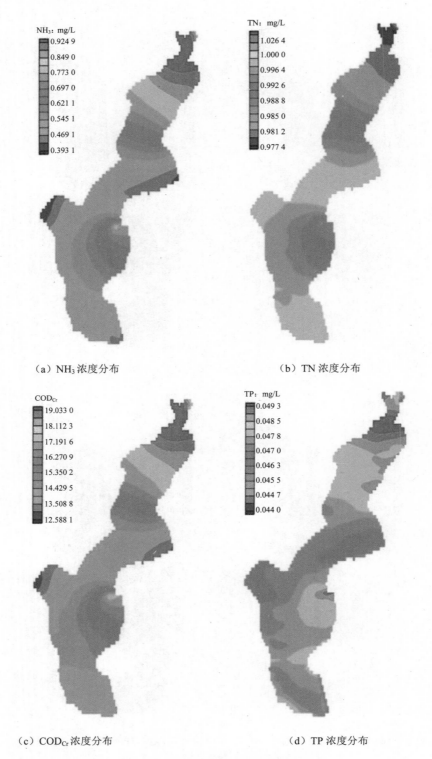

NH$_3$: mg/L
0.924 9
0.849 0
0.773 0
0.697 0
0.621 1
0.545 1
0.469 1
0.393 1

TN: mg/L
1.026 4
1.000 0
0.996 4
0.992 6
0.988 8
0.985 0
0.981 2
0.977 4

（a）NH$_3$浓度分布 　　　　　　　　（b）TN 浓度分布

COD$_{Cr}$
19.033 0
18.112 3
17.191 6
16.270 9
15.350 2
14.429 5
13.508 8
12.588 1

TP: mg/L
0.049 3
0.048 5
0.047 8
0.047 0
0.046 3
0.045 5
0.044 7
0.044 0

（c）COD$_{Cr}$浓度分布 　　　　　　　（d）TP 浓度分布

图 15-9　情景 3　各污染物浓度分布

从图 15-9 可见，情景方案 3 中，各种生活污水和补水以Ⅲ类标准排放到滨湖公共空间湖水中，不考虑暴雨期的初期雨水对湖水的影响，根据模拟的污染物扩散情景：生活污水和补水的进入会使滨湖公共空间水体中的总氮污染物浓度逐渐降低，其他 3 种模拟污染物的浓度在地表水水质Ⅲ类标准范围内变动，均未超标，经过试算，在设计补水量进行补水的情况下，滨湖公共空间中的湖水能够达到地表水水质Ⅲ类标准。4 种污染物浓度最大点均出现在滨湖空间区域西北侧污水排泄点位置。东侧 2#补水点位置的污染物浓度略高于其余西侧及南侧位置。

（4）情景方案 4

考虑各种生活污水和补水以《地表水环境质量标准》（GB 3838—2002）中Ⅳ类标准排放到滨湖公共空间中，模拟结果见图 15-10。

考虑各种生活污水和补水以Ⅳ类标准排放到滨湖公共空间中，生活污水和补水的进入会使滨湖公共空间中北侧的 4 种污染物浓度有所降低，而 2#补水点位的 4 种污染物浓度逐渐升高，滨湖公共空间中的湖水将超过地表水水质Ⅲ类标准，造成污染。4 种污染物浓度最大点均出现在滨湖空间区域西北侧污水排泄点位置。东侧 2#补水点位置的污染物浓度略高于其余西侧及南侧位置。

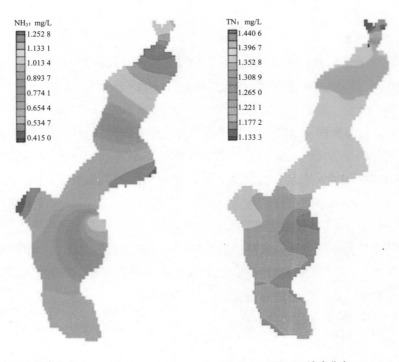

（a）NH_3 浓度分布　　　　　　　　　　（b）TN 浓度分布

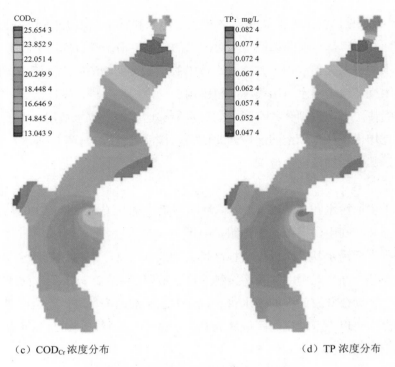

（c）COD_Cr 浓度分布　　　　　　　　　　　　（d）TP 浓度分布

图 15-10　情景 4　各污染物浓度分布

（5）情景方案 5

考虑各种生活污水和补水以《地表水环境质量标准》（GB 3838—2002）中 V 类标准排放到滨湖公共空间中，模拟结果见图 15-11。

从图 15-11 可见，情景方案 5 中，各种生活污水和补水以 V 类标准排放到滨湖公共空间湖水中，生活污水和补水的进入会使滨湖公共空间中的 4 种现有污染物浓度逐渐升高，滨湖公共空间中的湖水能够超过地表水水质Ⅲ类标准，造成湖水大面积污染。4 种污染物浓度最大点均出现在滨湖空间区域北侧污水排泄点位置。东侧 2#补水点位置的污染物浓度略高于周围水体。

（6）情景方案 6

考虑各种生活污水以《地表水环境质量标准》（GB 3838—2002）中Ⅲ类标准排放到滨湖公共空间中，同时从湖中 2#取水点中取水补给到滨湖公共空间中，模拟结果见图 15-12。

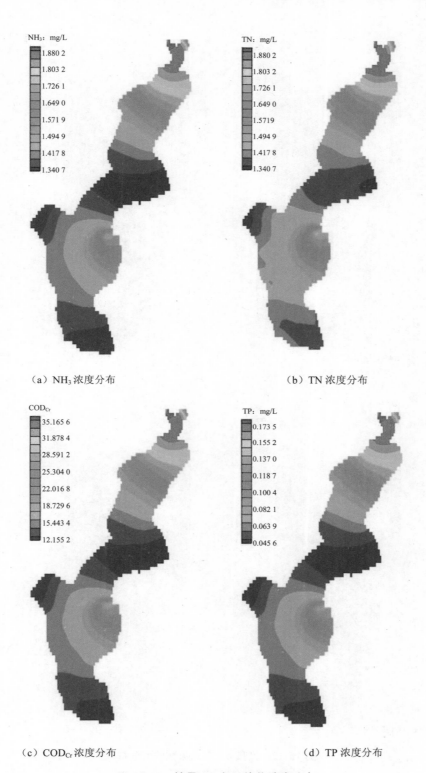

（a）NH₃ 浓度分布　　　　　　　　　　　（b）TN 浓度分布

（c）COD_Cr 浓度分布　　　　　　　　　　（d）TP 浓度分布

图 15-11　情景 5　各污染物浓度分布

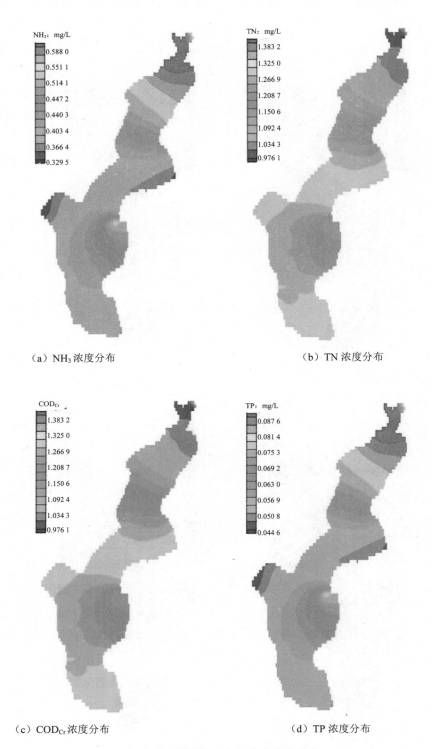

（a）NH₃ 浓度分布   （b）TN 浓度分布

（c）COD_Cr 浓度分布   （d）TP 浓度分布

图 15-12　情景 6　各污染物浓度分布

从图 15-12 可见，情景方案 6 中，各种生活污水和补水以Ⅲ类标准排放到滨湖公共空间湖水中，同时从 2#取水位置补给到滨湖公共空间中，根据模拟的污染物扩散情景：生活污水和补水的进入会使总氮和总磷的浓度超过地表水水质Ⅲ类标准，氨氮和 COD 符合地表水水质Ⅲ类标准。

4 种污染物浓度最大点均出现在滨湖空间区域西北侧污水排泄点位置。东侧 2#补水点位置的污染物浓度略高于周边水体。

（7）情景方案 7

考虑各种生活污水以《地表水环境质量标准》（GB 3838—2002）中Ⅲ类标准排放入滨湖公共空间中，同时从 3#取水点中取水补给到滨湖公共空间中，模拟结果见图 15-13。

从图 15-13 可见，情景方案 7 中，各种生活污水和补水以Ⅲ类标准排放到滨湖公共空间湖水中，同时从三岔湖主湖体 3#点取水补给到滨湖公共空间中，总氮和总磷的浓度会超标，氨氮和 COD 可满足地表水水质Ⅲ类标准。通过补水可以使得已经污染的湖水污染程度降低，超标面积减小，总体水质情况转好。

4 种污染物浓度最大点均出现在滨湖空间区域西北侧污水排泄点位置。东侧 2#补水点位置的污染物浓度略高于其余西侧及南侧位置。

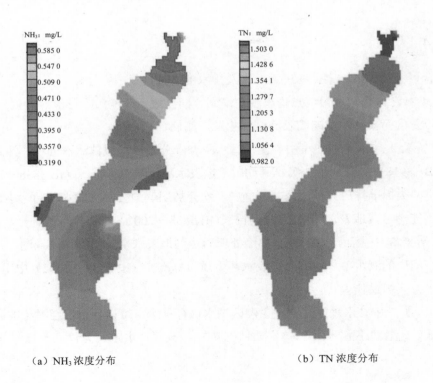

（a）NH₃ 浓度分布　　　　　　　　　　（b）TN 浓度分布

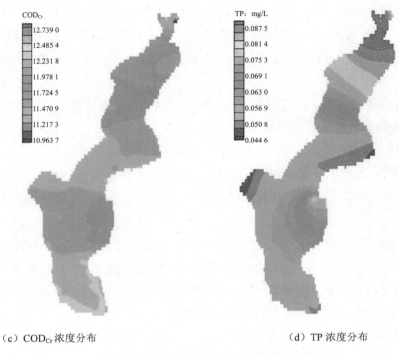

（c）CODcr 浓度分布   （d）TP 浓度分布

图 15-13   情景 7   各污染物浓度分布

15.2.6.4   小结

综合以上的模拟结果，在进行补水及排水的 7 种情景中：

1）4 种污染物浓度最大点均出现在滨湖空间区域西北侧污水排泄点位置。东侧 2# 补水点位置的污染物浓度略高于其余西侧及南侧位置。

2）情景 1、2、4、5、6 中，生活污水及补水分别以《城镇污水处理厂污水排放标准》（GB 18918—2002）中一级 A 标准、《地表水环境质量标准》（GB 3838—2002）中的Ⅳ类、Ⅴ类标准排放到滨湖公共空间中，均会加剧滨湖公共空间水体的污染程度，造成水质不能满足《地表水环境质量标准》（GB 3838—2002）中Ⅲ类标准。

3）情景 3 中生活污水和补水都经处理后达到地表水水质Ⅲ类标准入湖，可以使滨湖公共空间中的湖水整体达到《地表水环境质量标准》（GB 3838—2002）中Ⅲ类标准，此种补水方式为最佳模式。

4）情景 7 中补水采用三岔湖主湖区湖水进行补水，可以使得已经污染的湖水污染程度降低，超标面积减小，总体水质情况转好，该种补水方式为仅次于情景 3 的补水方式。

15.3　滨湖空间建成后的生态修复效果评估

15.3.1　滨湖空间的建设过程

　　"滨湖公共空间"于 2012 年开始动工建设，2016 年建成。各空间节点的设计，是通过骑游道及人行游览步道依次串联，让人们体验感受到低碳生活的同时享受到完美和谐生态绿地和水域湿地等景观。结合现有地形和植被情况打造出别样的亲水体验区，曲折的木栈道在水生植物茂盛的水域中延展而去，四季变迁，景色各异；本区域中的空间功能性码头，为其"量身"设计和大面积的临水安排使人和水之间的关系更加亲密，结合现代人的生活习性，这里将有着各类娱乐性质的景区服务、水上活动、餐饮等；观鸟台，位于内湖中间的半岛；风雨廊桥，使充满年代感的古石桥透露出新的岁月意义，在保护加固加强其安全性的同时，保留其原有的朴素淡雅和清朗，无多余装饰，注重功能实用。到目前为止，所建工程主要包括道路、绿化、园林景观、木屋、公厕、游艇浮筒码头、外湖游步道路、外湖大坝、廊桥、照明景观、灯彩、监控、停车场配套雨水排水设施、心形婚庆岛、特色木栈道、荷塘排水涵管、跌水、泵房、$10\,m^3/d$ 和 $20\,m^3/d$ 的一体式污水处理设施等。滨湖空间建成后现状见图 15-14。

图 15-14   滨湖空间现状

15.3.2   滨湖空间的生态恢复的效果评估

15.3.2.1   水质的变化

根据表 15-10 各项水质指标监测值和《地表水环境质量标准》（GB 3838—2002）要求可知，滨湖空间 SC-1 的水质类别属劣Ⅴ类，主要污染物为总氮；SC-2 的水质类别也为Ⅴ类，主要污染物为总氮。

表 15-10   2016 年滨湖公共空间主要水质指标监测值

样点位置	氨氮/ （mg/L）	总磷/ （mg/L）	COD_{Mn}/ （mg/L）	总氮/ （mg/L）	硝酸根/ （mg/L）	溶解氧/ （mg/L）	叶绿素 a/ （mg/m³）
SC-1	0.397	0.08	3.8	3.05	8.39	7.1	0.23
SC-2	0.592	0.09	3.1	1.86	3.48	6.3	0.47

与 2015 年水质监测结果比较，滨湖公共空间主要污染物变化趋势如图 15-15 至图 15-17 所示。

根据比较结果，SC-1 的氨氮浓度、总氮浓度、总磷浓度明显下降，但总氮浓度仍属劣Ⅴ类，其他指标为Ⅱ～Ⅳ类，主要污染物由总氮、氨氮变成仅有总氮；SC-2 的氨氮浓度、总氮浓度略有上升，总磷浓度大幅下降，总氮浓度属Ⅴ类，其他指标为Ⅱ～Ⅳ类，主要污染物由总磷变为总氮。

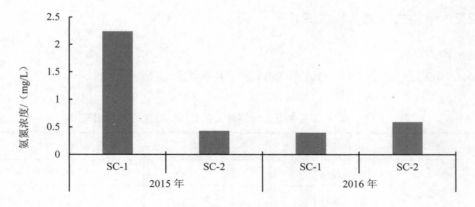

图 15-15 氨氮浓度变化

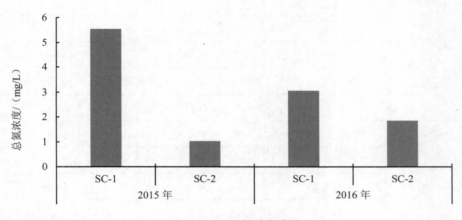

图 15-16 总氮浓度变化

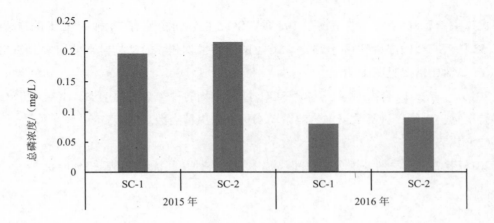

图 15-17 总磷浓度变化

15.3.2.2   浮游生物的多样性变化

（1）种类组成

2016 年 7 月三岔湖滨湖公共空间的浮游生物种类组成见表 15-11。

表 15-11   2016 年 7 月三岔湖滨湖公共空间浮游生物种类组成

		种数/种	占总物种数百分比/%
浮游植物	蓝藻门	22	19.30
	金藻门	2	1.75
	硅藻门	20	17.54
	隐藻门	3	2.63
	甲藻门	3	2.63
	裸藻门	11	9.65
	绿藻门	53	46.49
合计		114	
浮游动物	原生动物	13	24.53
	轮虫	27	50.94
	枝角类	9	16.98
	桡足类	4	7.55
合计		53	

此次调查，SC-1 的浮游植物有 108 种，SC-2 的浮游植物有 74 种；SC-1 的浮游动物有 52 种，SC-2 的浮游动物有 35 种。SC-1 的浮游植物和浮游动物丰富度均大于 SC-2。与 2015 年对比情况见图 15-18。

2016 年与 2015 年相比，三岔湖 SC-1 浮游生物的种类数大幅增加。SC-1 和 SC-2 的浮游植物仍以绿藻种类数最多，浮游动物仍以轮虫种类数最多。

（2）优势种

2016 年 7 月三岔湖滨湖公共空间浮游生物优势种及其优势度见表 15-12。

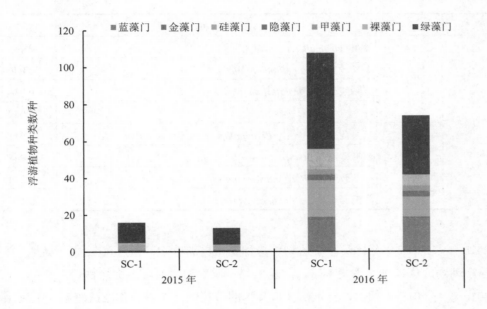

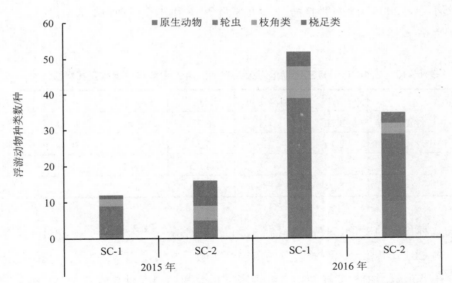

图 15-18　2015 年与 2016 年三岔湖滨湖公共空间浮游生物群落组成变化

表 15-12　2016 年 7 月三岔湖滨湖公共空间浮游生物优势度

		优势种	优势度
浮游植物	蓝藻门	链状假鱼腥藻 *Pseudanabaena catenata*	0.165
		环离浮鞘丝藻 *Planktolyngbya circumcreta*	0.031
		拉氏拟柱胞藻 *Cylindrospermopsis raciborskii*	0.497
		依沙矛丝藻 *Cuspidothrix issatschenkoi*	0.064

		优势种	优势度
浮游动物	原生动物	钟虫 *Vorticella* sp.	0.184
		纵长钟虫 *Vorticella elongata*	0.046
		旋回侠盗虫 *Strobilidium gyrans*	0.034
		纤毛虫 Ciliate	0.080
	轮虫	东方角突臂尾轮虫 *Brachionus angularis orientalis*	0.031
		剪形臂尾轮虫 *Brachionus forficula*	0.048
		红多肢轮虫 *Polyarthra remata*	0.274
		罗氏异尾轮虫 *Trichocerca rousseleti*	0.134

2016 年与 2015 年相比，浮游植物优势种变得更加单一，仅有蓝藻门的藻类为优势种；浮游动物的优势种变得更丰富，除轮虫外，原生动物也成为优势种。

2016 年与 2015 年相比，指示水体富营养的萼花臂尾轮虫和长三肢轮虫（王凤娟，2006；郑小燕，2009）不再是优势种，可说明 2016 年水质有所好转。

（3）物种多样性

表 15-13　2016 年 7 月三岔湖滨湖公共空间浮游生物多样性指数及其水质评价

样点位置		H'	污染程度	D_m	污染程度	J	污染程度
滨湖带	浮游植物	3.20	清洁	6.32	清洁	0.68	清洁
	浮游动物	2.14	轻污	5.54	清洁	0.54	清洁
大湖	浮游植物	1.56	中污	4.02	清洁	0.36	中污
	浮游动物	2.37	轻污	3.51	寡污	0.67	清洁

综合三种指标的评价结果，三岔湖 SC-1 处于清洁—轻污状况，SC-2 处于清洁—中污状态。与 2015 年相比，两处样点的多样性指数、丰富度指数均变大，均匀度指数变化不大，在一定范围内，多样性指数、丰富度指数和均匀度指数值越大，其指示的环境状况越好。

15.3.2.3　植物调查结果

2017 年 11 月 30 日，课题组对三岔湖滨湖公共空间植物种类调查，共发现乔木 30 种、灌木 25 种、草本 51 种，具体结果见表 15-14。

与 2012 年滨湖公共空间植被调查结果对比，可以发现，乔木、灌木和草本层植物种类都大大增加，同时植被覆盖率也增加。

表 15-14　三岔湖滨湖公共空间植被情况

	种类名称
乔木层	银杏、黄葛树、栾树、天竺桂、枫杨、女贞、红叶李、象牙红、喜树、香樟、桑树、枇杷、柑橘、柚子、乌桕、无患子、川楝子、桃树、桉树、麻栎、杜仲、红叶李、柏木、红豆树、梅、桂花、鹅掌楸、构树、女贞、柿子
灌木层	红叶石楠、南天竹、海桐、鸡爪槭、绣球、杜鹃、棣棠、紫荆、三角梅、竹、荚蒾、刺楸、白叶梅、木香花、马甲子、香椿、冬青卫矛、花椒、迎春、垂丝海棠、黄花决明、琴叶榕、萼距花、金叶女贞
草本层	白车轴草、粉绿狐尾藻、芭蕉、铁角蕨、飞蓬、花叶芦竹、芦竹、再力花、伞草、菖蒲、蒲草、香菇草、浮萍、沿阶草、针茅、灯芯草、蒲苇、蜘蛛抱蛋、花蔺、络石、凤尾蕨、天门冬、千屈菜、四季海棠、风车草、剑麻、艳山姜、姜花、万寿菊、野茼蒿、空心莲子草、梭鱼草、黄果茄、斑茅、艾蒿、接骨草、大蝎子草、苋草、落葵、豨莶、野菊、葛藤、龙葵、南瓜、绿苋、黄精、狗牙根、小蓟、荞麦、黄金菊、地瓜榕、紫娇花

杜仲　　　　　　　　　　　　　　　胡桃

女贞　　　　　　　　　　　　　　　构树

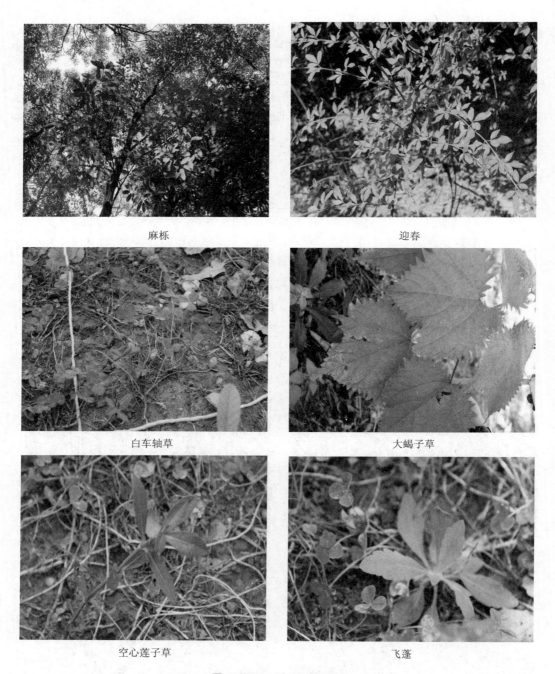

麻栎　　　　　　　　　　　迎春

白车轴草　　　　　　　　　大蝎子草

空心莲子草　　　　　　　　飞蓬

图 15-19　现场调查照片

15.3.2.4　生态修复工程未达到原定目标的原因分析

　　滨湖空间建成后，水质变化情况：SC-1 的氨氮浓度、总氮浓度、总磷浓度明显下降，但总氮浓度仍属劣V类，其他指标为Ⅱ～Ⅳ类，主要污染物由总氮、氨氮变成仅有总氮；SC-2 的氨氮浓度、总氮浓度略有上升，总磷浓度大幅下降，总氮浓度属V类，其他指标为Ⅱ～Ⅳ类，主要污染物由总磷变为总氮。

浮游生物的多样性变化情况：与 2015 年相比，浮游植物和浮游动物的种类明显增多，物种丰富度增加，对应的多样性指数、丰富度指数均变大，均匀度指数变化不大，说明从浮游生物的指示意义来看，示范工程建成后，滨湖公共空间的水环境状况好于示范工程修建之前。

植被变化情况：2016 年较 2012 年三岔湖滨湖公共空间植被种类、覆盖率都有所增加。

滨湖空间建成后，其水生态环境有一定的改善效果，但仍然存在部分水质指标超标的问题，可能是由于：①滨湖空间上游生活污水超标排放；②2016 年采集水样期间，回水泵并未完全启动，滨湖空间水体流动不够，导致污染物仍然存在富集的情况；③笔者发现滨湖空间水生植物存在腐烂变质却仍然漂浮在水中、未及时打捞的现象，影响了水质。湖泊生态修复工程主要依靠水生生态系统的净化作用来修复水生环境，水生植物的生长与水体流速、光照、温度等外界因素息息相关，所以在工程建设后，持续有效的管理就非常重要。

15.3.3　加强工程管理措施建议

15.3.3.1　生态修复工程管理的重要性

建设生态修复工程仅仅是湖泊生态环境保护的一个开始，生态系统恢复的巨大投入和较长周期往往被人忽视，管理体制落后使得许多生态工程实施后不久就因资金短缺和缺乏人工干预而难以继续。湖泊的生态保护和恢复是一个任重而道远的工作，因此要对生态修复工程进行综合管理，才能使其发挥预期的生态功能（黄子璐，2011）。

湖泊生态修复工程的管理应建立在生态系统管理的基础上，其核心应该是植被的正确管理，管理目标是保护与湖泊密切相关的各种资源和水生生态系统，在发挥陆地生态系统和湖泊本身最大效益的同时，使水体得到更好的保护和恢复，并且为动植物提供适宜的生境条件。生态修复工程管理应遵循生态功能优先原则和整体性管理原则。

15.3.3.2　生态修复工程管理建议措施

生态修复工程的管理需要多方参与和相互协调，以系统研究做后盾、科学决策为先导、社会支持系统做保障，需要严格持久的保护管理、高效统一的执法队伍、科学规范的政策支持、系统完善的运作体系，以及深入的协调机制等。总之，生态修复工程管理应突出科技支撑、社会公众参与对湖泊恢复及后期管理的引领作用，在自然资源和社会资源之间搭建桥梁。建议参与主体包括政府、事业单位（农业、林业、环保、水利等）、科研单位、居民、志愿者等。管理建议措施主要包括：

（1）组织管理。工程实施后，水生植物的作用往往不会立即凸显，需要根据工程区的具体情况，形成规章制度，有组织地计划地进行维护管理工作。明确维护管理内容，协调人员、材料、时间节点等，预备应对突发情况的措施。

（2）及时收割植物。及时收割植物是为了输出氮、磷等营养物质，防止二次污染。冬季在水生植物没有完全枯萎时进行收割，夏季根据植物生长期长短及其旺盛程度，进行 1~2 次收割。维护管理中，管理人员需对水生植物有一定了解，如菹草在初夏时期繁殖迅速，要注意控制或及时打捞处理。

（3）补种及更换品种。根据水生植物生长状况，对衰败、未成活的植株进行及时清除和补种。如果发现该品种不适宜在此生长，应及时考虑更换。

（4）控制外界环境变化。在维护管理过程中，应当避免出现超出设计范围、破坏水生植物生存条件的外界环境变化，如果条件允许，要使外界环境条件的变化趋向有利于植物生长、河道生态环境转好的方向。重点关注水质、水位以及水体流速等。

（5）控制病虫害、清除杂草，不宜使用除草剂、杀虫剂等化学药物。

（6）湖泊保护与管理立法。制定湖泊保护的总体政策，建立规范的保护与管理体系，建立相对完善的保护和合理利用的法律及政策体系，划定保护区，加强湖泊周边的土地利用规划和管理，实行污染物总量控制，减少周边污染物排放，协调湖泊保护与国家、各部门以及地区经济协调发展之间的关系等。

（7）普及湖泊生态保护教育。广泛开展湖泊生态保护与合理利用宣传教育，提高公众的湖泊保护意识。可在当地建立生态教育基地，在学校和社会建立生态教育网络，与世界自然资源保护组织、国内有关部门联合开展绿色教育行动，编写生态教育教材，对公众进行全面的生态教育，向当地居民和基层政府宣传生态保护的知识和技术等。

（8）建立完善的生态修复工程监测体系及生态评价指标体系。制定全面详细的监测方案，将监测工作纳入湖泊管理体系，建立科学合理的生态评价指标体系以及相应的风险应急预案。

（9）加强湖泊保护和合理利用的综合管理。应广泛听取生态学、社会学、经济学、农学、林学、管理学等学科专家学者的意见，应用生态系统管理理论，在保护湖滨湿地的前提下合理利用湖滨湿地资源（颜昌宙，2005）。

（10）多层次多渠道筹措湖泊保护与管理资金。如建立湖泊生态保护基金，其资金可从湖泊的经济产业中提取一定比例，也可通过国内外社团和个人的捐赠等（徐广，2006）。

参考文献

陈晓. 利用浮萍进行富营养化修复及控藻研究[D]. 哈尔滨：哈尔滨工业大学，2006.

陈永高，张瑞斌. 太湖流域河网水体生态修复工程及其效果[J]. 水土保持通报，2015，35（6）：192-195.

董志龙，刘娟. 富营养化浅水湖泊修复探讨——以巢湖水环境修复为例[J]. 甘肃科技，2008，24（21）：102-104.

董志龙，王宝山. 浅水湖泊中沉水植物修复探讨[J]. 甘肃科技，2009，25（4）：70-72.

冯冠宇. 湖滨带生态恢复综合效益评价研究[D]. 呼和浩特：内蒙古师范大学，2010.

冯国栋，雷静，王晓千，等. PLB复合微生物技术在污染河湖修复中的应用[J]. 中国环境科学学会学术年会论文集，2016，2：1909-1914.

郭祥，钟成华，王晓雪，等. 城市湖泊污染水体原位修复工程实践——以重庆渝北双龙湖为例[J]. 重庆师范大学学报（自然科学版），2012，29（3）：37-41.

何静，吕志刚，彭嘉培. 絮凝沉降法在河湖底泥处理中对水质的影响[J]. 环境科技，2009，22（2）：46-47，50.

黄廷林，戴栋超，王震，等. 漂浮植物修复技术净化城市河湖水体试验研究[J]. 地理科学进展，2006，25（6）：62-67.

黄子璐. 湖滨湿地生态系统管理与恢复工程成效评价[D]. 南京：南京林业大学，2011.

金相灿，稻森悠平，朴俊大. 湖泊和湿地水环境—生态修复技术与管理指南[M]. 北京：科学出版社，2007.

金相灿，胡小贞，刘倩，等. 湖库污染底泥环保疏浚工程环评要点探讨[J]. 环境监测与预报，2009，1（1）：42-46.

金相灿. 湖泊富营养化控制和管理技术[M]. 北京：化学工业出版社，2001.

李传红. 鱼类对热带浅水湖泊的影响及其在湖泊修复中的意义[D]. 广州：暨南大学，2008.

林雪兵，王培风. 人工浮岛在富营养化水体修复中的应用[J]. 浙江水利水电专科学校学报，2010，22（4）：27-29.

刘峰，李秀启，王芳，等. 养殖系统N、P收支及环境N、P负荷量的研究进展[J]. 海洋环境科学，2011，30（4）：603-608.

刘健康. 高级水生生物学[M]. 北京：科学出版社，1999，214.

卢宏玮，曾光明，金相灿. 湖滨生态带恢复与重建研究进展[J]. 湖南大学学报（自然科学版），2003，30（3）：86-89.

卢进登，帅方敏，赵丽娅，等. 人工生物浮床技术治理富营养化水体的植物遴选[J]. 湖北大学学报（自然科学版），2005，27（4）：402-404.

马庆,孙从军,高阳俊,等. 滇池入湖河口生态浮床植物筛选研究[J]. 生态科学,2007,26(6):490-494.

毛晓明. 冷冻浓缩法去除乌梁素海水体污染物室内试验研究[D]. 内蒙古:内蒙古农业大学,2016.

毛志刚,谷孝鸿,陆小明,等. 太湖东部不同类型湖区底泥疏浚的生态效应[J]. 湖泊科学,2014,26(3):385-392.

孟伟,张远,渠晓东,等. 河流生态调查技术方法[M]. 北京:科学出版社,2011.

闵婷婷. 惠州西湖生态修复区与未修复区浮游植物群落的比较研究[D]. 广州:暨南大学,2011.

聂泽宇,梁新强,邢波,等. 基于氮磷比解析太湖苕溪水体营养现状及应对策略[J]. 生态学报,2012,32(1):48-55.

亓星,许强,余斌,等. 汶川震区文家沟泥石流治理工程效果分析[J]. 地质科技情报,2016,35(1):161-165.

秦伯强,高光,胡维平,等. 浅水湖泊生态系统恢复的理论与实践思考[J]. 湖泊科学,2005,17(1):9-16.

秦伯强,王小冬,汤祥明,等. 太湖富营养化与蓝藻水华引起的饮用水危机——原因与对策[J]. 地球科学进展,2007,22(9):896-906.

秦伯强. 湖泊生态恢复的基本原理与实现[J]. 生态学报,2007,27(11):4849-4857.

汤显强,杨文俊,尹炜,等. 丹江口水库水体富营养化生态修复对策初探[J]. 长江流域资源与环境,2010,19(Z2):165-171.

王凤娟,胡子全,汤浩,等. 用浮游动物评价巢湖东湖区的水质和营养类型[J]. 生态科学,2006,25(6):550-553.

王洪铸,宋春雷,刘学勤,等. 巢湖湖滨带概况及环湖岸线和水向湖滨带生态修复方案[J]. 长江流域资源与环境,2012,21(Z2):62-68.

王健,尹炜,叶闽,等. 植草沟技术在面源污染控制中的研究进展[J]. 环境科学与技术,2011,34(5):90-94.

王玲玲,曾光明,黄国和. 湖滨湿地生态系统稳定性评价[J]. 生态学报,2005,5(12):3406-3410.

王志强,崔爱花,缪建群,等. 淡水湖泊生态系统退化驱动因子及修复技术研究进展[J]. 生态学报,2017,37(18):6253-6264.

翁白莎,严登华,赵志轩,等. 人工湿地系统在湖泊生态修复中的作用[J]. 生态学杂志,2010,29(12):2514-2520.

夏章菊,高殿森,谢有奎. 富营养化水体修复技术的研究现状[J]. 后勤工程学院学报,2006,3:69-73.

谢少容,黄锦勇,陈巧仪,等. 受污染湖泊修复技术研究进展[J]. 广东化工,2017,44(350):195-196.

徐广,闫月娥,周晓雷. 浅论甘肃湿地生态系统的保护策略[J]. 甘肃科技,2006,22:(4):175-179.

颜昌宙,金相灿,赵景柱,等. 湖滨带的功能及其管理[J]. 生态环境,2005,14(2):294-298.

杨胜天,王雪蕾,刘昌明,等. 岸边带生态系统研究进展[J]. 环境科学学报,2007,27(6):894-905.

叶春，李春华，陈小刚，等. 太湖湖滨带类型划分及生态修复模式研究[J]. 湖泊科学，2012，24（6）：822-828.

叶春，李春华，邓婷婷. 论湖滨带的结构与生态功能[J]. 环境科学研究，2015，28（2）：171-181.

张华. 人工浮岛在丁香湖水质改善中的应用[J]. 环境保护科学，2011，37（2）：34-36.

张萌，刘足根，李雄清，等. 长江中下游浅水湖泊水生植被生态修复种的筛选与应用研究[J]. 生态科学，2014，33（2）：344-352.

张婷，马行厚，王桂苹，等. 鄱阳湖国家级自然保护区浮游生物群落结构及空间分布[J]. 水生生物学报，2014，38（1）：158-165.

张文慧，胡小贞，许秋瑾，等. 湖泊生态修复评价研究进展[J]. 环境工程技术学报，2015，5（6）：545-550.

张小龙，王晓昌，刘言正，等. 多级生态塘植物修复技术用于富营养化水体修复[J]. 中国给水排水，2015，31（4）：95-98.

赵胜男，李畅游，史小红，等. 乌梁素海沉积物重金属生物活性及环境污染评估[J]. 生态环境学报，2013，22（3）：481-489.

赵伟. 悬浮式生物膜法处理晋阳湖水试验研究[D]. 太原：太原理工大学，2009.

郑焕春. 五里湖湖滨带生态修复效果与水体富营养化评价[D]. 无锡：江南大学，2008.

郑小燕，王丽卿，盖建军，等. 淀山湖浮游动物的群落结构及动态[J]. 动物学杂志，2009，44（5）：78-85.

周梦樊，彭望，陈思宇，等. 综合方法监测浅水湖泊污染底泥治理试验效果的应用研究[C]. 云南省水利学会 2016 年度学术年会论文集，2016.

周晓云. 固定化生物催化剂用于富营养化水体藻类去除的研究[D]. 广州：华南理工大学，2013.

朱兰保，盛蒂. 污染底泥原位覆盖控制技术研究进展[J]. 重庆文理学院学报（自然科学版），2011，30（3）：38-42.

Conley L，Dick R，Lion L. An assessment of the root zone method of wastewater treatment[J]. Research Journal of Water Pollution Control Federal，1991，3（5）：239-247.

Hart R. Dynamic pollution control-time lags and opitmal restoration of marine ecosystem[J]. Ecological Economics，2003，47：79-93.

Head R M，et al.Bailey-watts A E. Vetical movements by planktonic cyanobacteria marine and freshwater ecosystem：implication for lake restoration[J]. Aquatic conservation：marine and freshwater ecosystems，1999，9（1）：111-120.

Jordan W J，Gilpin M E，Aber J D，et al. Restoration ecology：A synthetic approach to ecological researchi[M]. London：Cambridge University Press，1987.

Klapper H. Technologies for lake restoration[J]. Journal of Limnology，2003，62（Suppl. 1）：73-90.

Li L F，Li Y H，Biswas D K，et al. Potential of constructed wet lands in treating the eutrophic water：Evidence from Taihu Lake of China[J]. Bioresource Technology，2008，99（6）：1656-1663.

Lowrance R R. Water quality functions of riparian forest buffer systems in the chesapeake Bay watershed[R]. U.S. Chesapeake Bay Program：Annapolis，Maryland，1995.

Narumalani S，Zhou Y C，Jensen J R. Application of remote sensing and geographic information systems to the delineation and analysis of riparian buffer zones[J]. Aquatic botany，1997（58）：393-409.

Nivala J，Hoos M B，Cross C，et al. Treatment of landfill leachate using an aerated，horizontal subsurface-flow constructed wetland[J]. Science of Total Environment，2007，380（1-3）：19-27.

Ouellet-Plamondon C，Chazarenc F，Comeau Y，et al. Artificial aeration to increase pollutant removal efficiency of constructed wetlands in cold climate[J]. Ecological Engineering，2006，27（3）：258-264.

Peterjohn W T，Correll D L. Nutrient dynamics in an agricultural watershed：Observations on the role of a riparian forest[J]. Ecology，1984，65：1466-1475.

Saunders，et al. Nitrogen retention in wetlands，lakes and rivers[J]. Hydrobiologia，2001，443（205-212）.

Schulz R C. Riparian forest practices. North American Agroforestry：An integrated science and practice Madison Wisconsin[M]. American Society of Agronomy，2000：189-281.

Verhoeven J T A，Meuleman A F M. Wetlands for wastewater treatment：Opportunities and limitations[J]. Ecological Engineering，1999，12（1-2）：5-12.

Vymazal J. The use of sub-surface constructed wetlands for wastewater treatment in the Czech Republic：10 years experience[J]. Ecological Engineering，2002，18（5）：633-646.

Wang H，Long H L，Li X B，et al. Evaluation of changes in ecological security in China's Qinghai Lake Basin from 2000 to 2013 and the relationship to land use and climate change[J]. Environmental Earth Sciences，2014，72（2）：341-354.

Wetzel，R. G. Limnology：Lake and River Ecosystems[J]. 3rd Ed.San Diego.Academic Press，2001.

Yin C Q，Zhao M，Jin W G，et al. A multipond system as a protective zone used in the management of lakes in China[J]. Hydrobiologia，1993，251：321-329.

Young T P. Restoration ecology and conservation biology[J]. Biological Conservation，2000，92：73-83.

Zhang J S，Gao J Q. Lake ecological security assessment based on SSWSSC framework from 2005 to 2013 in an interior lake basin，China[J]. Environmental Earth Sciences，2016，74（2）：888-904.